朝倉化学大系 ⑯

有機遷移金属化学

小澤文幸・西山久雄［著］

朝倉書店

序

　本書の目的は，金属−炭素結合や金属−水素結合を有する有機金属化合物のうち，一般に有機金属錯体とよばれている遷移元素を中心原子とする分子性化合物について，その構造，結合および反応の化学を体系的に記述することにある．有機金属化合物としては，他にアルキルリチウムやGrignard反応剤など主要族元素の金属化合物があるので，本書の表題を『有機遷移金属化学』とした．

　有機遷移金属化学は，1950年代のはじめに，フェロセンやZiegler触媒の発見を契機として黎明を迎えたといわれている．この分野の特徴は，その当時からすでに学際的な研究が行われ，さまざまな専門分野から研究者の参入を得て，長足の進歩を遂げてきた点にある．有機金属錯体は，一義的には配位化合物の一種であるが，その構造・結合・反応には有機化学者や理論化学者の知的好奇心を刺激する事象が数多く含まれている．また，それらを触媒として有機合成化学に多くの革新的な方法論が提供されてきた．

　有機遷移金属化学が化学と化学工業にもたらした波及効果は他に類例を見ないほど大きい．この事実は，関連分野の研究者に対して六つのノーベル化学賞［オレフィン重合触媒（Ziegler, Natta：1963年），フェロセンのサンドイッチ構造（Fischer, Wilkinson：1973年），導電性高分子（Heeger, MacDiarmid, 白川：2000年），不斉触媒（Knowles, 野依, Sharpless：2001年），オレフィンメタセシス触媒（Chauvin, Grubbs, Schrock：2005年），パラジウム触媒クロスカップリング反応（Heck, 根岸, 鈴木：2010年）］が授与されてきた歴史にもあらわれている．

　本書の著者らは，有機遷移金属化学が飛躍的な発展をはじめた1970年代に学生としてこの研究分野に参加する幸運に恵まれ，1980年代からは大学人として研究に携わってきた．特に，有機珪素化学討論会を前身として1974年に発足した有機金属化学討論会では，多分野融合型のアカデミズムの中で最先端化学に触れ，自らの研究を見つめ直す機会を得てきた．本書はそれらの過程で学んだ事柄を整理し，記述したものである．

　第1章から第3章では有機遷移金属錯体の構造・結合・反応について記載した．また，第4章では有機遷移金属錯体を触媒中間体とする有機合成反応について，第5章

ではそれらを基盤とする不斉触媒反応について記述した．取り上げるべき内容は膨大であるが，教科書としての位置づけから250頁余りの紙面にそれらを集約した．そのため，本書の読者対象を，有機化学や無機化学をすでに習得した大学院生以上とした．

本書の刊行にあたり，遅々として進まない執筆作業を忍耐強くサポートして頂いた朝倉書店編集部の皆様に感謝申し上げます．

2016年9月

小澤　文幸
西山　久雄

目　　次

1. 有機遷移金属錯体の構造
　1.1　遷移金属の種類と有機遷移金属錯体 ……………………………………………… 1
　1.2　形式酸化数と価電子数 ……………………………………………………………… 4
　1.3　配位子の種類と供与電子数 ………………………………………………………… 5
　1.4　18電子則 ……………………………………………………………………………… 10
　1.5　18電子則の適用範囲 ………………………………………………………………… 14
　1.6　錯体の幾何構造 ……………………………………………………………………… 16
　　1.6.1　5配位錯体 …………………………………………………………………… 17
　　1.6.2　4配位錯体 …………………………………………………………………… 18
　　1.6.3　3配位錯体 …………………………………………………………………… 19
　　1.6.4　2配位錯体 …………………………………………………………………… 22
　1.7　錯体フラグメントとフロンティア軌道 …………………………………………… 23

2. 有機遷移金属錯体の結合
　2.1　遷移金属の原子価軌道 ……………………………………………………………… 29
　2.2　配位子の種類と結合様式 …………………………………………………………… 31
　　2.2.1　共有結合と供与結合 ………………………………………………………… 31
　　2.2.2　X型配位子とL型配位子 …………………………………………………… 33
　　2.2.3　π錯体とσ錯体 ……………………………………………………………… 34
　　2.2.4　π供与とπ逆供与 …………………………………………………………… 35
　2.3　σ結合性配位子をもつ錯体 ………………………………………………………… 36
　　2.3.1　アルキル錯体 ………………………………………………………………… 36
　　2.3.2　アゴスティック相互作用 …………………………………………………… 37
　　2.3.3　ヒドリド錯体 ………………………………………………………………… 39
　　2.3.4　分子状水素錯体 ……………………………………………………………… 40
　2.4　π結合性配位子をもつ錯体：end-on配位 ………………………………………… 41
　　2.4.1　カルボニル錯体 ……………………………………………………………… 41

2.4.2　カルベン錯体‥‥‥‥‥‥‥‥‥‥‥‥‥‥‥‥‥‥‥‥‥44
　2.4.3　ビニリデン錯体‥‥‥‥‥‥‥‥‥‥‥‥‥‥‥‥‥‥‥‥48
2.5　π結合性配位子をもつ錯体：side-on 配位‥‥‥‥‥‥‥‥‥‥‥‥50
　2.5.1　アルケン錯体‥‥‥‥‥‥‥‥‥‥‥‥‥‥‥‥‥‥‥‥‥50
　2.5.2　アルキン錯体‥‥‥‥‥‥‥‥‥‥‥‥‥‥‥‥‥‥‥‥‥52
　2.5.3　ジエン錯体‥‥‥‥‥‥‥‥‥‥‥‥‥‥‥‥‥‥‥‥‥‥54
　2.5.4　π-アレーン錯体‥‥‥‥‥‥‥‥‥‥‥‥‥‥‥‥‥‥‥‥56
2.6　L_nX 型配位子をもつ錯体‥‥‥‥‥‥‥‥‥‥‥‥‥‥‥‥‥‥57
　2.6.1　π-アリル錯体‥‥‥‥‥‥‥‥‥‥‥‥‥‥‥‥‥‥‥‥‥57
　2.6.2　シクロペンタジエニル錯体‥‥‥‥‥‥‥‥‥‥‥‥‥‥‥60
2.7　補助配位子‥‥‥‥‥‥‥‥‥‥‥‥‥‥‥‥‥‥‥‥‥‥‥‥‥62
　2.7.1　補助配位子の種類‥‥‥‥‥‥‥‥‥‥‥‥‥‥‥‥‥‥‥63
　2.7.2　モノホスフィン配位子‥‥‥‥‥‥‥‥‥‥‥‥‥‥‥‥‥65
　2.7.3　ジホスフィン配位子‥‥‥‥‥‥‥‥‥‥‥‥‥‥‥‥‥‥67
　2.7.4　N-ヘテロ環状カルベン配位子‥‥‥‥‥‥‥‥‥‥‥‥‥‥68

3.　有機遷移金属錯体の反応

3.1　配位子置換反応‥‥‥‥‥‥‥‥‥‥‥‥‥‥‥‥‥‥‥‥‥‥‥72
　3.1.1　配位子置換反応の種類‥‥‥‥‥‥‥‥‥‥‥‥‥‥‥‥‥72
　3.1.2　トランス効果とトランス影響‥‥‥‥‥‥‥‥‥‥‥‥‥‥74
　3.1.3　解離機構による平面四角形錯体の配位子置換反応‥‥‥‥‥75
3.2　トランスメタル化反応‥‥‥‥‥‥‥‥‥‥‥‥‥‥‥‥‥‥‥‥76
　3.2.1　有機金属化合物のトランスメタル化反応‥‥‥‥‥‥‥‥‥76
　3.2.2　有機典型元素化合物のトランスメタル化反応‥‥‥‥‥‥‥78
3.3　酸化的付加反応‥‥‥‥‥‥‥‥‥‥‥‥‥‥‥‥‥‥‥‥‥‥‥80
　3.3.1　水素および炭化水素の酸化的付加反応‥‥‥‥‥‥‥‥‥‥81
　3.3.2　有機ホウ素化合物および有機ケイ素化合物の酸化的付加反応‥‥‥83
　3.3.3　ハロゲン化アルキルの酸化的付加反応‥‥‥‥‥‥‥‥‥‥84
　3.3.4　ハロゲン化アリールの酸化的付加反応‥‥‥‥‥‥‥‥‥‥86
3.4　還元的脱離反応‥‥‥‥‥‥‥‥‥‥‥‥‥‥‥‥‥‥‥‥‥‥‥88
　3.4.1　d^8 錯体の還元的脱離：反応機構‥‥‥‥‥‥‥‥‥‥‥‥88
　3.4.2　d^8 錯体の還元的脱離：有機配位子の影響‥‥‥‥‥‥‥‥90
　3.4.3　d^8 錯体の還元的脱離：補助配位子の影響‥‥‥‥‥‥‥‥92

3.4.4　d^6 錯体の還元的脱離 ………………………………………… 93
　3.4.5　P–C 還元的脱離 ………………………………………………… 94
3.5　π-アリル錯体の反応 …………………………………………………… 96
3.6　酸化的付加を伴わない結合活性化 …………………………………… 99
　3.6.1　σ 結合メタセシス …………………………………………… 99
　3.6.2　メタル化反応 ………………………………………………… 101
3.7　カルボニル錯体の反応 ………………………………………………… 103
　3.7.1　CO 挿入反応 ………………………………………………… 104
　3.7.2　カルボニル配位子と外部求核剤との反応 ………………… 108
3.8　アルケン錯体の反応 …………………………………………………… 110
　3.8.1　アルケン挿入反応と β-水素脱離反応 …………………… 111
　3.8.2　アルケン配位子と外部求核剤との反応 …………………… 118
3.9　カルベン錯体の反応 …………………………………………………… 120
　3.9.1　求核性カルベン錯体の反応 ………………………………… 120
　3.9.2　求電子性カルベン錯体の反応 ……………………………… 124
　3.9.3　ビニリデン錯体の反応 ……………………………………… 126
3.10　酸化的環化反応 ……………………………………………………… 127
3.11　ノンイノセント配位子の関与する反応 …………………………… 129

4.　遷移金属錯体を用いる有機合成反応

4.1　ヒドリド錯体の関与する合成反応 …………………………………… 137
　4.1.1　水素化反応 …………………………………………………… 137
　4.1.2　ヒドロシリル化反応 ………………………………………… 142
　4.1.3　ヒドロホルミル化反応 ……………………………………… 145
　4.1.4　ヒドロカルボキシル化反応 ………………………………… 146
　4.1.5　ヒドロビニル化反応 ………………………………………… 147
4.2　アリール錯体, アルケニル錯体の関与する合成反応 ……………… 148
　4.2.1　溝呂木–Heck 反応 …………………………………………… 148
　4.2.2　藤原反応 ……………………………………………………… 151
　4.2.3　村井反応 ……………………………………………………… 151
　4.2.4　芳香族 C–H 結合の直接アシル化 ………………………… 153
　4.2.5　芳香族ハロゲン化物のカルボニル化 ……………………… 153
4.3　クロスカップリング反応 ……………………………………………… 154

- 4.3.1　有機マグネシウム反応剤：熊田−玉尾−Corriu 型 ····················156
- 4.3.2　有機亜鉛反応剤：根岸型 ···161
- 4.3.3　有機ホウ素反応剤：鈴木−宮浦型 ··163
- 4.3.4　有機スズ反応剤：小杉−右田−Stille 型 ··168
- 4.3.5　有機ケイ素反応剤：檜山型 ···169
- 4.3.6　アセチレンとのカップリング：薗頭型 ··170
- 4.3.7　ハロゲン化物へのヘテロ原子の導入：Buchwald−Hartwig 型 ········172
- 4.3.8　ホウ素基の導入 ···173
- 4.3.9　直接的アリール化と関連反応 ··175
- 4.3.10　C−H 結合活性化反応の合成的応用 ···181
- 4.4　アリル錯体の関与する合成反応 ··184
  - 4.4.1　辻−Trost 反応 ···184
  - 4.4.2　ジエンのオリゴメリゼーション ··187
- 4.5　カルベン錯体の関与する合成反応 ··188
  - 4.5.1　オレフィンメタセシス ··188
  - 4.5.2　ジアゾ化合物を用いる反応 ··191
  - 4.5.3　環化反応 ···194
- 4.6　メタラサイクル錯体の関与する合成反応 ···196
  - 4.6.1　置換ベンゼン化合物の合成 ··196
  - 4.6.2　置換ヘテロ環化合物の合成 ··201
- 4.7　アルキン，アルケンの関与する合成反応 ···202
  - 4.7.1　Pauson−Khand 反応 ···202
  - 4.7.2　Wacker 法関連の合成反応 ··205
  - 4.7.3　アレーン錯体を用いる合成 ··208

5.　不斉遷移金属触媒反応

- 5.1　炭素−炭素結合生成反応 ··219
  - 5.1.1　不斉シクロプロパン化反応 ··219
  - 5.1.2　不斉 C−H 挿入反応 ··223
  - 5.1.3　不斉オレフィンメタセシス反応 ··223
  - 5.1.4　不斉 Pauson−Khand 反応 ··228
  - 5.1.5　不斉アルキン三量化反応 ··232
  - 5.1.6　不斉共役付加反応 ··234

5.1.7　不斉溝呂木–Heck 反応·································· 236
　　5.1.8　不斉クロスカップリング反応·························· 239
　　5.1.9　不斉 C–H 活性化反応································· 241
　5.2　還元反応··· 244
　　5.2.1　不斉水素化および関連反応···························· 244
　　5.2.2　ヒドロシリル化反応と関連反応························ 251
　　5.2.3　ヒドロホルミル化反応································· 252
　5.3　酸化反応··· 252
　　5.3.1　不斉エポキシ化反応···································· 252
　　5.3.2　不斉アジリジン化反応································· 254

索引··· 261

1

有機遷移金属錯体の構造

1.1 遷移金属の種類と有機遷移金属錯体

　周期表3族から11族（あるいは12族）の遷移元素はすべて金属元素であり，遷移金属（transition metal）とよばれることが多い（表1.1）．遷移金属にはdブロック元素とfブロック元素が含まれるが，f軌道のエネルギー準位がほかの原子価軌道と比べてかなり低いため，fブロック元素についても配位子との結合に直接関与する軌道は $(n-1)$d軌道とその外殻にある ns軌道および np軌道である．すなわち，第4周期（第一遷移系列）の遷移金属では3d, 4s, 4p軌道，第5周期（第二遷移系列）では4d, 5s, 5p軌道，第6周期（第三遷移系列）では5d, 6s, 6p軌道がそれぞれ原子価軌道となる．

　金属が酸化還元を受けていない状態において，これらの原子価軌道に存在する価電子数は族番号に一致する．たとえば，4族のチタン，ジルコニウム，ハフニウムでは4電子，8族の鉄，ルテニウム，オスミウムでは8電子，10族のニッケル，パラジウム，白金については10電子である．このように，周期表を左から右に進むにつれて価電子数が増え，それに伴って遷移金属の性質も大きく変化するため，各遷移系列のほぼ中央から左側の元素群を前期遷移金属（あるいは早期遷移金属：early transition metal），右側の元素群を後期遷移金属（late transition metal）とよび，遷移金属を2種類に大別する方法が広く受け入れられている．両者の境界は必ずしも明確ではないが，6族あるいは7族がおおよその目安となる．また，境界領域となる6族と7族の元素を中期遷移金属（mid transition metal）とよぶことがある．

　有機遷移金属錯体（organotransition metal complex）は，遷移金属−炭素結合をもつ化合物と定義され[1,2]，単に有機金属錯体（organometallic complex）とよばれることが多い．金属−炭素結合をもつ化合物としては，ほかにアルキルリチウムやGrignard反応剤など，主要族元素（main group element）の有機金属化合物がある．たとえば，CuMe(PPh$_3$)$_3$は，銅とメチル配位子との間に金属−炭素結合をもつので有

1. 有機遷移金属錯体の構造

表 1.1 元素周期表と電気陰性度

凡例:
- 原子番号 元素記号
- 原子量 (括弧内に数字を示した元素に安定同位体は存在しない)
- Allred-Rochow の電気陰性度

例: 1H / 1.008 / 2.20

周期＼族	1	2	3	4	5	6	7	8	9	10	11	12	13	14	15	16	17	18
1	1H 1.008 2.20																	2He 4.003
2	3Li 6.941 0.97	4Be 9.012 1.47											5B 10.81 2.01	6C 12.01 2.50	7N 14.01 3.07	8O 16.00 3.50	9F 19.00 4.10	10Ne 20.18
3	11Na 22.99 1.01	12Mg 24.31 1.23											13Al 26.98 1.47	14Si 28.09 1.74	15P 30.97 2.06	16S 32.07 2.44	17Cl 35.45 2.83	18Ar 39.95
4	19K 39.10 0.91	20Ca 40.08 1.04	21Sc 44.96 1.20	22Ti 47.87 1.32	23V 50.94 1.45	24Cr 52.00 1.56	25Mn 54.94 1.60	26Fe 55.85 1.64	27Co 58.93 1.70	28Ni 58.69 1.75	29Cu 63.55 1.75	30Zn 65.41 1.66	31Ga 69.72 1.82	32Ge 72.64 2.02	33As 74.92 2.20	34Se 78.96 2.48	35Br 79.90 2.74	36Kr 83.80
5	37Rb 85.47 0.89	38Sr 87.62 0.99	39Y 88.91 1.11	40Zr 91.22 1.22	41Nb 92.91 1.23	42Mo 95.94 1.30	43Tc (99) 1.36	44Ru 101.07 1.42	45Rh 102.91 1.45	46Pd 106.42 1.35	47Ag 107.87 1.42	48Cd 112.41 1.46	49In 114.82 1.49	50Sn 118.71 1.72	51Sb 121.76 1.82	52Te 127.60 2.01	53I 126.90 2.21	54Xe 131.29
6	55Cs 132.91 0.86	56Ba 137.33 0.97	57–71 ランタノイド系列	72Hf 178.49 1.23	73Ta 180.95 1.33	74W 183.84 1.40	75Re 186.21 1.46	76Os 190.23 1.52	77Ir 192.22 1.55	78Pt 195.08 1.44	79Au 196.97 1.42	80Hg 200.59 1.44	81Tl 204.38 1.44	82Pb 207.2 1.55	83Bi 208.98 1.67	84Po (210) 1.76	85At (210) 1.96	86Rn (222)
7	87Fr (223) 0.86	88Ra (226) 0.97	89–103 アクチノイド系列	104	105	106	107	108	109	110	111	112	113	114	115	116	117	118

遷移元素 (遷移金属)

ランタノイド系列:

57La 138.91 1.03	58Ce 140.12 1.06	59Pr 140.91 1.07	60Nd 144.24 1.07	61Pm (145) 1.07	62Sm 150.36 1.07	63Eu 151.96 1.01	64Gd 157.25 1.11	65Tb 158.93 1.10	66Dy 162.50 1.10	67Ho 164.93 1.10	68Er 167.26 1.11	69Tm 168.93 1.11	70Yb 173.04 1.06	71Lu 174.97 1.14

アクチノイド系列:

89Ac (227) 1.00	90Th 232.04 1.11	91Pa 231.04 1.14	92U 238.03 1.22	93Np (237) 1.22	94Pu (239) 1.22	95Am (243)	96Cm (247)	97Bk (247)	98Cf (252)	99Es (252)	100Fm (257)	101Md (258)	102No (259)	103Lr (262)

機金属錯体である．一方，ポルフィリン錯体は，ポルフィリンという比較的大きな有機化合物を配位子としてもつが，この配位子が窒素を配位原子として金属と結合しているため有機金属錯体ではない．遷移金属の炭化物やシアン化物は金属−炭素結合をもつが，炭素やシアノ基が有機物ではないので有機金属錯体に含めない．これに対して，一酸化炭素も有機化合物ではないが，$Ni(CO)_4$ や $Fe(CO)_5$ などのカルボニル錯体は有機金属錯体に分類されている．また，金属−水素（M−H）結合をもつヒドリド錯体も有機金属錯体に分類される．このように，有機金属錯体の定義は必ずしも明確でなく，有機金属化学で取り扱われる錯体は金属−炭素（M−C）結合をもつ化合物という狭義の枠組みを超えてはるかに多彩である．本章では，このような錯体の代表例を示し，それらの電子構造と幾何構造を体系的に理解する方法について説明する．

図 1.1 に，本書で取り扱う代表的な錯体を示す．金属錯体は，金属原子あるいは金属イオンに，配位子（ligand）とよばれる原子または原子団が結合した分子性化合物であり，配位化合物（coordination compound）ともよばれる．金属とともに配位子も多彩であるが，有機金属化学では，有機化学との関連から有機配位子の挙動に着目することが多いので，有機配位子とそれ以外の配位子とを区別して考えることが多い．

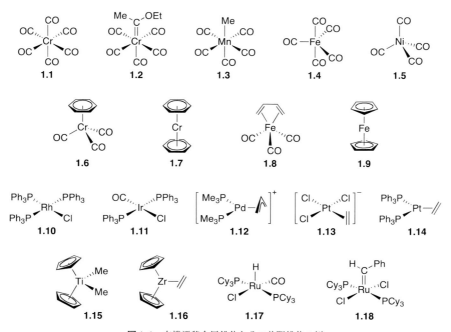

図 1.1 有機遷移金属錯体とその前駆錯体の例

そのため，アルキル錯体，カルベン錯体，アルケン錯体のように，有機配位子の種類をもとに錯体を分類するのが一般的である(注1)．

一方，反応に直接関与しない配位子は，補助配位子（auxiliary ligand）あるいは支持配位子（supporting ligand）などとよばれる．これらは，中心金属の配位数を補って錯体を安定化するとともに，電子的・立体的摂動を通して錯体の構造や反応性に変化をもたらす．そのため，錯体触媒の開発においては，補助配位子の設計や選択が重要となる．

1.2　形式酸化数と価電子数

遷移金属錯体の幾何構造を理解する上で，中心金属の形式酸化数と錯体の価電子数が有用な指標となる．遷移金属と配位子との間には σ 結合と π 結合（まれに δ 結合）が存在するが，形式酸化数は σ 結合のみを考慮に入れて算出するのが基本である．なお，前期遷移金属錯体では，例外的に π 結合を含めて形式酸化数を算出する場合があり，第 2 章で補足する(注2)．

錯体 **1.3** を例に形式酸化数と価電子数の算出方法を説明する．錯体構造は金属と配位子とを共有結合を表す実線で結んだ「共有結合モデル（covalent model）」（図 1.2(a)）を用いて表記される(注3)．これに対して，形式酸化数は化学結合のイオン性を誇張した考え方から導かれる概念で，その算出には金属–配位子間の結合電子をすべて配位子側に割り当てた「イオン結合モデル（ionic model）」（図 1.2(b)）が必要となる．

金属錯体のイオン結合モデルでは，金属（M）と配位子（L）との結合形成に必要な電子対が，M←:L のように，すべて配位子側から供与されていると考える．遊離の状態で非共有電子対をもつアミンなどの配位子に限らず，たとえば金属とハロゲン（X）との結合であっても，M^+←:X^- のように，金属イオンにハロゲン化物イオンが電子対を供与し，配位していると考える．そのため，電子対供与体法などともよばれる．

(a) 共有結合モデル　　(b) イオン結合モデル

Mn(I)(d^6)	6e	
Me^-	2e	
5 CO	10e	(2e×5)
価電子数	18e	

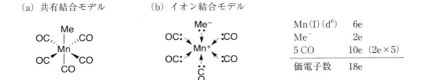

［錯体の d 電子数］=［M(0) の d 電子数］−［形式酸化数］
［錯体の価電子数］=［錯体の d 電子数］+［配位子の供与電子数］

図 1.2　錯体 **1.3** の形式酸化数と価電子数

錯体 **1.3** の CO 配位子に結合電子を割り当てても炭素上に電荷が生じないので CO は中性配位子（neutral ligand）である．一方，Mn–Me 間の結合電子を配位子側に割り当てるとメチル炭素上に -1 の電荷が生じるのでメチル配位子はアニオン性配位子（anionic ligand）である．これに伴い，マンガンは $+1$ の形式酸化数をもつことになる．すなわち，Mn(I) 中心に 5 個のカルボニル配位子（CO）と 1 個のメチル配位子（Me$^-$）から 2 電子ずつが供与され，八面体形錯体が形成されていると考える．

　Mn–Me の結合電子をすべてメチル配位子に割り当てるのは，形式酸化数を割り出すための便宜的な措置であり，実際の Mn–Me 結合は共有結合性が高く，それほど分極しているわけではない．それにもかかわらずイオン結合モデルに基づいて形式酸化数を算出する理由は，形式酸化数が錯体の化学的性質をはかる重要な指標となることと，錯体の中心金属上に存在する電子の数（d 電子数）を知るためである．すなわち，もともとマンガン原子がもっていた 7 個の価電子のうち形式酸化数に相当する 1 電子は Mn–Me 結合の形成に使われているので，これを差し引いた 6 電子が Mn(I) 中心に局在化した d 軌道に存在することになる．これを d^6 と表記し，"この錯体は d^6 錯体である" などという．錯体の d 電子数と幾何構造との間には密接な関係がある（1.6 節）．Mn(I) の d 電子数（6e）とすべての配位子から結合の形成に供与された電子数（12e）の合計は 18 となる．すなわち，錯体 **1.3** は，価電子数 18 の "18 電子錯体" である．価電子数は，金属錯体が配位飽和であるか否かの判定基準となる[注4]．

1.3　配位子の種類と供与電子数

　イオン結合モデルにおいて，配位子は負電荷を帯びるアニオン性配位子と，電荷を帯びない中性配位子とに区別される．一方，共有結合モデルでは，前者は金属と互いに電子を出しあって共有結合（covalent bond）を形成し，後者は金属–配位子間の結合電子をすべて提供して供与結合（dative bond）を形成すると考える．第 2 章で述べるように，有機金属錯体の結合は一般に共有結合性が高く，実際の結合様式は，より共有結合モデルに忠実に反映されている．一方，本章で述べる配位子場理論に基づく幾何構造の理解には，イオン結合モデルから算出される形式酸化数と d 電子数に関する情報が必要である．

　表 1.2 に，代表的な配位子について，イオン結合モデルに基づく形式電荷と供与電子数を示す[注5]．供与電子数とは，配位子から金属–配位子結合の形成に提供される電子数である．表中のハプト数（hapticity）は，金属との結合に関与する配位子中の原子数を表す[注6]．たとえば，錯体 **1.13** や **1.14** に見られるエチレン配位子は，2 個

表 1.2 代表的な配位子とイオン結合モデルにおける供与電子数

配位子		ハプト数	形式電荷	供与電子数	配位子		ハプト数	形式電荷	供与電子数
Cl (クロリド, chlorido) Br (ブロミド, bromido) I (ヨージド, iodido)	M-X	1	-1	2	η^2-アルキン (η^2-alkyne)	M— |||	2	0	2 4‡
ヒドリド (hydrido)	M-H	1	-1	2	η^4-ジエン (η^4-diene)		4	0	4
アルキル (alkyl)	M-R	1	-1	2					
アリール (aryl)	M-Ar	1	-1	2	η^5-シクロペンタジエニル (η^5-cyclopentadienyl)		5	-1	6
アルケニル (alkenyl)		1	-1	2					
アルキニル (alkynyl)	M≡—R	1	-1	2	η^6-ベンゼン (η^6-benzene)		6	0	6
アシル (acyl)		1	-1	2	μ-クロリド (μ-chlorido)		1	-1	4
カルボニル (carbonyl)	M-C≡O	1	0	2	μ-アルコキソ (μ-alkoxo)		1	-1	4
カルベン (carbene) [アルキリデン (alkylidene)]†		1	0 -2	2 4‡	μ-ヒドリド (μ-hydrido)		1	-1	2
カルビン (carbyne) [アルキリジン (alkylidyne)]†	M≡C-R	1	-1 -3	4 6‡	μ-カルボニル (μ-carbonyl)		1	0	2
η^1-アリル (η^1-allyl) [σ-アリル (σ-allyl)]		1	-1	2	μ-アルキリデン (μ-alkylidene)		1	-2	4
η^3-アリル (η^3-allyl) [π-アリル (π-allyl)]	M—	3	-1	4	μ_3-カルボニル (μ_3-carbonyl)		1	0	2
η^2-アルケン (η^2-alkene)		2	0	2	μ_3-アルキリジン (μ_3-alkylidyne)		1	-3	6

†IUPAC 名. ‡前期遷移金属錯体に適用される場合がある(第 2 章参照).

の炭素原子を介して金属に配位しているので,ハプト数は 2 である.これをギリシャ文字の η (eta) に結合原子数を添えて η^2 と表記し,ジハプトと読む.錯体 **1.12** のアリル基は η^3 配位子,錯体 **1.8** のブタジエンは η^4 配位子,錯体 **1.9** のシクロペンタジエニル基は η^5 配位子である.これらの配位子に見られる分子面による配位を side-on 配位とよぶ.これに対して,カルボニル配位子などに見られる分子端の原子による配位を end-on 配位とよぶ.なお,η^1-アリル配位子のように,η^3 配位子と区別するため η^1 配位であることを特に明記する必要がある場合を除き,η^1 は記載しない.

アリル基には η^1 と η^3 の 2 種類の配位形式があり,それぞれ σ-アリル配位子,π-アリル配位子ともよばれる(図 1.3).η^1-アリルは,メチレン炭素のみで金属と結合し

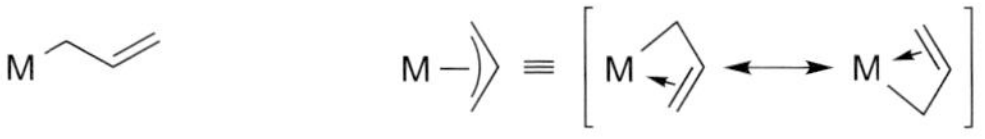

(a) η^1-アリル　　　　(b) η^3-アリル

図 1.3　アリル配位子の配位様式

表 1.3　錯体の形式酸化数と d 電子数，価電子数

錯体	形式酸化数	d 電子数	価電子数
1.1	0	6	18
1.2	0	6	18
1.3	+1	6	18
1.4	0	8	18
1.5	0	10	18
1.6	0	6	18
1.7	0	6	18
1.8	0	8	18
1.9	+2	6	18
1.10	+1	8	16
1.11	+1	8	16
1.12	+2	8	16
1.13	+2	8	16
1.14	0	10	16
1.15	+4	0	16
1.16	+2	2	16
1.17	+2	6	16
1.18	+2	6	16

ているので，メチル基と同様，2 電子供与のアニオン性配位子である（図 1.3(a)）．一方，η^3-アリルは，メチレン炭素とともに C=C 結合により金属と結合しているとみなすことができるので 4 電子供与のアニオン性配位子となる（図 1.3(b)）．同様に，η^5-シクロペンタジエニルは一つのメチン炭素と二つの C=C 結合により金属に結合しているとみなせるので，6 電子供与のアニオン性配位子である．

表 1.3 に，図 1.1 に示した一連の錯体について，形式酸化数と d 電子数，価電子数をまとめた．分子として電荷をもたない中性錯体については，錯体 **1.3** と同様の手順でこれらの数値を割り出せる．一方，分子が正電荷や負電荷を帯びているカチオン錯体やアニオン錯体については，配位子の形式電荷をもとに算出される形式酸化数に分子の電荷分を加算して中心金属の形式酸化数を割り出す（図 1.4）．たとえば，錯体 **1.12** はアニオン性の η^3-アリル配位子をもち，かつ分子全体が +1 の電荷をもつので（+1）+（+1）= +2 となり，中心金属の形式酸化数は +2 となる．すなわち，**1.12** は Pd(II) の d^8 錯体である．この d 電子数に二つの PMe$_3$ 配位子（2 電子供与体）と一つの η^3-

8　　　　　　　　　　　　1.　有機遷移金属錯体の構造

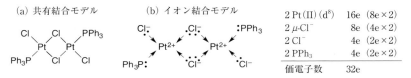

Pd(II) (d^8)	8e	
[η^3-allyl]$^-$	4e	
2 PMe$_3$	4e	(2e×2)
価電子数	16e	

Pt(II) (d^8)	8e	
η^3-C$_2$H$_4$	2e	
3 Cl$^-$	6e	(2e×3)
価電子数	16e	

図 1.4　錯体 **1.12**, **1.13** の形式酸化数と価電子数

2 Pt(II) (d^8)	16e	(8e×2)
2 μ-Cl$^-$	8e	(4e×2)
2 Cl$^-$	4e	(2e×2)
2 PPh$_3$	4e	(2e×2)
価電子数	32e	

図 1.5　μ-クロリド二核白金錯体の形式酸化数と価電子数

アリル配位子(4電子供与体)からの供与電子数を加えて，錯体の価電子数は16となる．錯体 **1.13** については，アニオン性のクロリド配位子を3個もち，かつ分子全体が-1の電荷を帯びているので，(+1)×3+(-1)=+2 より Pt(II) の d^8 錯体となる．錯体の価電子数は16である．

　図1.5の二核白金錯体についても，まず金属-配位子間の結合電子を配位子側に割り当てる．その際，二つの白金は構造的に等価であるので，同じ形式酸化数（+2）をもつように電子を割り振る．単核錯体と異なり，二つの白金に架橋したクロリド配位子からそれぞれの Pt(II) 中心に2電子ずつが供与されていることに注意してほしい．すなわち，Pt-Cl-Pt は三中心四電子結合により構成されている．二つの Pt(II) 中心の d 電子数（8e×2）とすべての配位子からの供与電子数（16e）の総計は32であり，これが二核錯体の価電子数となる．それぞれの白金まわりの価電子数はその半分の16である．

　上記のクロリド配位子のように，複数の金属に橋かけしている配位子を架橋配位子（bridging ligand）とよび，μ_n の記号をあてて表記する．ここで，μ に添えられた n は，たとえば μ_2-Cl のように，架橋配位子に結合している金属原子の数を表す．三重架橋のクロリド配位子は μ_3-Cl，四重架橋のクロリド配位子については μ_4-Cl と表記する．なお，二重架橋配位子については，添え字を省略して μ-Cl と書くのが一般的である．

　図1.6に，μ-ヒドリド配位子をもつジカチオン性の二核白金錯体を示す．(b) のイ

(a) 共有結合モデル　(b) イオン結合モデル

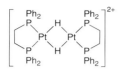
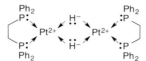

2 Pt(II) (d^8)	16e	(8e×2)
2 μ-H$^-$	4e	(2e×2)
2 dppe	8e	(4e×2)
価電子数	28e	
(dppe = Ph$_2$PCH$_2$CH$_2$PPh$_2$)		

図 1.6 μ-ヒドリド二核白金錯体の形式酸化数と価電子数

(a) 共有結合モデル　(b) イオン結合モデル（Cp$^-$ = η^5-C$_5$H$_5^-$）

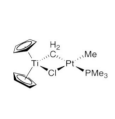
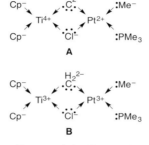

Ti(IV) (d^0)	0e	
Pt(II) (d^8)	8e	
2 Cp$^-$	12e	(6e×2)
μ-CH$_2^{2-}$	4e	
μ-Cl$^-$	4e	
Me$^-$	2e	
PMe$_3$	2e	
価電子数	32e	

図 1.7 二核チタン–白金錯体の形式酸化数と価電子数

(a) 共有結合モデル　(b) イオン結合モデル

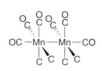
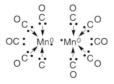

2 Mn(0) (d^7)	14e	(7e×2)
10 CO	20e	(2e×10)
価電子数	34e	

図 1.8 二核マンガン錯体の形式酸化数と価電子数

オン結合モデルから算出される価電子数は28であり，図1.5のμ-クロリド錯体よりも4電子少ない．これは，ヒドリド配位子（H$^-$）に供与電子が2個しか存在しないためであり，Pt–H–Ptは三中心二電子結合によって構成されている．

図1.7に，チタンと白金の二核錯体を示す．これまでと同様に結合電子を配位子側に割り当てると，中心金属の形式酸化数が異なる二通りのイオン結合モデル**A**と**B**が描けるが，白金の電気陰性度がチタンよりも高いことを考慮して，チタンの形式酸化数が+4，白金の形式酸化数が+2である**A**が実際に近い構造であると判断される．この錯体の価電子数は32である．

図1.8に，金属–金属結合をもつ二核マンガン錯体を示す．この場合には，二つの

金属の電気陰性度に差がないので,結合電子をそれぞれの金属に1電子ずつ割り当ててイオン結合モデルを描く.マンガンの形式酸化数は0であり,各々の金属が奇数個のd電子(7e)をもつことになる.

1.4　18 電 子 則

遷移金属の原子価軌道は,五つの $(n-1)d$ 軌道と一つの ns 軌道および三つの np 軌道であり,すべての軌道に2電子ずつが収容されて価電子数が18になるとき,電子配置が閉殻構造となって安定化する.これは,pブロック元素に適用されるオクテット則の拡張として1920年代に提案された経験則であり,18電子則(eighteen electron rule),あるいは有効原子番号則(effective atomic number (EAN) rule)とよばれている[3].18電子則を満たす錯体は配位飽和錯体(coordinatively saturated complex)とよばれ,通常さらに配位子を受け入れることは難しい.そのため,配位飽和錯体が基質と反応する際には,いずれかの配位子を解離し,価電子数16以下の配位不飽和錯体(coordinatively unsaturated complex)に変化する必要がある.

18電子則が成立する理由について,配位子場理論に基づき,遷移金属Mと六つの配位子 $L_1 \sim L_6$ からなる八面体形錯体 ML_6 を用いて説明する.単純化のため,各配位子は金属との結合に必要な σ 軌道を一つだけもつものとする.分子軌道を組み立てるには,金属と配位子の原子価軌道を錯体の対称性をもとに分類し,続いて同じ対称性の軌道どうしを線形結合によって結びつける. O_h 点群の指標表をもとに,遷移金属の九つの原子価軌道を以下の4種類に分類することができる(図1.9(a)).

対称性	金属の原子価軌道
a_{1g}	s
t_{1u}	p_x, p_y, p_z
e_g	$d_{x^2-y^2}, d_{z^2}$
t_{2g}	d_{xy}, d_{yz}, d_{zx}

配位子についても,6個の σ 軌道($\sigma_1 \sim \sigma_6$)の線形結合により, a_{1g}, t_{1u}, e_g の対称性をもつ以下の6種類の軌道を形成することができる.ここで,規格化定数は省略してある.

対称性	配位子軌道の線形結合
a_{1g}	$\phi_1 = \sigma_1 + \sigma_2 + \sigma_3 + \sigma_4 + \sigma_5 + \sigma_6$
t_{1u}	$\phi_2 = \sigma_1 - \sigma_3, \quad \phi_3 = \sigma_2 - \sigma_4, \quad \phi_4 = \sigma_5 - \sigma_6$
e_g	$\phi_5 = \sigma_1 - \sigma_2 + \sigma_3 - \sigma_4, \quad \phi_6 = 2\sigma_5 + 2\sigma_6 - \sigma_1 - \sigma_2 - \sigma_3 - \sigma_4$

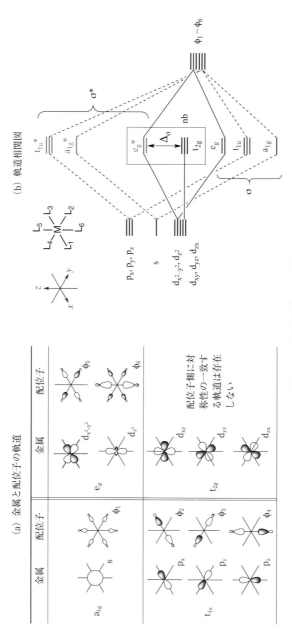

図 1.9 八面体形錯体の分子軌道

最後に，同じ対称性をもつ金属と配位子の軌道どうしを組み合わせて分子軌道を発生する（図1.9(b)）．

図から分かるように，低エネルギー側から a_{1g}, t_{1u} および e_g 対称性をもつ結合性の σ 軌道が存在し，それらに対応する反結合性の σ^* 軌道（e_g^*, a_{1g}^*, t_{1u}^*）が高エネルギー側に認められる．またそれらの中間には，配位子側に同じ対称性の軌道をもたない三つのd軌道（t_{2g}）が三重縮退の非結合性軌道として存在している．分子軌道の下から順に2電子ずつを詰めていくと18電子で結合性軌道と非結合性軌道がすべて被占軌道に変わり，安定な閉殻構造となる．一方，さらに電子が存在すると，今度は反結合性の e_g^* 軌道に収容されることとなり，錯体は不安定化する．18電子則が成立する根拠である．6個のLがすべて2電子供与の配位子であれば，錯体はCr(0)，Mn(I)，Fe(II)など，d^6 の中心金属（M）をもつことになる．

t_{2g} 軌道と e_g^* 軌道は，八面体形錯体の配位子場分裂により生じた二組のd軌道群に対応する．両者のエネルギー差（Δ_o：添え字のoはoctahedralを意味する）は配位子場分裂パラメーター（ligand-field splitting parameter）とよばれ，配位子場の強さをはかる尺度となる．Δ_o の大きさは金属と配位子の性質に依存し，以下の傾向が認められる．(1) 中心金属が同一であれば，高酸化状態のほうが Δ_o は大きくなる．(2) 同族元素では，3d金属＜4d金属＜5d金属の順に Δ_o が大きくなる傾向がある．たとえば，中心金属がCrからMoに，またCoからRhに変化すると，Δ_o が約50％増大する．(3) 中心金属が同一であれば，配位子に応じて以下の順に Δ_o が大きくなる．この序列は，6配位錯体（ML_6）のd–d遷移吸収波長の配位子依存性から求められたもので，分光化学系列（spectrochemical series）とよばれている．

$I^- < Br^- < Cl^- < F^- < H_2O < py, NH_3 < PPh_3 < bpy, phen < CH_3^-, C_6H_5^- < CO, H$
　　（py＝ピリジン，bpy＝2,2′-ビピリジル，phen＝1,10-フェナントロレン）

4d金属と5d金属では，上記(2)の理由により，エネルギー準位の低い t_{2g} 軌道にのみ電子が収容され，不対電子の少ない低スピン錯体（low-spin complex）が形成される場合がほとんどである．一方，Δ_o の小さな3d金属では同一軌道に二つの電子が収容される際に起こる電子反発を避けて t_{2g} 軌道と e_g^* 軌道の両方に順次電子が収容され，高スピン錯体（high-spin complex）が形成されることも少なくない．特に，上記(3)に示した分光化学系列の下位（前半）に登場する配位子をもつ錯体では高スピン状態が一般的である．

図1.9に示したM–L間に σ 結合だけをもつ錯体モデルにおいて Δ_o は主として e_g^* 軌道のエネルギー準位に依存する．Werner型錯体ではM–Lのイオン結合性が大きく，

共有結合の形成に伴う反結合性相互作用による e_g^* 軌道の不安定化の度合いが小さいため，Δ_o は小さくなる．そのため，$[Co(NH_3)_6]^{2+}$（19電子錯体）に見られるように，e_g^* 軌道にも電子が収容された価電子数18以上の錯体が存在する．また，高スピン錯体も多数存在する．一方，有機金属錯体を構成する炭素配位子（アルキルなど）やリン配位子（ホスフィンなど）は遷移金属との間に共有結合性の大きな結合を形成するので σ^* 軌道である e_g^* の不安定化の度合いが大きく，Δ_o が拡大する．これにより，t_{2g} 軌道まで電子が収容されて錯体が安定化する傾向が強くなり，価電子数18以下の錯体が多く形成されることになる．

以上の説明では，金属と配位子との間に σ 対称性の軌道相互作用のみを考慮してきたが，実際の錯体にはアルコキシ配位子（RO^-）やカルボニル配位子（CO）など，M–L間に π 対称性軌道をもつ配位子が数多く存在する．八面体形錯体では，t_{2g} 軌道（d_{xy}, d_{yz}, d_{zx}）がこれらの π 対称性軌道と相互作用を起こすことになる．

図1.10(a)に，xy, xz, yzの各平面内で起こる π 軌道相互作用の模式図を示した．図1.10の(b)と(c)に示すように，これらの軌道相互作用により結合性の t_{2g} 軌道と反結合性の t_{2g}^* 軌道が発生する．ここで(b)は，空の π 対称性軌道（π^* 軌道や空のp軌道）をもつカルボニル配位子などとの相互作用を，(c)は π 対称性軌道に電子の詰まったアルコキシ配位子などとの相互作用を示している．(b)では配位子との相互作用によって安定化した t_{2g} 軌道にのみ電子が収容されるので，Δ_o はもとの錯体に比べて大きくなる．一方(c)では，金属と配位子から t_{2g} 軌道と t_{2g}^* 軌道の両方に電子が供給されるので Δ_o はもとの錯体に比べて小さくなる．すなわち，(b)では t_{2g} 軌道が安定化し，(c)では不安定化することになる．このように，金属との間に π 軌道相互作用を起こしてd軌道のエネルギー準位を低下させる配位子を π 受容性配位子（π-acceptor ligand），上昇させる配位子を π 供与性配位子（π-donor ligand）とよぶ．π 受容性配位子の結合では，通常の配位結合とは逆に，金属から配位子への電子供与が起こり，π 逆供与（π-back donation）とよばれている．

金属–配位子間の π 軌道相互作用を考慮に入れることにより，σ 供与だけでは説明のできなかったいくつかの現象について合理的な説明を与えることができる．たとえば，Cl^- や Br^- などのハロゲン配位子がアニオンであるにもかかわらず分光化学系列の下位となるのは，π 供与により Δ_o が小さくなるためである．一方，カルボニル配位子などの π 受容性配位子は，π 逆供与により Δ_o を拡大するため，中性で分極率が小さいにもかかわらず分光化学系列の上位を占める．

(a) 金属と配位子の軌道

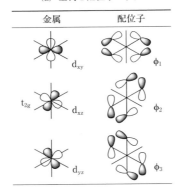

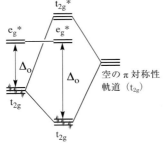

(b) π受容性配位子との相互作用

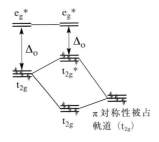

(c) π供与性配位子との相互作用

金属 t_{2g} 軌道と空の π 対称性軌道との相互作用により Δ_o が拡大する

金属 t_{2g} 軌道と π 対称性被占軌道との相互作用により Δ_o が縮小する

図 1.10 八面体形錯体における π 対称性軌道相互作用

1.5　18 電子則の適用範囲

図 1.1 において，**1.1**, **1.2**, **1.3** は八面体形構造をもつ d^6 の 18 電子錯体であり，**1.6**, **1.7**, **1.9** はそれらと等電子構造の錯体である（表 1.3 参照）．一方，d^6 錯体であっても，**1.17** や **1.18** のように 16 電子錯体として単離される場合がある．d^8 錯体についても 18 電子錯体（**1.4**, **1.8**）と 16 電子錯体（**1.10〜1.13**）があり，d^{10} 錯体には 18 電子錯体（**1.5**）と 16 電子錯体（**1.14**）が存在する．このように，有機金属化学では，価電子数が 18 に満たない錯体が数多く登場する．

1.5 18電子則の適用範囲

価電子数が 18 に満たない錯体が安定に存在する理由として立体的因子と電子的因子がある．たとえば，もともと d 電子数の少ない前期遷移金属が 18 電子錯体を形成するためには多くの配位子と結合する必要があるが，これが立体的に困難な場合に価電子数 16 以下の錯体が形成される．図 1.1 では 4 族金属錯体である **1.15** と **1.16** がこれにあたる．d^6 の後期遷移金属錯体についても，トリシクロヘキシルホスフィン（PCy_3）などの嵩高い配位子を用いて 16 電子の 5 配位錯体（**1.17**，**1.18**）が単離されている．一方，d^8 錯体については電子的な要因によって 18 電子錯体よりも 16 電子錯体が安定となる場合がある．

図 1.11 に，八面体形（6 配位，**A**），四角錐形（5 配位，**B**），平面四角形（4 配位，**C**）の各錯体構造に対する模式的な分子軌道図と相互関係を示す．1.4 節に述べたように，八面体形錯体（**A**）には低エネルギー側から六つの結合軌道（σ），三つの非結合性軌道（nb），六つの反結合性軌道（σ*）が存在する．この錯体から z 軸上にある配位子が一つ解離すると 5 配位錯体（**B**）となる．その際，e_g^* 軌道のうち z 軸方向に成分をもつ d_{z^2} 軌道は配位子との反結合性相互作用が緩和されるため幾分安定化される．z 軸上の配位子がさらにもう一つ解離して 4 配位錯体（**C**）に変化すると d_{z^2} 軌道はさらに安定化し，金属本来の d 軌道のエネルギー準位に近づく．以上の変化は，z 軸上の配位子の解離に伴って金属−配位子間に存在する結合性軌道と反結合性軌道がもとの原子価軌道に戻る過程に相当する．すなわち，四角錐形錯体には五つの結合性軌道と d_{z^2} 軌道を含めた四つの非結合性軌道および五つの反結合性軌道が，また平面

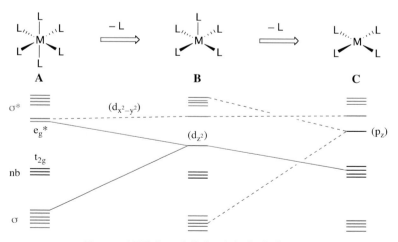

図 1.11 八面体形，四角錐形，平面四角形錯体の関係

四角形錯体には四つの結合性軌道と五つの非結合性軌道および四つの反結合性軌道がそれぞれ存在することになる．なお，平面四角形錯体の非結合性軌道には，d_{z^2}軌道と同様に結合相手となる配位子のないp_z軌道が含まれている．

d^8の5配位錯体（**B**）では，配位子から供給される10個の供与電子と8個のd電子が五つの結合性軌道と四つの非結合性d軌道に収容され，18電子錯体が形成される．ここで，d_{z^2}軌道はz軸上に一つ存在する配位子との反結合性相互作用（電子反発）によりほかのd軌道よりも依然として高いエネルギー準位にある．そのため，z軸上の配位子をすべて解離し，平面四角形16電子錯体（**C**）として安定化する場合がある．すなわち，中心金属の電子配置が閉殻構造となって生じる安定化エネルギーよりも，5配位錯体から4配位錯体に変化する際に生じるd軌道の安定化エネルギーが大きければ，平面四角形の16電子錯体が形成されることになる．この傾向は第4周期の遷移金属よりも第5周期や第6周期の遷移金属において顕著である．1.4節で述べたように，これは，3d＜4d＜5dの順にd軌道の分裂エネルギーが大きくなるためである．特に有機金属錯体では，金属－配位子間の共有結合性が高いため，必然的にd軌道分裂が大きく，16電子錯体が生成しやすくなる．図1.1の**1.10**〜**1.13**はその代表例である．

1.6　錯体の幾何構造

配位子場理論に基づく以上の説明から推察されるように，錯体のd電子数と幾何構造との間には密接な関係がある．表1.4に低スピンd^6〜d^{10}錯体の安定構造をまとめた．以下に，d電子数によって幾何構造が異なる理由について，定性的な分子軌道法を用いて説明する[4,5]．

表 1.4　低スピン d^6〜d^{10} 錯体の幾何構造

錯体	配位数	価電子数	幾何構造
d^6錯体	6	18	八面体形
d^6錯体	5	16	四角錐形
d^8錯体	5	18	三方両錐形，四角錐形
d^8錯体	4	16	平面四角形
d^8錯体	3	14	T字形
d^{10}錯体	4	18	四面体形
d^{10}錯体	3	16	D_{3h}対称形
d^{10}錯体	2	14	直線形

1.6.1 5配位錯体

5配位錯体としては，上記の四角錐形構造とともに，錯体 **1.4** に見られる三方両錐形構造が数多く見受けられる．図1.12に，σ供与性配位子を有する錯体について，両者のd軌道分裂の様子を比較する[7]．四角錐形錯体（右）では，b_2軌道（d_{xy}）が最安定であり，続いて二重に縮退したe軌道（d_{yz}, d_{zx}），さらにa_1軌道（d_{z^2}）とb_1軌道（$d_{x^2-y^2}$）がその上位にある．一方，三方両錐形錯体（左）では，二重縮退したe″軌道（d_{yz}, d_{zx}）が最下位にあり，続いて二重縮退のe′軌道（d_{xy}, $d_{x^2-y^2}$），さらにa_1'軌道（d_{z^2}）が存在する．三方両錐形と四角錐形のいずれの構造においても，最安定軌道に配位子の軌道成分は認められず，ほぼ完全な非結合性d軌道であることがわかる．これに対して，上位の軌道には配位子軌道との反結合性相互作用が認められ，これが軌道のエネルギー準位が上昇する理由である．たとえば，四角錐形構造のa_1軌道は，図1.11の**B**に（d_{z^2}）と表示した軌道に対応する．上述の通り，この軌道はz軸方向の配位子軌道との間に反結合性相互作用をもつためエネルギー準位が高い．

d^8錯体（18電子）では，四角錐形構造においてa_1まで，三方両錐形構造においてe′までの各軌道に2電子ずつが収容されることになるが，両者の電子エネルギーの総和に大差はなく，配位子間の立体反発をより効果的に緩和できる構造が安定となる．実際，d^8の5配位錯体には三方両錐形と四角錐形の中間的な構造をもつものが多く[注7)6]，またBerryの擬回転に見られるように，両者の間で速やかな相互変換が起

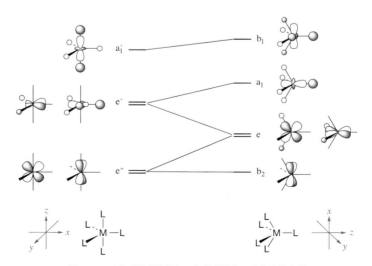

図1.12 三方両錐形錯体と四角錐形錯体の配位子場分裂

こる.

d^6 錯体 (16 電子) の場合, 四角錐形構造では比較的安定な e までの三つの軌道に 6 電子が収容できるのに対して, 三方両錐形ではエネルギー準位の高い e′ 軌道まで電子が収容される必要がある. そのため, **1.17** や **1.18** のように嵩高い配位子をもち, 配位子間に立体反発が存在する場合でも四角錐形が安定構造となる. 一方, d^4 錯体(14 電子) では, 安定な e″ 軌道に 4 電子を収容できる三方両錐形が安定構造となる. なお, 以上の議論は低スピン錯体に対するものであり, 三重項の高スピン d^6 錯体 ($S=1$) では三方両錐形が, 五重項の高スピン d^6 錯体 ($S=2$) では四角錐形が, それぞれ安定構造となる.

CO などの π 受容性配位子をもつ錯体では, 金属−配位子間の π 相互作用により, 四角錐形構造においては b$_2$ 軌道と e 軌道が, 三方両錐形構造においては e′ 軌道と e″ 軌道が安定化される. そのため, d^8 錯体では三方両錐形構造が有利となる. d^6 錯体については四角錐形が, d^4 錯体については三方両錐形が, それぞれ安定である.

1.6.2 4 配 位 錯 体

4 配位錯体の多くは四面体形あるいは平面四角形の幾何構造をもつ (図 1.13). 四面体形は d^{10} 錯体 (18 電子) に典型的な構造である. 八面体形錯体とは逆に, d 軌道は, エネルギー準位の低いものから e($d_{x^2-y^2}$, d_{z^2}), t$_2$(d_{xy}, d_{yz}, d_{zx}) の順であり, d^{10} 錯体ではこれらすべての軌道に 2 電子ずつが収容される. したがって, 金属−配位子結合の形成に関与する金属の原子価軌道は, s 軌道と p 軌道となる.

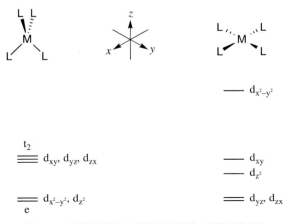

図 1.13 四面体形錯体と平面四角形錯体の配位子場分裂

σ供与性配位子をもつd^8錯体（16電子）が平面四角形構造を好むことはすでに述べた．9族金属や10族金属に数多く見られるd^8の4配位錯体の多くがこの構造を有する．その例外として，π受容性配位子をもつd^8のM(CO)$_4$錯体ではOC–M–CO結合が配位平面の上下に150°程度まで折れ曲がったD_{2d}構造が安定であることが理論的に示されている．また，σ供与性のホスフィン配位子とπ受容性のCO配位子を有するtrans-Ru(CO)$_2$(P^{t}Bu$_2$Me)$_2$（Ru^0，d^8）についても，かなり平面から歪んだ4配位構造（C_{2v}：∠OC–Ru–CO = 133.3°，∠P–Ru–P = 165.5°）をもつことが見出されている[8]．

1.6.3　3配位錯体

ML$_3$錯体ではL–M–L結合角が120°のD_{3h}構造において配位子間の立体反発が最小となる．d^{10}の16電子錯体ではこの構造が安定である．一方，d^8錯体ではD_{3h}構造は不安定であり，T字形構造（T-shaped structure）が安定となる．

図1.14にD_{3h}対称形錯体の軌道相関図を示す．分子軌道を組み立てるには，八面体形錯体の場合と同様，D_{3h}点群の指標表をもとに中心金属の原子価軌道を分類する．図1.14(a)に示すように，a_1'，a_2''，e'，e''の合計4種類の軌道群に分類することがで

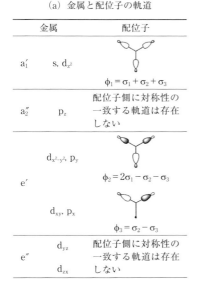

図1.14　D_{3h}対称形錯体の分子軌道

きる．配位子についても，3個のσ軌道（$\sigma_1 \sim \sigma_3$）の線形結合によりa_1'とe' 対称性をもつ三つの軌道（$\phi_1 \sim \phi_3$）を生成することができる（規格化定数は省略）．最後に，同じ対称性をもつ軌道どうしを組み合わせて分子軌道を発生する（図1.14(b)）．これにより12個の分子軌道が生ずるが，図には，それらのうちエネルギー準位の低い9個が示してある．

$3a_1'$と3e'は金属-配位子の結合性軌道であり，2e''は配位子側に軌道要素をもたない非結合性軌道（d_{yz}, d_{zx}）である．$4a_1'$と4e'は金属のd軌道と配位子軌道から生ずる反結合性軌道であるが，それぞれの軌道には同一の対称性を有する金属のs軌道およびp_x, p_y軌道の軌道要素が混合している．たとえば，4e' 軌道は，図1.15に示す手順により構成することができる．まず，$d_{x^2-y^2}$とϕ_2およびd_{xy}とϕ_3との反結合性相互作用によって**A**および**B**の分子軌道を発生させる．これらに，対称性の一致するp_y, p_x軌道が混合し，**C**と**D**が成立する．

d^{10}金属のML$_3$錯体（16電子）では，$3a_1'$から4e'までの八つの軌道に2電子ずつ収容される．一方，価電子数14のd^8錯体では$3a_1'$から$4a_1'$までの六つの軌道に各2電子，また二つの4e'軌道にそれぞれ1電子収容されることになるが，この開殻系の電子配置をもつ錯体よりも，以下に述べるT字形構造をもつ閉殻系錯体が安定となる．

図1.16に，価電子数14のAu(CH$_3$)$_3$（d^8錯体）について，C_{2v}対称を保ちながらCH$_3$-Au-CH$_3$結合角θを変化させた際に起こる各分子軌道のエネルギー変化と全電子エネルギー（錯体の安定性）の変化（Walshダイアグラム）を示す[9]．この図の$3a_1'$から4e'は，図1.14(b)に示した分子軌道にそれぞれ対応している．結合角θの変化によって最も顕著に影響を受ける軌道は4e'であり，図1.15に示した**C**と**D**（4e'

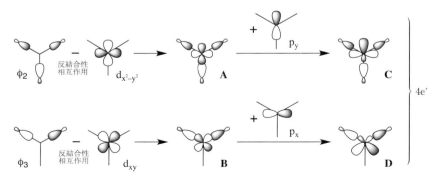

図1.15 4e' 軌道（図1.14）の構成

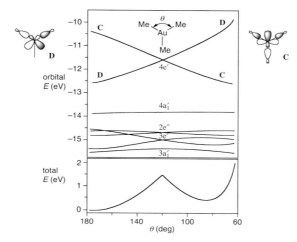

図 1.16　AuMe$_3$ 錯体の Walsh ダイアグラム

軌道)の縮退が解ける．θ が 120°よりも大きくなると $d_{x^2-y^2}$ 軌道に由来する C はメチル基との反結合性相互作用が大きくなるため不安定化し，逆に D は反結合性相互作用が小さくなるので安定化する．一方，θ が 120°よりも小さくなる場合には C が安定化し，D は不安定化する．

この錯体には 14 個の価電子が存在するので，D_{3h} 構造 ($\theta = 120°$) では $4a_1'$ までの各分子軌道に 2 電子ずつと，$4e'$ の二つの縮退軌道 (C, D) に 1 電子ずつが収容される．これに対して，$\theta > 120°$ では D まで，$\theta < 120°$ では C まで 2 電子ずつが収容されることになる．図の下側に示す全電子エネルギーの変化からわかるように，D_{3h} 構造は極大値にあたりきわめて不安定である．$\theta > 120°$ では D が安定化するので全エネルギーは低下し $\theta = 180°$ (T 字形構造) において極小値となる．$\theta < 120°$ の場合にも C の安定化により全エネルギーは低下するが，90°付近から徐々に上昇に転じ，60°以下において急激に高くなる．これはメチル基間の立体反発に起因するものである．$\theta = 90°$ 付近の比較的安定な構造は，Y 字形構造 (Y-shaped structure) とよばれている．

3 配位 d^8 錯体の T 字形構造は [Rh(PPh$_3$)$_3$]$^+$ についてはじめて確認された[10]．この錯体では，PPh$_3$ 配位子の C–H 結合がアゴスティック相互作用とよばれる弱い結合を通してロジウムに配位し，電子不足な中心金属の不安定性を軽減している．アゴスティック相互作用については 2.3.2 項で解説する．また，Pd(II) や Pt(II) などの 16 電子錯体から配位子の解離によって生成する 14 電子錯体は T 字形構造に起因して特徴的な反応性を示すことが多い．第 3 章で具体的に説明する．

1.6.4 2配位錯体

d^{10} の ML_2 錯体（14電子）は，直線形が安定である．図1.17に，直線形錯体（右）と屈曲形錯体（左）の軌道エネルギー準位図を比較する[11]．直線形錯体の σ_g と σ_u は ML_2 の結合性軌道，π_g と δ_g は非結合性のd軌道（$d_{x^2-y^2}$, d_{xy}, d_{yz}, d_{zx}）である．$1\sigma_g^*$ は配位子軌道との反結合性相互作用によって不安定化した d_{z^2} 軌道であり，14電子錯体ではここまでが被占軌道となる．

L–M–L結合角が縮小し，錯体が屈曲形構造に変化すると，$1\sigma_g^*$ 軌道が安定化し，逆に d_{zx} 軌道に由来する $2b_1$ 軌道が顕著に不安定化する．これは，前者において配位子との反結合性相互作用が弱まり，逆に後者において反結合性相互作用が強くなるためである．14電子錯体では $2b_1$ 軌道までが被占軌道であり，実際の錯体ではこの軌道の不安定化に二つの配位子間の立体反発が加わるため，屈曲形構造は直線形構造に比べてはるかに不安定となる．

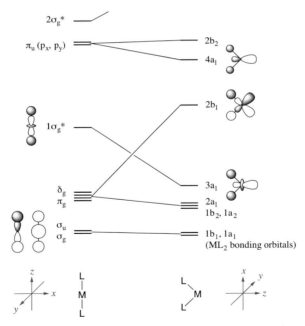

図1.17 直線形構造と屈曲形構造をもつ ML_2 錯体の分子軌道

1.7 錯体フラグメントとフロンティア軌道

以上のように，d^{10} の屈曲形 14 電子錯体は不安定であるが，逆の見方をすると活性なフロンティア軌道をもち，ほかの配位子との結合やさまざまな基質との反応に対して活性な化学種であると考えることができる．実際，PtL_2 錯体がアルケンやアルキンと配位錯体を形成し，また H–H 結合や C–H 結合を切断する際には，屈曲形構造へと変化することが知られている．

$M(A)L_n$ 錯体中で，ML_n と配位子 A との結合に関与するフロンティア軌道を知るには，幾何構造を保ったまま両者を遠ざけて錯体フラグメントに分解し，各フラグメントに発生するフロンティア軌道を見ればよい．幸い，多くの錯体フラグメントについてフロンティア軌道が解析され，成書にまとめられているので[4,5]，結合様式について定性的な解析を行うのであれば計算は不要である．結合エネルギーなど，より詳しい情報が必要な場合に分子軌道計算が必要となる．

C_{2v} 対称をもつ $Pt(\eta^2\text{-}C_2H_4)L_2$ 錯体を用いて具体的に説明する．X 線結晶構造解析により，L が PPh_3 であるエチレン錯体では L–Pt–L 結合角が 112° に屈曲し，またエチレンは PtL_2 平面に対して平行に side-on 配位していることが示されている[12]．白金からエチレンを遠ざけると屈曲形の PtL_2 が発生するが（図 1.18），図 1.17 の右の軌道エネルギー準位図から，d^{10} の電子配置をもつこの錯体フラグメントの HOMO は $2b_1$ 軌道，LUMO は $4a_1$ 軌道であることが分かる．一方，エチレンの HOMO は π 軌道 (a_1)，LUMO は π^* 軌道 (b_1) である．

軌道対称性の一致する PtL_2 の $4a_1$ 軌道（LUMO）とエチレンの π 軌道（HOMO, a_1)，さらには，PtL_2 の $2b_1$ 軌道（HOMO）とエチレンの π^* 軌道（LUMO, b_1) はと

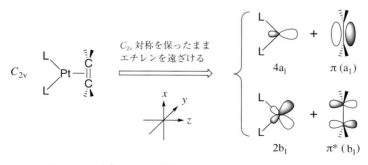

図 1.18　$Pt(\eta^2\text{-}C_2H_4)L_2$ の錯体フラグメントとフロンティア軌道

もに被占軌道と空軌道との組み合わせであり，フロンティア軌道理論をもとに，これらの軌道相互作用による結合形成は容易であろうと判断される．2.5節で説明するように，前者はエチレンから白金への σ 供与，後者は白金からエチレンへの π 逆供与とよばれ，エチレンの配位安定性には後者の軌道相互作用が重要である．この場合，PtL_2 の屈曲によりエネルギー準位が上昇した $2b_1$ 軌道からエチレンの $π^*$ 軌道に効果的な π 逆供与が起こるものと期待できる．

　錯体分子からある特定の配位子を取り去って発生する錯体フラグメントのフロンティア軌道に関する情報は，金属-配位子間の結合様式の理解を助けるだけでなく，錯体フラグメントによる反応基質の活性化機構を考察する際にも有用である．たとえば，屈曲形の PtL_2 に水素分子が近づくと，PtL_2 の $2b_1$ 軌道（HOMO）と水素の $σ^*$ 軌道（LUMO），さらには PtL_2 の $4a_1$ 軌道（LUMO）と水素の σ 軌道（HOMO）との間でそれぞれ軌道相互作用が起こり，Pt-H 結合の形成と H-H 結合の切断が協奏的に進行するものと期待される（図1.19）．実際，水素分子の酸化的付加とよばれるこの反応は，40 kJ mol^{-1} 以下のきわめて低い活性化エネルギーで進行する．詳細は3.3.1項で述べる．

　図1.20に，シクロペンタジエニル配位子（Cp = $η^5$-C_5H_5）をもつ Cp_2M 錯体（メタロセン）のフロンティア軌道と Cp-M-Cp 結合角の変化に伴う軌道エネルギーの変化を示す[13]．なお，これらはすべて d 軌道が主成分の軌道であり，金属とシクロペンタジエニル配位子との結合にかかわる軌道はこれらの下に存在する．Cp-M-Cp 結合角が180°の直線形構造には安定化された三つの非結合性軌道（e_{2g}, a_{1g}）が存在し，これらに6電子が収容されると安定な錯体が形成される．すなわち，メタロセンは d^6 錯体が安定であり，Fe(II) を中心原子とするフェロセンはその典型例である．

　一方，Cp-M-Cp 結合角が狭まり，ベントメタロセン（bent metallocene）とよば

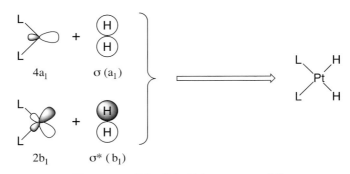

図1.19　PtL_2 錯体の構成要素とフロンティア軌道

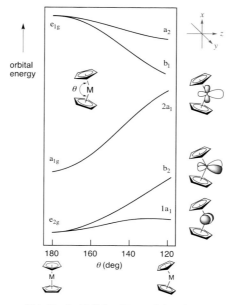

図 1.20 Cp$_2$M 錯体の Walsh ダイアグラム

れる屈曲形構造に変化すると，$2a_1$ 軌道と b_2 軌道のエネルギー準位が顕著に上昇する．この状況は，ML$_2$ 錯体（図 1.17）について見られた L–M–L 結合角の変化に伴うフロンティア軌道のエネルギー変化とよく似ている．特に，d^4 錯体である Cp$_2$W では b_2 軌道が HOMO，$2a_1$ 軌道が LUMO となり，図 1.19 に示した PtL$_2$ 錯体と同じ対称性のフロンティア軌道をもつことが分かる．すなわち，白金錯体と同様，水素分子の酸化的付加に対して活性であろうと考えられ，3.3.1 項に示すように，この予測は実験的に確認されている．

このように，錯体フラグメントのフロンティア軌道の類似性（isolobal analogy）から新たな錯体や反応性の可能性を追究することができる[5, 14]．フロンティア軌道の類似した化学種同士を互いにアイソローバルの関係にあるとよび，以下のように表現する．

$$\mathrm{Pt(PPh_3)_2} \;\longleftrightarrow\; \mathrm{Cp_2W}$$

■ 注

注1：有機金属錯体の命名法

錯体の名称は，配位子名をアルファベット順（di, tri, bis, tris などの倍数接頭辞はすべて無視する）に並べ，続いて金属名を書き，最後に金属の形式酸化数を丸括弧内にローマ数字で記入する．日本語名は，これをカタカナ字訳の原則に基づいて記載する．たとえば，錯体 **1.3** は，pentacarbonylmethylmanganese(I)（ペンタカルボニルメチルマンガン(I)）となる．その際，接頭辞と配位子，あるいは配位子と配位子との区切りが不明瞭な場合は，適宜括弧を使用して構わない．

錯体全体が正電荷をもつカチオン性錯体についても同様の命名法を用いる．たとえば，錯体 **1.12** は，$(\eta^3$-allyl)bis(trimethylphosphine)palladium(II)（$(\eta^3$-アリル)ビス(トリメチルホスフィン)パラジウム(II)）となる．一方，負電荷を有するアニオン性錯体では，金属名の語尾を -ate（日本語では〜酸）に変えて命名する．たとえば，錯体 **1.13** は，trichlorido-η^2-ethyleneplatinate(II)（トリクロリド-η^2-エチレン白金(II)酸）となる．

錯体の化学式は，金属の元素記号，アニオン性配位子，中性配位子の順に書く．また，[MnMe(CO)$_5$]，[Ni(CO)$_4$]，[Pd(η^3-C$_3$H$_5$)(PMe$_3$)$_2$]$^+$ のように，電荷のあるなしにかかわらず，錯体全体を大括弧で囲って表記する取り決めになっている．ただし，電荷をもたない錯体については，MnMe(CO)$_5$，Ni(CO)$_4$ のように，大括弧を省略する場合も多い．本書では，簡略化のため大括弧をつけずに化学式を記載する．

一方，シクロペンタジエニル（η^5-C$_5$H$_5$, Cp）など，金属の前に書くのがむしろ一般的な配位子もある．たとえば，錯体 **1.15** は多くの論文で Cp$_2$ZrMe$_2$ と記載されている．これは，Cp$_2$Zr を bis(cyclopentadienyl)zirconium ではなく，zirconocene（ジルコノセン）という慣用名をもつ化合物ととらえているためである．この場合，錯体 **1.15** は，dimethylzirconocene（ジメチルジルコノセン）と命名される．

注2：原子価と酸化数

遷移金属錯体に対して "高原子価錯体"（high-valent complex）や "低原子価錯体"（low-valent complex）などの用語が用いられることがあるが，これは昔，遷移金属錯体に対して原子価（valency）の概念が適用されていた時代のなごりであり，実際には中心金属の酸化数が "高い" "低い" を意味する．同様に，0価錯体や2価錯体など，酸化数の表記に原子価をあてた記述が見受けられるが，酸化数と原子価は本質的に異なる概念なので，酸化数の表記法に従い，元素記号に形式酸化数をローマ数字で添えて，Pd(0)錯体や Pd(II)錯体のように記載するのが望ましい．

注3：有機金属錯体の構造表記法

通常の有機化合物では二中心二電子結合に1本の実線をあてて分子構造が表記される．たとえば，エタン，エチレン，アセチレンでは，炭素−炭素間にそれぞれ1本，2本，3本の実線を描く．これは，1916年に Lewis が提唱した共有結合の概念に基づく構造表記法である．図 1.1 に見られるように，有機金属錯体の構造表記においても，これに類似した「共有結合モデル（covalent model）」が用いられている．しかし，これらの構造に描かれた実線は，必ずしも二中心二電子結合に対応しないので注意が必要である．すなわち，有機金属錯体では，金属−配位子間に存在する結合電子数にかかわらず，金属と配位子とが1本の実線で結ばれていることが多い．これは有機金属錯体の構造が複雑で，すべての結合線を描くと煩雑とな

ることや，η^3-アリル配位子やη^5-シクロペンタジエニル配位子に見られるように，配位子上に金属との結合点を特定しにくいなどの事情による．したがって，金属と配位子との間に描かれた実線は，結合の存在と方向を示す補助線であって，結合電子数や結合様式を反映したものではない．有機金属錯体には，分子軌道法を用いてはじめて記述が可能な非古典的結合が数多く含まれている．

注4：有機金属錯体の配位数
　無機錯体の配位状態をはかる指標として配位数（coordination number）の概念が利用されている．配位数は中心金属と各配位子との間に存在するσ結合の総和と定義される．一方，有機金属錯体には，η^3-アリルやη^5-シクロペンタジエニルなど，金属との間に存在するσ結合の数を規定するのが難しい配位子が数多く存在する．そのため，IUPACの無機化学命名法では，有機金属錯体について配位数の定義を避けている．これに対して，錯体の価電子数を特定することは比較的容易であり，有機金属化学では，価電子数を用いて錯体の配位状態が議論される．

注5：共有結合モデルと価電子数
　共有結合モデルを用いて価電子数を数える場合には，中性のMn原子とメチル基（Me・）が1電子ずつを出しあってMn–Me結合を形成していると考える（図1.2(a)）．すなわち，メチル基を1電子供与配位子として取り扱う．Mn（7e），Me基（1e），CO配位子（2e×5）の各電子数を足し合わせた価電子数の合計は18となり，イオン結合モデルを用いて算出された値と一致する．なお，形式酸化数は結合のイオン性を誇張した考え方から導かれる概念であり，その算出にはイオン結合モデルが必要である．

注6：イータ方式とカッパ方式
　複数原子を介して金属と結合する配位子の配位様式を示す方法としてイータ（η）方式とカッパ（κ）方式の2種類がある．イータ方式は，η^2-エチレン配位子やη^3-アリル配位子など，分子内の"連続した配位原子"によって金属と結合する配位子にのみ適用できるもので，η^nの右上付き数字のnは配位原子の数を表す．したがって，1,2-ビス（ジフェニルホスフィノ）エタン（$Ph_2PCH_2CH_2PPh_2$：dppe）などのキレート配位子にη^2配位などの表記は使用できない．一方，カッパ方式にこのような制限はなく，より広範な配位様式を表現できるが，その使い方はやや複雑である．詳細は成書を参照されたい[1,2]．

注7：5配位錯体の構造指標
　5配位錯体の幾何構造を体系的に整理するための指標としてτ値が知られている[6]．以下のように，まず5配位錯体を四角錐形構造に見立て，頂点（apical）をなす配位子Aを決める．具体的には，∠BMC＞∠DMEと∠DME＞∠AMD，∠AMEの条件をもとにAを決定する．

$\tau = (\beta - \alpha)/60$
∠DME $= \alpha$，∠BMC $= \beta$ （$\alpha < \beta$）

続いて，∠DME $= \alpha$，∠BMC $= \beta$とおき，$\tau = (\beta - \alpha)/60$を求める．理想的な四角錐形構

造であれば $\alpha=180°$, $\beta=180°$, $\tau=0$ となる．一方，理想的な三方両錐形構造であれば $\alpha=180°$, $\beta=120°$, $\tau=1$ となる．両者の中間的な幾何構造であれば $0<\tau<1$ となるので $\tau=0.5$ を目安として四角錐形と三方両錐形のどちらに近いかを判断する．

引用文献

1) IUPAC Division of Chemical Nomenclature and Structure Representation, *Nomenclature of Inorganic Chemistry—IUPAC Recommendations 2005*, Prepared for publication by N. G. Connelly, T. Damhus, R. M. Hartshorn and A. T. Hutton, RSR Publishing, London (2005).
2) 日本化学会命名法専門委員会編，化合物命名法，東京化学同人（2011）．
3) W. B. Jensen, *J. Chem. Educ.*, **82**, 28 (2005).
4) 大塚齊之助，巽 和行，分子軌道法に基づく錯体の立体化学（上・下），講談社サイエンティフィク（1986）．
5) T. A. Albright, J. K. Burdett and M.-H. Whangbo, *Orbital Interactions in Chemistry*, 2nd ed., Wiley (2013)：[http://onlinelibrary.wiley.com/book/10.1002/9781118558409 からダウンロード可能].
6) A. W. Addison, T. N. Rao, J. Reedijk, J. van Rijn and G. C. Verschoor, *J. Chem. Soc., Dalton Trans.*, 1349 (1984).
7) A. R. Rossi and R. Hoffmann, *Inorg. Chem.*, **14**, 365 (1975).
8) M. Ogasawara, S. A. Macgregor, W. E. Streib, K. Folting, O. Eisenstein and K. G. Caulton, *J. Am. Chem. Soc.*, **117**, 8869 (1995).
9) S. Komiya, T. A. Albright, R. Hoffmann and J. K. Kochi, *J. Am. Chem. Soc.*, **98**, 7255 (1976).
10) Y. W. Yared, S. L. Miles, R. Bau and C. A. Reed, *J. Am. Chem. Soc.*, **99**, 7076 (1977).
11) S. Otsuka, *J. Organomet. Chem.*, **200**, 191 (1980).
12) P.-T. Cheng and S. C. Nyburg, *Can. J. Chem.*, **50**, 912 (1972).
13) J. W. Lauher and R. Hoffmann, *J. Am. Chem. Soc.*, **98**, 1729 (1976).
14) R. Hoffmann, *Angew. Chem. Int. Ed.*, **21**, 711 (1982).

2
有機遷移金属錯体の結合

2.1 遷移金属の原子価軌道

　有機金属錯体の結合様式について説明する前に，結合形成にあずかる原子価軌道について整理する．遷移金属の原子価軌道は $(n-1)$d, ns, np の3種類，計9個であるが，配位子との結合にはd軌道とs軌道の寄与が大きい．特にd軌道（-6.76〜$-21.29\,\mathrm{eV}$）は，配位原子となる典型元素のp軌道（-5.36〜$-19.87\,\mathrm{eV}$）とエネルギー準位が近いため，結合の特性に顕著な影響を及ぼす．

　図2.1に，遷移金属のd軌道サイズ（$r_{\max}$：動径分布関数の極大値）を比較する[1]．同一周期の元素では原子番号が大きくなるほど，すなわち周期表を左から右に進むに

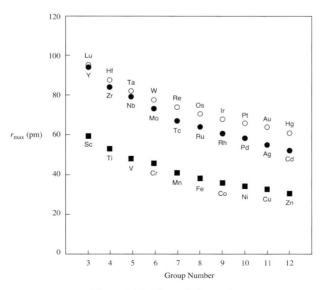

図2.1　遷移元素のd軌道サイズ

つれて軌道は小さくなる．これは有効核電荷の増加に伴う現象であり，d 軌道のエネルギー準位もおおむねこれに付随して低下する．3～5 族の前期遷移金属は電気的に陽性であるため金属-炭素結合はイオン結合性が高く分極も大きい．そのため，アルキルリチウムや Grignard 反応剤と同様，アルデヒドやケトンのカルボニル基に付加反応を起こす．これに対して，後期遷移金属と炭素との結合は共有結合性が高く分極が小さいため，有機金属錯体の官能基許容性は高くなる．触媒反応への応用において考慮すべき重要な性質の違いである．

周期表の縦方向，すなわち同族元素間では，3d 金属に比べて 4d 金属と 5d 金属に顕著な軌道の拡大が認められる．内殻に d 軌道をもたない 3d 軌道と異なり，4d 軌道と 5d 軌道には内殻に同じ対称性をもつ d 軌道が存在するので，それらとの重なりを避けるように軌道が拡大するためである．4d 軌道と 5d 軌道との差はランタノイド収縮（f 電子効果）に起因して相対的に小さくなるが，周期表右側の後期遷移金属では両者の差が再び顕在化してくる．これは，第 6 周期元素である 5d 金属に相対論効果（relativistic effect）[2,3] が現れるためである．

相対論効果は，以下のように理解することができる．重い原子核をもつ第 6 周期元素では，原子核に最も接近できる 1s 電子が原子核から非常に強い力を受けて加速される：$v = (Z/137) \cdot c$（Z：原子番号，c：光速）．たとえば，白金（$Z=78$）では，電子の運動速度（v）は光速の約 0.6 倍になる．相対性理論から予測されるように，光速に近い速度で運動する電子の質量（m）はその静止質量（m_0）よりも大きくなる：$m = m_0/(1-(v/c)^2)^{1/2}$．Bohr 半径は電子の質量に反比例するので白金の 1s 軌道は 20% ほど収縮することになる．この 1s 軌道の収縮は，1s 軌道と直交する外殻の s 軌道の収縮を引き起こすため，第 6 周期元素の 6s 軌道は第 5 周期元素の 5s 軌道よりも収縮し，エネルギー準位も低下する．一方，s 軌道の収縮により核遮蔽効果が増すため有効核電荷が小さくなり，5d 軌道は拡大してエネルギー準位も高くなる．

図 2.2 に，8 族と 10 族金属の（$n-1$）d 軌道と ns 軌道のエネルギー準位を比較する[4]．第 6 周期元素であるオスミウムと白金の 6s 軌道の安定化と 5d 軌道の不安定化が顕著である．これらの軌道の変化により，5d 金属はほかの同族元素に比べて強い結合を形成する．これは，相対論効果に基づく s 軌道の収縮により内殻電子と配位子との電子反発が緩和されるため，配位子がより金属中心に接近して 5d 軌道と配位子軌道との重なりが大きくなり，結合エネルギーが増大するためである．

図 2.3 に cis-PtMe$_2$(PMePh$_2$)$_2$ と cis-PdMe$_2$(PMePh$_2$)$_2$ の構造パラメーターを比較する[5]．白金の 5d 軌道はパラジウムの 4d 軌道に比べて 14% ほど大きいが（図 2.1），これらの錯体はほぼ同一の幾何構造をもち，白金-炭素とパラジウム-炭素の結合距

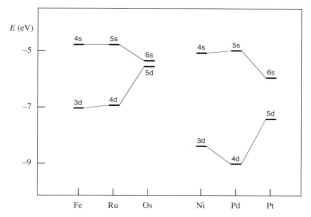

図 2.2 8 族および 10 族元素の $(n-1)$d 軌道と ns 軌道のエネルギー準位(相対論効果を考慮した計算値)[4]

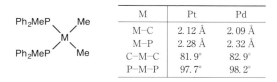

M	Pt	Pd
M–C	2.12 Å	2.09 Å
M–P	2.28 Å	2.32 Å
C–M–C	81.9°	82.9°
P–M–P	97.7°	98.2°

図 2.3 *cis*-PtMe$_2$(PMePh$_2$)$_2$ と *cis*-PdMe$_2$(PMePh$_2$)$_2$ の構造

離も 2.1 Å 程度で一致している.これは相対論効果によりメチル配位子が白金中心に接近できるためである.これにより,白金-炭素結合は強くなる.実際,白金錯体は熱的にきわめて安定であるが,パラジウム錯体はエタンの発生を伴って容易に分解する.

2.2 配位子の種類と結合様式

2.2.1 共有結合と供与結合

第1章では,配位子を,イオン結合モデルにおいて負の形式電荷を帯びるアニオン性配位子と,電荷を帯びない中性配位子とに大別した.一方,共有結合モデルにおいて,前者は金属と1電子ずつを出しあって共有結合を形成し,後者は配位に必要な電子をすべて提供して供与結合を形成すると考える.有機金属錯体の結合様式は,より共有結合モデルに忠実に反映されているので,本章ではこの考え方に基づいて説明を行うことにする.なお,イオン結合モデルに基づく形式酸化数やd電子数の考え方

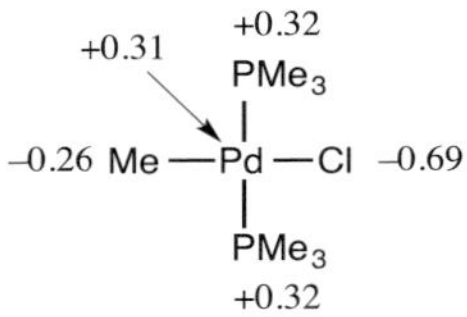

```
              +0.32
       +0.31  PMe₃
              ↓
 -0.26 Me ── Pd ── Cl  -0.69
              |
              PMe₃
              +0.32
```

図 2.4 *trans*-PdMe(Cl)(PMe$_3$)$_2$ 錯体における電荷分布

は依然として重要であり，適宜取り入れながら議論を進める．

図 2.4 に DFT 計算を用いて求めた *trans*-PdMe(Cl)(PMe$_3$)$_2$ 錯体の電荷分布を示す．共有結合性配位子（Me, Cl）と供与結合性配位子（PMe$_3$）にそれぞれ負電荷と正電荷が存在することが分かる．ただし，Cl 配位子の負電荷（−0.69）が大きいことを除いて電荷の片寄りは比較的小さく，特に Pd 原子上の正電荷（+0.31）は，形式酸化数（+2）に比べてはるかに小さな値である．

図 2.5 に遷移金属と配位子との軌道相互作用（模式図）を示す．図には，共有結合モデルに基づく電子配置が示してある．(a) は金属（M・）と共有結合性配位子（X・）との軌道相互作用であり，(b) は金属（M）と供与結合性配位子（L:）との軌道相互作用である．炭素，塩素，リンの電気陰性度はそれぞれ 2.50, 2.84, 2.06 であり，いずれもパラジウム（1.35）より高い．そのため，M–X と M–L の結合性軌道には配位子の軌道成分が多く，結合電子は配位子側に片寄って分布することになる．そのため，共有結合では金属と配位子との間に M(δ^+)–X(δ^-) 型の分極が起こり，配位子は負電荷を帯びることになる．その際，X の電気陰性度が高いほど負電荷が大きくなる．図 2.4 の Me 配位子と Cl 配位子の負電荷の差はこれに対応するものである．

一方，パラジウムと供与結合を形成している二つの PMe$_3$ はそれぞれ +0.32 の正電荷を帯びている．すなわち，リンはパラジウムよりも電気陰性度が高いにもかかわらず，確かにホスフィンからパラジウムに電子供与が起こっていることが分かる．これに伴い，Pd 上の正電荷（+0.31）は，Me 配位子と Cl 配位子がもつ負電荷の合計（−0.95）よりもかなり小さくなっている．つまり，電気陰性度の高い配位原子と共有結合を形成して電子密度の低下した中心金属に，ホスフィンから電子供与が起こり，分子内の電荷の片寄りが緩和されたことになる．

このように，供与結合性の配位子には錯体内の電荷の片寄りを緩和し，錯体の不安定化を抑制する効果がある．特に，酸化状態の異なる種々の錯体種が関与する触媒反応では，中間体錯体の不安定化を防いで活性化エネルギーを軽減し，反応速度を向上する効果がある．ソフトな Lewis 塩基であるホスフィンは特にその能力に長けており，遷移金属錯体触媒の補助配位子として優れた性能を発揮する．

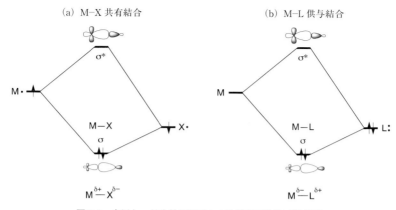

図 2.5　金属と σ 結合性配位子との軌道相互作用（模式図）

2.2.2　X 型配位子と L 型配位子

共有結合モデルに基づいて配位子を分類する方法として CBC 法（covalent bond classification method）が知られている[6]. CBC 法では，金属と共有結合を形成する配位子に X，金属と供与結合を形成する配位子に L の記号をあて，それらを組み合わせて配位子を分類するので，さまざまな配位子の配位様式を簡便かつ体系的に表記することができる．

表 2.1 に，代表的な配位子について CBC 法による分類を示した．ヒドリド配位子やメチル配位子は X 型配位子である．カルボニル配位子やホスフィン配位子は L 型配位子である．また，π 錯体を形成するアルキンやアルケン，σ 錯体を形成する水素分子などは L 型配位子である．η^1-アリル配位子はアルキル配位子と同様の X 型配位子であるが，η^3-アリル配位子はアリル位の炭素で金属と共有結合を形成し，さらに炭素–炭素二重結合で金属と供与結合を形成すると見ることができるので LX 型配位子に分類される．なお，CBC 法では L を先に，X を後に書くので注意してほしい．

η^5-シクロペンタジエニルは L_2X 型配位子，η^6-ベンゼンは L_3 型配位子である．共役ジエンであるブタジエンは，通常，二つの炭素–炭素二重結合で金属に配位する L_2 型配位子であるが，4 族や 5 族の前期遷移金属錯体では 1 位と 4 位の炭素を介してメタラシクロペンテン構造を形成し，LX_2 型配位子となる場合がある（2.5.3 項）．中心金属の違いによる配位様式の変化はカルベン配位子にもあり，後期遷移金属錯体のカルベン配位子は L 型であるが，前期遷移金属錯体では X_2 型配位子と考える場合がある（2.4.2 項）．

表2.1 代表的な配位子と CBC 表記

配位子		ハプト数	CBC 表記
ヒドリド (hydrido)	M–H		
メチル (methyl)	M–Me	1	X
フェニル (phenyl)	M–Ph		
クロリド (chlorido)	M–Cl		
カルボニル (carbonyl)	M–CO		
ホスフィン (phosphine)	M–PR$_3$	1	L
アミン (amine)	M–NR$_3$		
η^2-アルケン (η^2-alkene)	M–∥	2	L
η^2-アルキン (η^2-alkyne)	M–∥	2	L
η^2-H$_2$ (η^2-dihydrogen)	M–H/H	2	L
η^1-アリル (η^1-allyl)		1	X
η^3-アリル (η^3-allyl)		3	LX
η^5-シクロペンタジエニル (η^5-cyclopentadienyl)		5	L$_2$X
η^6-ベンゼン (η^6-benzene)		6	L$_3$
η^4-ジエン (η^4-diene)		4	L$_2$ (LX$_2$)
カルベン (carbene)	M=C(R)(R')	1	L (X$_2$)

2.2.3 π錯体とσ錯体

ホスフィンなどのL型配位子は，非共有電子対を用いて金属にσ供与を起こす．一方，アルケンやアルキンは非共有電子対をもたない分子であるが，炭素–炭素間に存在するπ結合電子を金属にσ供与し，分子面による配位，すなわち side-on 配位を起こす．このようなπ結合電子による金属への配位をπ配位（π-coordination），π配位によって形成された錯体をπ錯体（π-complex）とよぶ．すでに炭素–炭素結合の形成に使用されているπ電子のσ供与はそれほど強いものではなく，アルケン錯体の安定性はπ逆供与の強さに依存する（2.5節）．

水素分子の H–H 結合や炭化水素の C–H 結合も金属に side-on 配位する（2.3.4項）．

これらの結合間に存在するσ結合電子の供与を伴う配位であり，生成錯体はσ錯体（σ-complex）とよばれている．アルキル錯体などに見られるC–H結合の分子内キレート配位（アゴスティック相互作用，2.3.2項）もσ錯体の形成を伴う現象である．σ錯体において，H–H結合やC–H結合のσ*軌道に中心金属からπ逆供与が起こると，これらの結合が切れて金属に付加する．すなわち，酸化的付加反応が起こる(3.3.1項)．

2.2.4　π供与とπ逆供与

図2.4に示した *trans*-PdMe(Cl)(PMe$_3$)$_2$ 錯体では，共有結合であるか供与結合であるかにかかわらずσ対称性の軌道相互作用を介して金属–配位子結合が形成されていた．一方，金属との間にσ結合に加えてπ結合を形成する配位子が数多く存在し，それらはπ供与性配位子とπ受容性配位子とに大別される（図2.6）．

代表的なπ供与性配位子としてアミド配位子（amido ligand, R$_2$N）とアルコキソ配位子（alkoxo ligand, RO）が挙げられる．アミド配位子の窒素原子にはp軌道上に非共有電子対が存在し，金属に対してπ供与を起こす．電子不足の前期遷移金属はπ供与電子の受け入れに必要な空軌道をもち，π供与性配位子と強い結合を形成する．これに対して，電子豊富な後期遷移金属では対応する軌道が被占軌道であることが多く，π供与電子との間に電子反発が生じるため，π供与性配位子との結合は弱くなる．

π受容性配位子は金属との間にπ逆供与相互作用を起こす．カルボニル配位子など金属に非共有電子対をσ供与するL型配位子と，アルケンやジエンなどπ錯体を形成するL$_n$型配位子（$n = 1, 2, 3, \cdots$）とがある．また，シアニド配位子などのX型配位子も金属とπ逆供与相互作用を起こす．

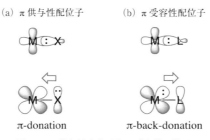

図2.6　π供与性配位子とπ受容性配位子

2.3 σ結合性配位子をもつ錯体

2.3.1 アルキル錯体

　アルキル，アルケニル，アルキニル，アリールなどの有機配位子（hydrocarbyl ligand）はσ対称性軌道を通して遷移金属と共有結合を形成する．遷移金属−炭素結合の結合解離エネルギーは 130～330 kJ mol^{-1} の範囲にある[7]．有機化合物と同様，金属と結合する炭素の軌道混成により M−C(sp^3)＜M−C(sp^2)＜M−C(sp) の順で結合解離エネルギーが大きくなる傾向がある．また，同種の有機配位子では，電子求引性の強い置換基をもつほど金属−炭素間の分極が大きくなり結合が強くなる．さらに，同族元素では 3d 金属＜4d 金属＜5d 金属の順に結合が強くなり，この傾向は 5d 金属元素に相対論効果が現れる後期遷移金属において特に顕著である．なお，アルキル錯体やアリール錯体の熱安定性は，金属−炭素結合の結合解離エネルギーにのみ依存するのではなく，むしろ還元的脱離や β-水素脱離などの反応に伴う速度論的因子に支配されることが多い．第 3 章で解説する．

　遷移金属錯体にアルキル配位子を導入する最も一般的な方法は，遷移金属ハロゲン化物と炭素求核剤とのトランスメタル化反応である［(2.1)式］．この反応はクロスカップリングなどの触媒反応との関連から重要である（3.2節）．また，低酸化状態の遷移金属錯体とハロゲン化アルキルとの酸化的付加も触媒反応の素反応として重要である（(2.2)式，3.3節）．これらの反応は，アリール基やアルケニル基などの導入にも利用される．アルキル錯体とアルケニル錯体はそれぞれアルケンあるいはアルキンの遷移金属−水素結合への挿入によっても合成される（(2.3)式，3.5節）．

トランスメタル化反応

$$L_nM\text{-}X + R\text{-}M \longrightarrow L_nM\text{-}R + M\text{-}X \qquad (2.1)$$

酸化的付加反応

$$L_nM + R\text{-}X \longrightarrow L_nM{\overset{R}{\underset{X}{\diagdown\!\!\!/}}} \qquad (2.2)$$

アルケン挿入反応

$$L_nM\text{-}H + CH_2=CH_2 \longrightarrow L_nM\text{-}CH_2CH_3 \qquad (2.3)$$

　アルキル錯体やアルケニル錯体のなかで，金属を含む環状化合物は，特にメタラサイクル（metallacycle）とよばれている（図 2.7）．個々の錯体では，チタンを含む四員環化合物はチタナシクロブタン（titanacyclobutane），ジルコニウムを含む五員環

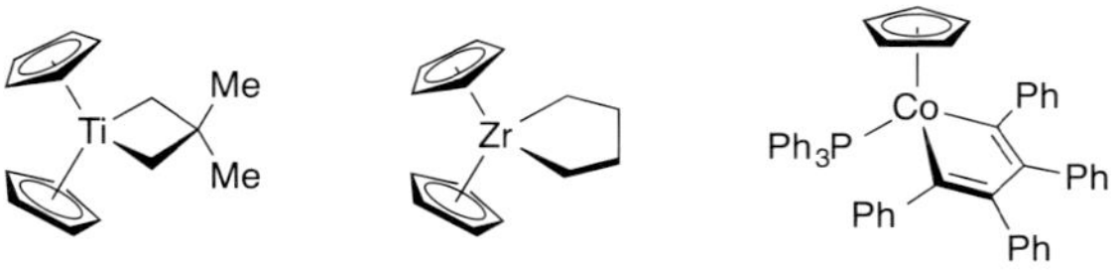

2.3 σ結合性配位子をもつ錯体

titanacyclobutane   zirconacyclopentane   cobaltacyclopentadiene

図 2.7 メタラサイクル錯体の例

η^1-benzoylpalladium(II) η^2-benzoylzirconium(IV)

図 2.8 η^1-アシル錯体と η^2-アシル錯体

化合物はジルコナシクロペンタン（zirconacyclopentane）とよばれる．前者はカルベン錯体とアルケンとの反応により，後者はZr(II)錯体と2分子のアルケンとの反応により合成される．また，Co(I)錯体と2分子のアルキンとの反応によりコバルタシクロペンタジエン（cobaltacyclopentadiene）錯体が生成する．詳細は3.9, 3.10節で述べる．

アルキル錯体やアリール錯体は一酸化炭素とCO挿入反応を起こし，アシル錯体を与える［(2.4)式］．アシル配位子には η^1 配位（X型配位子）と η^2 配位（LX型配位子）とがある（図2.8）．後者の配位様式は酸素親和性の高い前期遷移金属錯体で一般的に認められ，カルベン構造の寄与を示す特徴的な反応性を示す（3.4節）．

CO挿入反応

$$L_nM-R + CO \longrightarrow L_nM-COR \qquad (2.4)$$

2.3.2 アゴスティック相互作用

配位不飽和な有機遷移金属錯体ではしばしば，有機配位子がC–H結合を介して金属に分子内キレート配位する現象が認められる（図2.9）．この現象はアゴスティック相互作用とよばれ，C–H結合は中心金属とσ錯体を形成している[8]．アゴスティック（agostic）は，BrookhartとGreenが"to hold or clasp to oneself"を意味するギリシャ語をもとに考案した術語である[9]．アルキル配位子ではβ水素だけでなくα水素やγ水素も同様の相互作用を起こすので，相互作用を起こす水素の位置によってα-アゴスティック相互作用，β-アゴスティック相互作用などとよんで区別する．アゴ

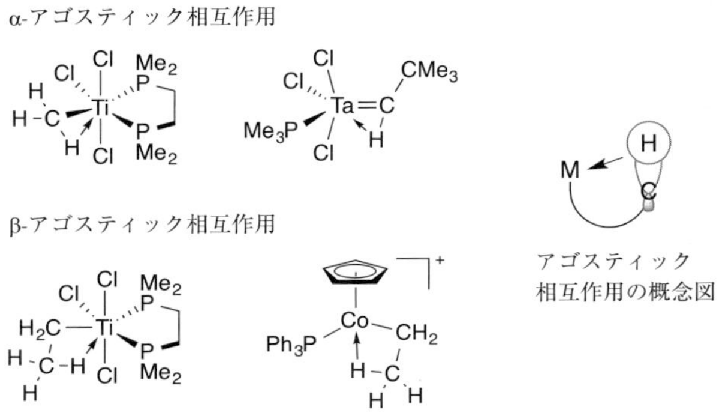

図2.9 アゴスティック相互作用をもつ錯体

スティック相互作用は，C–H 結合だけでなく，さまざまな E–H 結合（E = B, Si, Ge, Sn など）を介して起こる．

　アゴスティック相互作用の存在は中性子回折を用いて確認するのが最も確実な方法であるが，良質な単結晶が得られれば通常の X 線構造解析でもかなりの知見を得ることができる．金属と水素との距離はヒドリド錯体の M–H 結合距離に比べて 15〜20% ほど長く，C–H 結合はアゴスティック相互作用をもたない通常の結合よりも 5〜10% ほど長くなっている．金属と炭素との距離は 2 Å 前後から 3 Å 以上にまで変化し，金属が炭素と水素の両者と相互作用をもつものから，末端の水素原子とのみ相互作用をもつものまである[8,9]．

　C–H 結合の伸長に伴い，IR スペクトルにおける C–H 伸縮振動（ν_{CH}）の吸収は 2700〜2350 cm^{-1} と，通常の C–H 結合に比べてかなり低波数シフトする．^{1}H NMR スペクトルでは，アゴスティック水素のシグナルが，ヒドリド錯体とアルカン水素のシグナルの中間領域（0〜−15 ppm）に現れる．C–H カップリング定数（$^1J_{CH}$）は 75〜100 Hz の範囲にあり，通常のアルカンの C–H カップリング定数（120〜130 Hz）と比べて小さな値となる．

　アゴスティック相互作用に伴う M⋯H 間の結合エネルギーは水素結合と同程度であり，溶液中ではアルキル基の水素間で交換が起こる [(2.5)式]．この過程は温度可変 ^{1}H NMR を用いて観測することが可能であり，アゴスティック水素シグナルとメチレン水素シグナルとの融合現象が観察される．その際，$^1J_{CH}$ は両者の平均値となる．

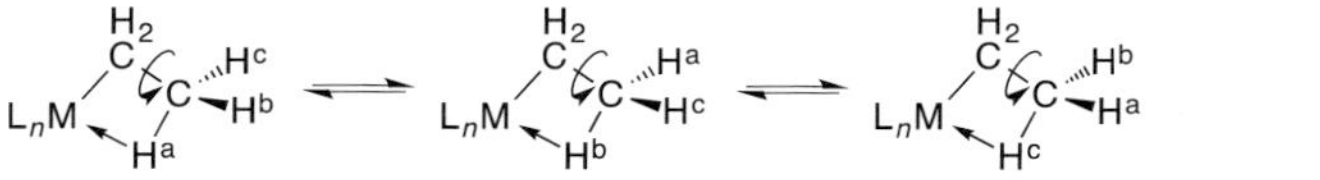

(2.5)

アルキル錯体のβ-アゴスティック相互作用は，遷移金属ヒドリド錯体とアルケンとの挿入反応や，その逆反応であるアルキル錯体からのβ-水素脱離反応との関連において重要である（3.8節）．

2.3.3 ヒドリド錯体

水素原子は遷移金属と共有結合性の高い結合を形成し，その結合解離エネルギーは240〜350 kJ mol^{-1}程度である．この値は遷移金属−炭素結合に比べてかなり大きく，炭素−炭素結合（345.6 kJ mol^{-1}）や炭素−窒素結合（304.6 kJ mol^{-1}）に匹敵する．このように，遷移金属−水素結合はかなり強い結合であるが，ヒドリド錯体の反応性は高く，アルケンの水素化やヒドロホルミル化など多くの触媒反応の中間体となる．

ヒドリド配位子を確認するための最も有力な分析法は^{1}H NMRである．ヒドリド配位子の多くは，0〜−30 ppmの高磁場領域にシグナルを示すため，ほかのシグナルとの区別は容易である．IRスペクトルでは2200〜1500 cm^{-1}にM−H伸縮振動（ν_{MH}）に基づく吸収が現れるが，その強度はさまざまであり，想定される領域に吸収が認められない場合でもヒドリド配位子の存在を否定する根拠にはならない．また，X線結晶構造解析においても，重原子である遷移金属の近傍にヒドリド配位子を特定することは容易ではない．

表2.2に，種々の遷移金属ヒドリド錯体の酸解離定数（pK_a）を示す[10]．水素の電気陰性度（2.20）は遷移金属（1.11〜1.75；Allred−Rochow値）に比べて高く，多くの場合に金属−水素結合はM(δ^+)−H(δ^-)に分極している．しかし，アセトニトリル中で測定されたpK_a値は5.6〜27.5と広い範囲に及び，酸性から塩基性までのさまざまな性質をもつヒドリド錯体が存在する．これは，ヒドリド錯体の酸性度が金属−水素結合の分極率ではなく，脱プロトン化によって生成する錯体フラグメントの安定性に依存するためである．たとえばHCo(CO)$_4$では，脱プロトン化によって生成する

表2.2 遷移金属ヒドリド錯体の酸性度

錯体	pK_a（MeCN中）
HCo(CO)$_4$	8.4
HCo(CO)$_3$(PPh$_3$)	15.4
H$_2$Fe(CO)$_4$	11.4
HFe(Cp)(CO)$_2$	27.5
HMn(CO)$_4$	14.2
HCr(Cp)(CO)$_3$	13.3
HW(Cp)(CO)$_3$	16.1
HW(Cp)(CO)$_2$(PMe$_3$)	26.6
[H$_2$W(Cp)(CO)$_2$(PMe$_3$)]$^+$	5.6

$[Co(CO)_4]^-$ がコバルトからカルボニル配位子への π 逆供与によって効果的に安定化されるため,pK_a 値が高くなる.特に水中では塩酸と同程度の強酸性（$pK_a \approx 1$）を示すことが知られている.

$$HCo(CO)_4 + H_2O \rightleftharpoons [Co(CO)_4]^- + H_3O^+ \qquad (2.6)$$

ヒドリド錯体は,遷移金属ハロゲン化物と $NaBH_4$ や $LiBEt_3H$, $LiAlH_4$ などのヒドリド試薬とのトランスメタル化反応により合成される.

$$RuCl_2(PPh_3)_3 + NaBH_4 + PPh_3 \longrightarrow RuH_2(PPh_3)_4 \qquad (2.7)$$

遷移金属ハロゲン化物とアルコキシドとの反応もヒドリド錯体の合成法として有用である.以下の例では,（イソプロポキシ）ルテニウム錯体が中間体として生成し,この錯体から β-水素脱離によりヒドリド錯体とアセトンが生成する.

$$RuCl_2(PPh_3)_3 + 2^iPrOK + PPh_3 \longrightarrow$$
$$RuH_2(PPh_3)_4 + 2Me_2CO + 2KCl \qquad (2.8)$$

遷移金属錯体のプロトン化反応もヒドリド錯体の有用な合成法である.以下の例では,中心金属の形式酸化数が Ir(I) から Ir(III) に増加している.すなわち,酸化的付加反応が起きている（3.3 節）.水素分子も低酸化状態の配位不飽和錯体に容易に酸化的付加する.

$$IrCl(CO)(PPh_3)_2 \begin{array}{c} \xrightarrow{HCl} IrHCl_2(CO)(PPh_3)_2 \\ \xrightarrow{H_2} IrH_2Cl(CO)(PPh_3)_2 \end{array} \qquad (2.9)$$

反応は可逆であり,H_2 の脱離によって生成する低酸化状態の配位不飽和錯体は C–H を含む種々の結合の酸化的付加に高い反応性を示す.

$$Cp_2W\begin{smallmatrix}H\\H\end{smallmatrix} \xrightarrow[-H_2]{h\nu} [Cp_2W] \xrightarrow{PhH} Cp_2W\begin{smallmatrix}Ph\\H\end{smallmatrix} \qquad (2.10)$$

2.3.4 分子状水素錯体

水素分子の酸化的付加反応では,水素分子の配位により η^2-H_2 錯体が生成し,続いて H–H 結合が金属に付加する [(2.11)式].反応中間体である η^2-H_2 錯体は,分子状水素錯体（molecular hydrogen complex）あるいは二水素錯体（dihydrogen complex）とよばれる σ 錯体である（図 2.10）[8,11].一方,酸化的付加により生じる錯体はジヒドリド錯体（dihydrido complex）とよんで区別する.

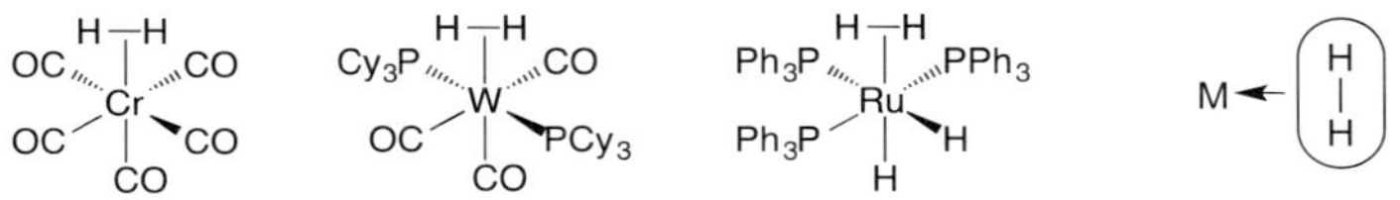

図 2.10 分子状水素錯体の例

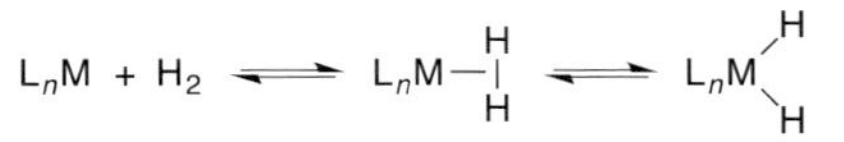

$$L_nM + H_2 \rightleftarrows L_nM{-}\!\!\!\begin{array}{c}H\\\|\\H\end{array} \rightleftarrows L_nM\!\!\begin{array}{c}H\\ \\H\end{array} \tag{2.11}$$

分子状水素錯体　　ジヒドリド錯体

σ錯体である分子状水素錯体では，金属中心に対してH–H結合電子のσ供与（σ→d）が起こる．一方，分子状水素錯体からジヒドリド錯体への変化では中心金属から水素分子へのπ逆供与（d→σ*）が必要である（3.3節）．そのため，高酸化状態の中心金属や電子受容性の強い補助配位子によりπ逆供与が抑制される場合は，分子状水素錯体で安定化する．

水素分子はきわめて弱い酸（$pK_a = 35$）であるが，金属へのσ供与によって電子密度の低下した η^2-H_2 配位子は，かなりの酸性度（$pK_a = 0\sim20$）を示すようになる[9~12]．そのため，近傍にアミノ基などの塩基性点が存在すると η^2-H_2 配位子の一方の水素がプロトンとして脱離し，H–H結合のヘテロリシス（heterolysis）が起こる［(2.12)式］[13]．水素分子の酸化的付加と異なり，この過程において中心金属の形式酸化数（Ir(III)）は変化しない．このような金属と配位子との協同作用による結合の切断過程は金属–配位子協同作用（metal–ligand cooperation）などとよばれている（3.11節）．水素分子のヘテロリシスにより生成する錯体は，求核性のヒドリド配位子と求電子性のプロトンを隣あった位置に有するためC=OやC=Nなど分極した不飽和結合の水素化に高い反応性を示す[14,15]．

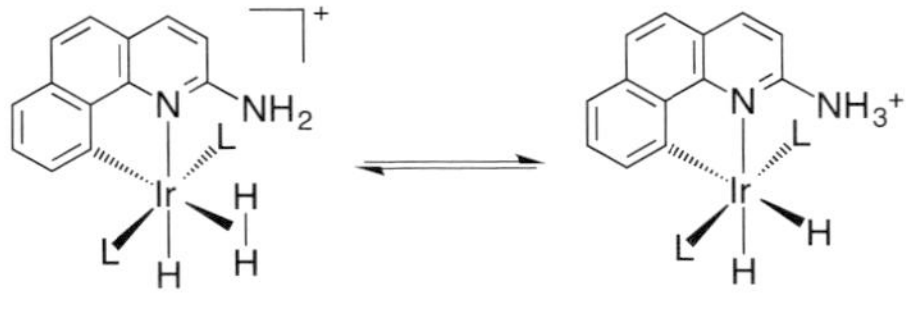

$$\tag{2.12}$$

2.4　π結合性配位子をもつ錯体：end-on配位

2.4.1　カルボニル錯体

カルボニル配位子（CO）は代表的なπ受容性配位子の一つである．図2.11に，d^6

金属の ML_5 錯体（16 電子）と CO 配位子との軌道相互作用を示す．四角錐形構造をもつ ML_5 錯体には低エネルギー側から b_2，e（二重縮退），a_1，b_1 の計五つの d 軌道が存在し（図 1.12），d^6 錯体では e 軌道が HOMO，a_1 軌道が LUMO となる．一方，CO の HOMO は炭素上の非共有電子対軌道（σ_n），LUMO は二つの π^* 軌道である．軌道対称性の一致する ML_5 の LUMO（a_1）と CO の HOMO（σ_n）との相互作用により σ 軌道と σ^* 軌道が生じる．また，ML_5 の HOMO（e）と CO の LUMO（π^*）からそれぞれ二組の π 軌道と π^* 軌道が生じる．

金属−配位子間に生じた σ 軌道に CO の非共有電子対が収容され，これに伴って CO から金属に σ 供与が起こる．一方，ML_5 の e 軌道と CO の π^* 軌道から生じた二つの π 軌道に金属の d 電子が収容されるが，その際，金属から CO 配位子に π 逆供与が起こる．CO 配位子の電子密度は σ 供与によって低下し，π 逆供与によって増加する．π 逆供与の大きさは，IR スペクトルにおける CO 伸縮振動（ν_{CO}）の波数を用いて判定することができる．すなわち，π 逆供与に伴って反結合性軌道である CO の π^* 軌道に電子が流れ込むため結合次数が低下し，CO 伸縮振動は低波数シフトする．

表 2.3 に金属カルボニル錯体の ν_{CO} 値を示す．遊離 CO の ν_{CO} が 2143 cm^{-1} に現れるのに対して，単核のカルボニル錯体の ν_{CO} は 2200〜1750 cm^{-1} の範囲でシフトする．同一周期の金属元素をもつ中性錯体では，族番号が大きくなるほど高波数シフトする傾向が認められる．これは周期表を左から右に進むにつれて d 軌道のエネルギー準位が低下し，π 逆供与が小さくなることを示している．一方，カチオン性錯体やアニオン性錯体では電荷の効果が顕著に現れている．すなわち，正電荷をもつカチオン性錯体では明らかに波数変化が小さく，逆に負電荷をもつアニオン性錯体には大きな低

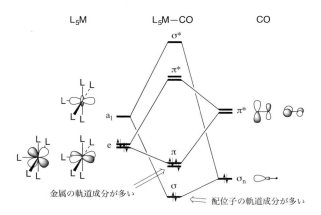

図 2.11 ML_5 錯体（d^6）と CO 配位子との軌道相互作用

表2.3 遷移金属カルボニル錯体のCO伸縮振動

	錯体		ν_{CO} (cm^{-1})
中性	V(CO)$_6$	d^5	1976
	Cr(CO)$_6$	d^6	2000
	Mn$_2$(CO)$_{10}$	d^7	2013 (av)
	Fe(CO)$_5$	d^8	2023 (av)
	Co$_2$(CO)$_8$	d^9	2044 (av)
	Ni(CO)$_4$	d^{10}	2057
カチオン性	[Mn(CO)$_6$]$^+$	d^6	2090
	[Fe(CO)$_6$]$^{2+}$	d^6	2215
	[Ru(CO)$_6$]$^{2+}$	d^6	2214
	[Os(CO)$_6$]$^{2+}$	d^6	2209
	[Ir(CO)$_6$]$^{3+}$	d^6	2268
	[Pt(CO)$_4$]$^{2+}$	d^8	2261
アニオン性	[V(CO)$_6$]$^-$	d^6	1860
	[Cr(CO)$_5$]$^{2-}$	d^8	1750
	[Cr(CO)$_4$]$^{4-}$	d^{10}	1462
	[Fe(CO)$_4$]$^{2-}$	d^{10}	1790

波数シフトが認められる.

　IRスペクトルは測定が容易であり,また中心金属の種類や酸化状態に応じてν_{CO}値が大きく変化するため,錯体の電子状態をはかるよい指標となる.また,ν_{CO}値は,金属上に存在するほかの配位子の電子的摂動にも鋭敏であるので,たとえば補助配位子の電子的性質を評価するためのよいプローブとして利用されている.具体的には,Ni(CO)$_3$(L)やIrCl(CO)$_2$(L)などの錯体を用いてホスフィンやN-ヘテロ環状カルベンの電子供与能が評価されている(2.7節).

　カルボニル配位子は,2電子供与の末端配位子(terminal ligand)として働くだけでなく,二つ以上の金属間にまたがる架橋配位子(bridging ligand)としても働く.二重架橋のμ-CO配位子のν_{CO}吸収は通常1850〜1750 cm^{-1}の範囲に,三重架橋のμ_3-CO配位子のν_{CO}吸収は通常1750〜1620 cm^{-1}の範囲に観測される.架橋カルボニル配位子の配位様式は,金属と補助配位子の種類により変化する[16,17].図2.12の**A**と**B**の配位様式では,末端カルボニル配位子と同じく2電子供与のL型配位子である.一方,**C**の配位様式では,炭素上の非共有電子対とC≡O結合のπ電子から金属に電子供与が起こるので,4電子供与のL$_2$型配位子となる.

　以下に示す配位子は一酸化炭素と等電子構造をもち,遷移金属との間にσ供与相互作用とπ逆供与相互作用を起こす.その際,配位子のπ受容性は左から順に低下する.

$$NO^+ > CO > CN^- > CN-R > CS > N_2$$

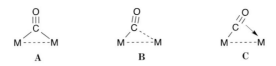

図2.12 架橋カルボニル配位子の配位様式（二核錯体）

ニトロシル（NO）錯体は NO^+X^-（$X = BF_4, PF_6$ など）や NO を原料として合成される[18]．ニトロシル配位子には，M–N–O が直線形に配列するものと，屈曲形に配列するものとがある［(2.13)式］．共有結合モデルにおいて，前者は3電子供与配位子として，後者は1電子供与配位子として働く．すなわち，配位構造の変化に伴い供与電子数が変化する．この現象を利用して CO の移動挿入など，配位数の増減を伴う反応を大幅に加速できる場合がある（3.7.1項）．

$$L_nM-N\equiv O \underset{-L}{\overset{+L}{\rightleftharpoons}} L_{n+1}M-N\underset{O}{\diagdown} \qquad (2.13)$$

M–N–O = 160～180°　　M–N–O = 120～140°

直線形錯体には［$M^- \leftarrow :NO^+$］型の構造寄与があり，ニトロシル配位子から金属に1電子が移行し，さらに非共有電子対（2電子）が金属にσ供与されていると見ることができる．またその際，金属から配位子に強いπ逆供与が起こる．直線形のニトロシル配位子との結合により中心金属の形式酸化数は1減少すると考える．たとえば，$Co(NO)(CO)_3$ は $Co(-I)$ の d^{10} 錯体であり，$Ni(CO)_4$ と等電子構造をもつ．実際，この錯体は d^{10} 錯体に一般的な四面体形構造を有している．一方，屈曲形のニトロシル配位子は，金属と1電子ずつを出しあって共有結合を形成する X 型配位子である．すなわち，イオン結合モデルではアニオン性配位子となり，中心金属の形式酸化数は1増加する．

2.4.2　カルベン錯体

カルベンはきわめて反応活性な分子であるが，遷移金属に配位して安定化される．カルベン錯体は，アルケンのシクロプロパン化やオレフィンメタセシスなどの触媒反応の中間体として重要である（3.9節）．研究の歴史的経緯から，カルベン錯体は，カルベン炭素にアルコキシ基やアミノ基などのヘテロ原子置換基をもつ Fischer 型錯体と，ヘテロ原子置換基をもたない Schrock 型錯体の2種類に大別されている．前者のカルベン配位子は求電子性を，後者のカルベン配位子は求核性を示すことが多いが，カルベン錯体の電子的特性は，カルベン配位子よりも，むしろ中心金属と補助配位子の性質に依存して変化するので注意が必要である．たとえば，図2.13 に示す錯

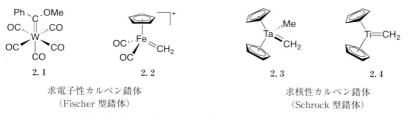

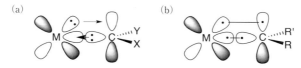

図 2.13 Fischer 型カルベン錯体と Schrock 型カルベン錯体

図 2.14 遷移金属カルベン錯体：軌道相互作用の概念図

体 2.2〜2.4 はいずれもカルベン炭素にヘテロ原子置換基をもたないメチリデン錯体であるが，錯体 2.2 のカルベン配位子は強い求電子性を示し，錯体 2.3 と錯体 2.4 のカルベン配位子は求核性を示す．そのため現在では，置換基の種類にかかわらず，求電子性のカルベン錯体を Fischer 型，求核性のカルベン錯体を Schrock 型とよぶのが一般的となっている．

なお，カルベン（carbene）は，一般式 :CR_2 で表される中性 2 配位炭素種の慣用名であり，体系名には alkyl の接尾語 "-yl" を "-ylidene" に置換した alkylidene（アルキリデン）を用いる．すなわち，methylidene（メチリデン，:CH_2），ethylidene（エチリデン，:CHMe），benzylidene（ベンジリデン，:CHPh），1-methoxybenzylidene（1-メトキシベンジリデン，:C(OMe)Ph）などとなる．

図 2.14 に示すように，遷移金属とカルベン炭素との間には結合軸に対して σ 対称性と π 対称性の軌道相互作用が存在する．多くのカルベン錯体の結合は，一重項カルベンと遷移金属との間に σ 供与と π 逆供与を伴う電荷移動型相互作用（a）を用いて説明される．すなわち，カルベン炭素上の非共有電子対が金属の空軌道に σ 供与され，同時に金属の被占 d 軌道からカルベン炭素上の空の p 軌道に π 逆供与が起こる．その様子はカルボニル配位子の結合様式に類似している．一方，4 族や 5 族の前期遷移金属錯体では，カルベン炭素と遷移金属との間に二重結合をもつメタラアルケン（b）の構造寄与の大きな錯体が形成されることがある（後述）[19]．

求電子性カルベン錯体の多くは，低酸化状態の後期遷移金属を中心原子としている．それらはエネルギー準位の低い被占 d 軌道を有する．また，錯体 2.1 や錯体 2.2

に見られるように，COなどのπ受容性配位子の寄与により被占d軌道のエネルギー準位はさらに低下する（1.4節）．そのため，金属からカルベン配位子へのπ逆供与は弱く，金属-炭素間はσ供与優先的で単結合的となる．実際，錯体 **2.2** に類似の $[CpFe(CHMe)(CO)(PR_3)]^+$ のカルベン配位子は，鉄-炭素結合を軸として容易に回転する[20]．同様に，錯体 **2.1** のカルベン配位子も金属-炭素結合を軸として回転する[21]．すなわち，カルベン配位子は中性のL型配位子である．金属へのσ供与によって電子密度の低下したカルベン炭素は求電子的となる．たとえば，錯体 **2.2** のメチリデン配位子はアルケンに対して容易に求電子付加し，シクロプロパン化反応を起こす（3.9.2項）．

このようなσ供与優先的で電子不足のカルベン炭素に酸素や窒素などのヘテロ原子が結合すると次式に示す共鳴構造の寄与により安定化される．

$$L_n\bar{M} \leftarrow :C\overset{+}{\underset{R}{\overset{\ddot{X}}{|}}} \longleftrightarrow L_n\bar{M} \leftarrow :C\overset{\overset{+}{X}}{\underset{R}{||}}$$

X=OR, NR$_2$ など

特に，以下の錯体 **2.5** に見られるカルベン配位子は，二つの窒素原子上の孤立電子対の寄与によって顕著に安定化されている．イミダゾール-2-イリデン骨格を有するこの配位子は *N*-ヘテロ環状カルベン（*N*-heterocyclic carbene：NHC）とよばれ，σ供与性の強い補助配位子として触媒反応などに利用されている[22,23]．金属からのπ逆供与はきわめて弱く，金属-カルベン炭素間はほぼ完全な単結合である．そのため，金属とカルベン炭素を1本の実線で結んで構造表記するのが一般的となっている．

2.5

一方，求核性カルベン錯体の多くは高酸化状態の前期遷移金属を中心原子にもつ．また，錯体 **2.3** や錯体 **2.4** に見られるヘテロ原子置換基をもたないカルベン配位子は三重項が基底状態である．そのため，金属-カルベン炭素間に二重結合性の高い錯体が形成される[19]．実際，錯体 **2.3** のメチリデン配位子は100℃に加熱しても回転しない．また，Ta=CH$_2$結合（2.026 Å）はTa-CH$_3$結合（2.246 Å）に比べて約10%短

縮している[24].

錯体 **2.3** や錯体 **2.4** に見られる $M=CH_2$ 二重結合をイオン結合モデルで表すと $[M^{2+} \leftarrow ::CH_2^{2-}]$ となる.すなわち,メチリデン配位子はジアニオン性となり,共有結合モデル(CBC 法)では X_2 型配位子に分類される.この場合,中心金属の形式酸化数が 2 増加するので,錯体 **2.3** と錯体 **2.4** はそれぞれ Ta(V) と Ti(IV) を中心原子とする d^0 錯体と考えることになる.

なお,カルベン配位子を比較的明確に X_2 型配位子に分類できるケースは高酸化状態の 4 族金属や 5 族金属の錯体に限られ,それ以外ではカルベン配位子が L 型であるか X_2 型であるかを判定することは難しい.そのため,カルベン錯体の形式酸化数は議論されないことが多い.

カルベン炭素上に酸素官能基をもつ Fischer 型錯体はカルボニル錯体から合成される.まず,カルボニル配位子にカルボアニオンを求核付加させ,生じたアニオン性のアシル錯体を求電子剤により捕捉する.得られた錯体のカルベン炭素は求電子性を示し,ほかの求核剤を用いてさらに置換することができる.

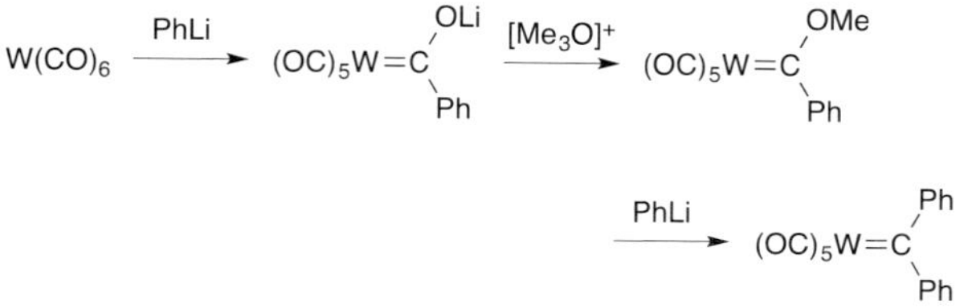

$$W(CO)_6 \xrightarrow{PhLi} (OC)_5W=C\genfrac{}{}{0pt}{}{OLi}{Ph} \xrightarrow{[Me_3O]^+} (OC)_5W=C\genfrac{}{}{0pt}{}{OMe}{Ph}$$

$$\xrightarrow{PhLi} (OC)_5W=C\genfrac{}{}{0pt}{}{Ph}{Ph} \qquad (2.14)$$

Fischer 型カルベン錯体は,イソシアニド錯体に対するアルコールやアミンの求核付加により合成することもできる.

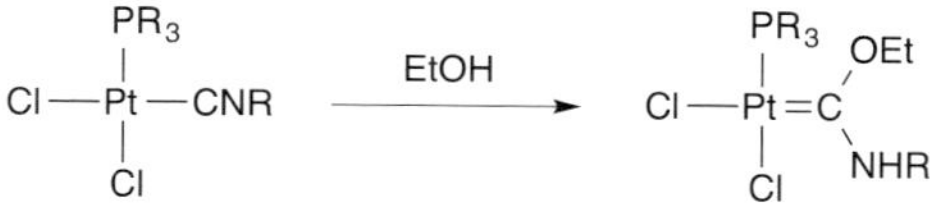

$$\begin{array}{c}PR_3\\Cl-Pt-CNR\\Cl\end{array} \xrightarrow{EtOH} \begin{array}{c}PR_3\\Cl-Pt=C\genfrac{}{}{0pt}{}{OEt}{NHR}\\Cl\end{array} \qquad (2.15)$$

Schrock 型カルベン錯体は,アルキル錯体から脱プロトン化反応によって合成される[25].

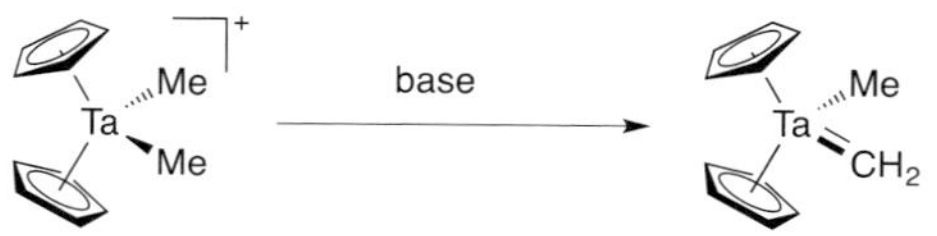

$$[Cp_2Ta(Me)_2]^+ \xrightarrow{base} Cp_2Ta(Me)(=CH_2) \qquad (2.16)$$

図 2.15 の例では,Cp_2TiCl_2 と $AlMe_3$ とのトランスメタル化反応によって生成するジメチル錯体からメタンの発生を伴ってメチリデン錯体が生成する[26].この錯体はきわめて反応活性であるが,トランスメタル化反応で副生した $AlMe_2Cl$ と会合して安

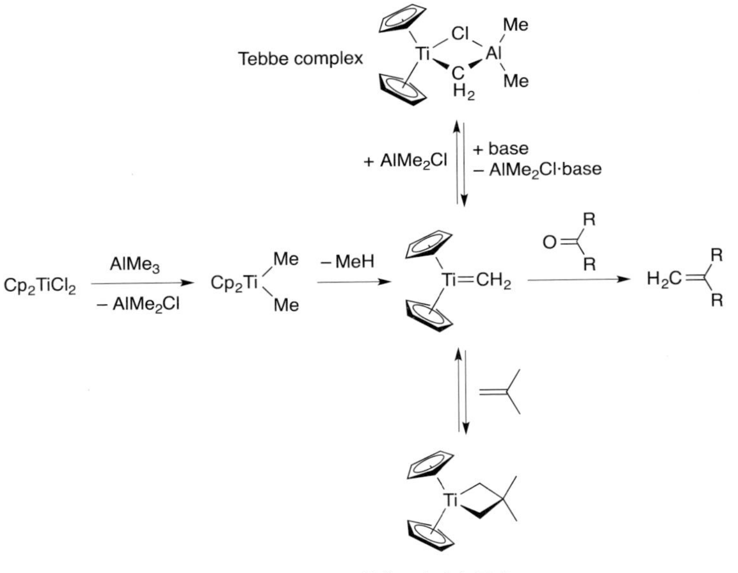

図 2.15 Tebbe 錯体の合成と反応

定化され，Tebbe 錯体とよばれる二核錯体として単離される．Tebbe 錯体は，塩基の作用により反応活性なメチリデン錯体を定量的に発生するので，オレフィンメタセシス反応や[27]，ケトンやエステルのメチレン化反応に利用されている[28]．

オレフィンメタセシス反応に高い触媒活性を示す Grubbs 触媒にはいくつかの合成法が知られているが，スルホニウムイリドをカルベンソースとする方法が簡便である[(2.17)式][29]．なお，Grubbs 触媒を三方両錐形構造で図示している論文がしばしば見受けられるが，この錯体は，低スピン d^6 金属（Ru(II)）の 16 電子錯体に典型的な四角錐形構造を有するので注意してほしい（1.6.1 項）．

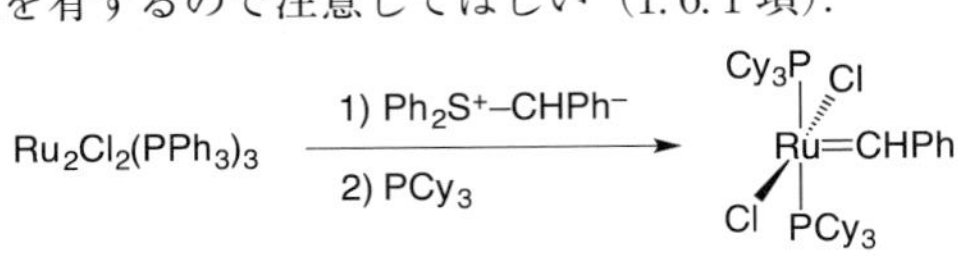

$$Ru_2Cl_2(PPh_3)_3 \xrightarrow[\text{2) PCy}_3]{\text{1) Ph}_2S^+-CHPh^-} \text{第一世代 Grubbs 触媒} \qquad (2.17)$$

2.4.3 ビニリデン錯体

アセチレンの互変異性体であるビニリデン（:C=CH$_2$）も，カルベンと同様，遷移金属に配位して安定化される[30,31]．ビニリデン錯体の例を図 2.16 に示す．

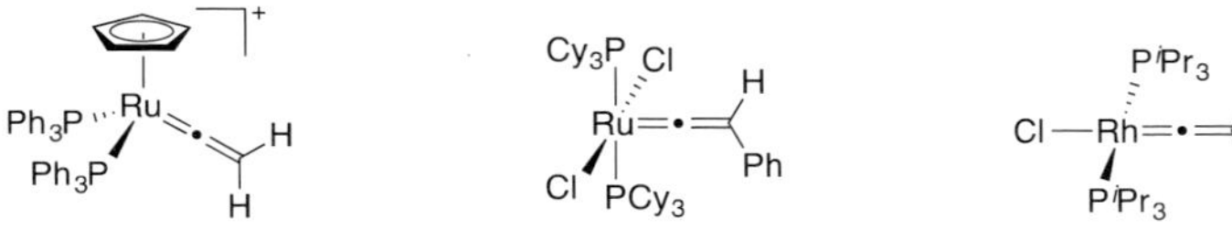

図 2.16 代表的なビニリデン錯体

ビニリデン錯体は，η^2-アルキン錯体の 1,2-水素移動や，アルキニル錯体へのプロトン付加などの方法で合成される．

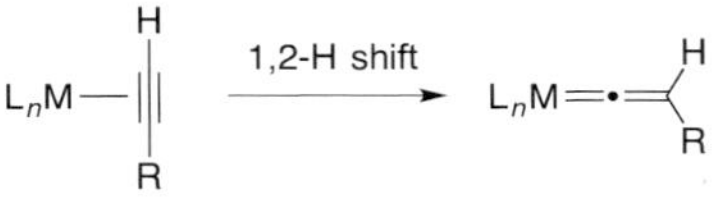

$$L_nM-\|\overset{H}{\underset{R}{}} \xrightarrow{\text{1,2-H shift}} L_nM=\bullet=\overset{H}{\underset{R}{}} \quad (2.18)$$

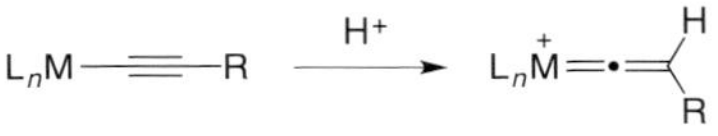

$$L_nM\equiv\!\!\!=\!\!\!-R \xrightarrow{H^+} L_n\overset{+}{M}=\bullet=\overset{H}{\underset{R}{}} \quad (2.19)$$

また，(2.20)式に示すように，プロパルギルアルコールから得られる，γ位にヒドロキシ基をもつビニリデン錯体 B は，脱水反応を起こしてアレニリデン錯体 C となる．錯体 C ではさらに，酸触媒の存在下に，アレニリデン配位子の α 炭素がフェニル基に求電子置換反応を起こし，インデニリデン錯体 D が生成する．この錯体はオレフィンメタセシス反応に高い触媒活性を示す[32]．

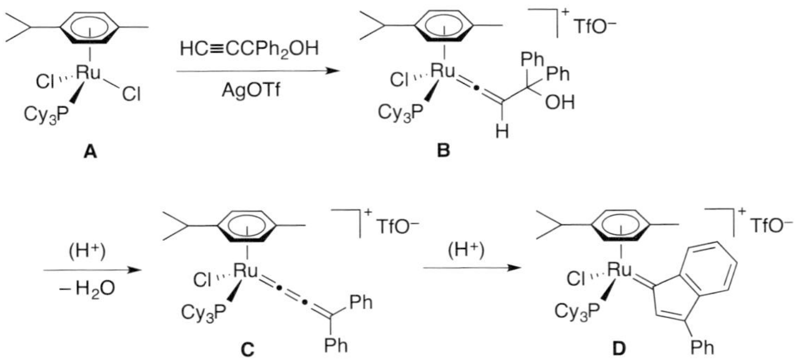

上記の錯体 C から錯体 D への変換過程からも示されるように，ビニリデン配位子やアレニリデン配位子の α 炭素は求電子的であり，Fischer 型カルベン錯体に類似の反応性を示す．ビニリデン錯体は，アルキンの触媒的 anti-Markovnikov 付加反応の中間体として有用である[33]．

2.5 π結合性配位子をもつ錯体：side-on 配位

2.5.1 アルケン錯体

σ供与とπ逆供与を伴う配位様式はもともとアルケン錯体に対して提案されたもので，提案者の名前を冠して Dewar–Chatt–Duncanson（DCD）モデルとよばれている．

図 2.17 に，d^{10} の ML_2 錯体（屈曲形）とアルケンとの軌道相互作用を示す．ML_2 錯体の LUMO は $4a_1$ 軌道，HOMO は $2b_1$ 軌道であり（図 1.17），それぞれ対称性の一致するアルケンの HOMO（π）および LUMO（$π^*$）と軌道相互作用を起こす．前者がσ供与，後者がπ逆供与である．アルケンは，$2b_1$ 軌道と $π^*$ 軌道とが重なりあうように，ML_2 平面に対して平行に配位する[19]．

金属からのπ逆供与によりアルケンの $π^*$ 軌道に電子が入ると炭素−炭素間の結合次数が低下し，結合が伸長する．またこれに伴い，金属と二つのアルケン炭素との間に共有結合性が現れる．この様子を，図 2.17 に示す二つの極限構造式（**A**, **B**）を用いて表現することができる．それぞれσ供与とπ逆供与が支配的な構造に相当する．実際の構造は **A** と **B** の間にあり，両者の寄与の程度は中心金属の種類と酸化状態，さらには補助配位子やアルケン炭素上の置換基の種類によって大きく変化する．

図 2.18 に，アルケン配位子をもつ3種類の白金錯体を比較する．Pt(0)錯体 **2.6** のエチレン配位子の炭素−炭素結合距離（1.434 Å）は，遊離のエチレン（1.337 Å）に比べて7%ほど伸長している[34]．電子求引性基であるシアノ基で置換されたテトラシアノエチレン錯体 **2.7** では，$π^*$ 軌道のエネルギー準位がエチレンよりも低下するた

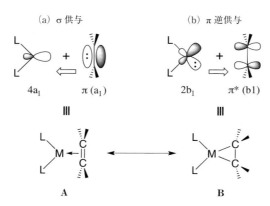

図 2.17 ML_2 錯体（d^{10}）とアルケンとの軌道相互作用

2.5 π結合性配位子をもつ錯体：side-on 配位

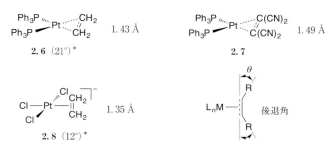

図 2.18 代表的な白金アルケン錯体（*後退角）

めπ逆供与が助長され，炭素−炭素結合距離（1.49 Å）はさらに長くなる．これらの錯体は，図 2.17 の極限構造式 **B** の寄与の大きなπ逆供与優先的な錯体であり，アルケン配位子は PtP_2 平面に対して平行に配向している．

一方，酸化状態の高い Pt(II) を中心原子とする錯体 **2.8** では，エチレン配位子に対するπ逆供与は弱く，遊離エチレン（1.337 Å）からの炭素−炭素結合（1.354 Å）の伸びはわずかである[35]．すなわち，錯体 **2.8** は，**A** の構造寄与の大きいσ供与優先的なエチレン錯体である．そのため，エチレン配位子は C−C 結合の中点と白金との結合軸を中心として 15 kcal mol^{-1} 程度の活性化エネルギーで回転する[36]．また，シス位にある二つのクロリド配位子との立体障害を避けるため，エチレン配位子が配位平面に対して垂直に配向した構造が安定となる．なお，**B** の構造寄与の大きな錯体 **2.6** と錯体 **2.7** のアルケン配位子は回転しない．錯体 **2.8** に見られるσ供与優先的なアルケン錯体ではアルケン配位子の電子密度が低下するため，外部求核剤の攻撃に対して高い反応性を示す．第 3 章で解説する．

中心金属からアルケン配位子へのπ逆供与の大きさ，すなわち図 2.17 の **B** の構造寄与の大きさをはかる指標としてアルケン配位子の C−C 結合軸と CR_2 平面とがなす角（後退角：bent-back angle θ，図 2.18）が利用されている．遊離のエチレンにおいて両者は同一平面上にあるが（$\theta = 0°$），錯体 **2.6** のモデル化合物である $Pt(\eta^2\text{-}C_2H_4)(PH_3)_2$ の θ は 21.4°（計算値）[4]まで拡大している．一方，錯体 **2.8** の θ は 12°程度（計算値）[36]と小さく，π逆供与は弱いことが分かる．

(2.21)式に示すように，10 族金属の $M(PPh_3)_3$ 錯体と $M(\eta^2\text{-}C_2H_4)(PPh_3)_2$ 錯体との平衡定数（K）は Ni＞Pt＞Pd の順で顕著に低下する[37]．この序列は DFT 計算により見積もられた M−($\eta^2\text{-}C_2H_4$) の結合解離エネルギー（D）の低下する順番とよく一致している：D(kcal mol^{-1}) = Ni(38.0)＞Pt(22.8)＞Pd(19.8)[4]．このように，エチレン錯体の安定性は，周期表における元素の序列とは異なり，4d 金属であるパラジ

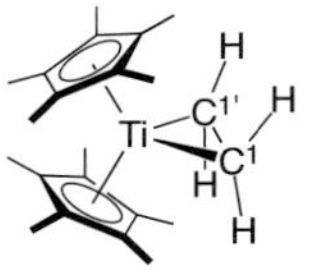

$C^1–C^{1'} = 1.438$ Å
$Ti–C^1 = 2.160$ Å

$C^1–Ti–C^{1'} = 38.9°$
$Ti–C^1–C^{1'} = 70.6°$
$Cp^*–Ti–Cp^* = 143.6°$
bent-back angle = $35°$

2.9

図 2.19 $Cp_2^*Ti(\eta^2\text{-}C_2H_4)$ 錯体の構造（$Cp^* = \eta^5\text{-}C_5Me_5$）

ウムを極小とするV字型の変化を示す．これは相対論効果により，重い原子核をもつ白金のd軌道のエネルギー準位がパラジウムよりも高く，π逆供与が強くなるためである[4,38]．

$$M(PPh_3)_3 + C_2H_4 \xrightleftharpoons{K} M(\eta^2\text{-}C_2H_4)(PPh_3)_2 + PPh_3 \quad (2.21)$$
$K = 300$ (Ni) > 0.122 (Pt) > 0.013 (Pd)

さて，前期遷移金属のd軌道はエネルギー準位が高く，不飽和配位子との間に効果的なπ逆供与相互作用を起こす．図2.19に示すチタンのエチレン錯体 **2.9** にはその特徴が顕著に現れている[39]．エチレン配位子の炭素–炭素間距離（1.438 Å）は白金錯体 **2.6**（1.434 Å）と同等であるが，後退角 θ は $35°$ であり，白金錯体 **2.9** の $21.4°$ に比べてはるかに大きい．これは，錯体 **2.9** がチタンを含む三員環化合物であるチタナシクロプロパン（図2.17，**B**）の構造寄与のきわめて大きな錯体であることを示している．実際，炭素–炭素間の二重結合性はきわめて低いことが理論的に示されている[40]．

2.5.2 アルキン錯体

アルキンには π 軌道と π^* 軌道がそれぞれ二つずつ存在するため，遷移金属との間に4種類の軌道相互作用（a）〜（d）が可能である（図2.20）．これらのうち，out-of-plane π^* 軌道（$\pi^*_\perp$）が関与する（d）は，軌道の重なりの小さなδ対称性であるため，金属やアルキンの種類にかかわらずその相互作用は弱い．一方，（a）および（b）は MC_2 配位平面に平行な in-plane π 軌道（$\pi_\parallel$）と in-plane π^* 軌道（$\pi^*_\parallel$）の関与を伴うもので，それぞれアルキンから金属への σ 供与と，金属からアルキンへの π 逆供与に対応する．アルキン錯体の安定性と反応性はこれらの相互作用に強く依存する．（c）は配位平面に垂直な out-of-plane π 軌道（$\pi_\perp$）から金属d軌道への π 供与であり，d電子豊富な後期遷移金属では通常起こらないが，空のd軌道をもつ前期遷移金属錯体において有効な結合性相互作用となる場合がある．（c）を伴う配位様式では，$\pi_\parallel$ 軌道と $\pi_\perp$ 軌道から中心金属に2電子ずつが供与されるので，アルキンは4電子供

与体（L_2 型配位子）となる．一方，(c) が起こらない場合は 2 電子供与体（L 型配位子）である．供与電子数の違いはアルキン炭素の ^{13}C NMR 化学シフトに顕著に反映され，4 電子供与のアルキン配位子では 190～250 ppm に，2 電子供与のアルキン配位子では 100～150 ppm にそれぞれシグナルが観測される[41]．

金属とアルキンとの結合様式を図 2.20 に示す **A**～**C** の極限構造式を用いて表現することができる．**A** と **B** は σ 供与（a）と π 逆供与（b）がそれぞれ支配的な構造である．一方，**C** では，**B** に加えて，out-of-plane π 軌道（$π_⊥$）から金属の空の d 軌道への π 供与（c）が起こる．これにより，金属を含む三中心二電子型の π 共役系が形成される．

図 2.21 にジフェニルアセチレン配位子をもつ Pt(0) 錯体（**2.10**）の構造を示す[42]．炭素−炭素結合距離（1.280 Å）は遊離のジフェニルアセチレン（1.198 Å）に比べてかなり長く，むしろ遊離のスチルベンの結合距離（1.341 Å）に近い．また，アルキンの炭素−炭素結合軸からのフェニル基の後退角は 37.7° および 37.4° と大きい．図 2.20 の **B** の構造寄与の大きな錯体が形成され，アルキン炭素間の結合次数が低下していることが分かる．Pt($η^2$-C_2H_2)(PMe_3)$_2$ 錯体について，理論計算により見積もられた各軌道相互作用の寄与の割合は，それぞれ（a）27%，（b）66%，（c）4%，（d）2% であり[38]，白金から $π^*_∥$ 軌道への π 逆供与相互作用（b）の寄与が特に大き

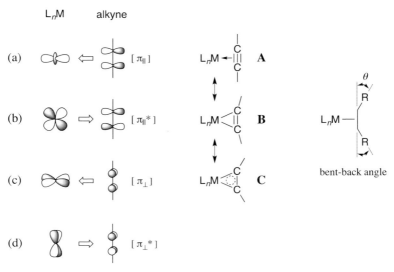

図 2.20 遷移金属とアルキンとの軌道相互作用

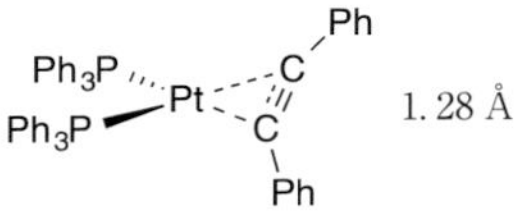

2.10（38°, 37°）*

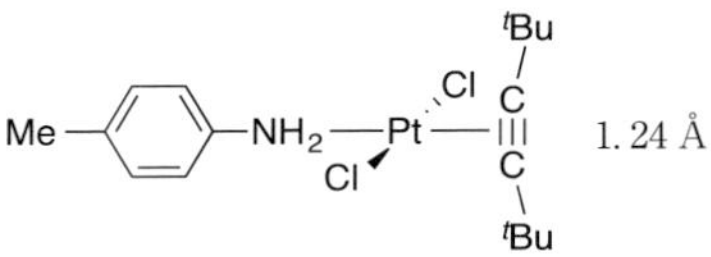

2.11（15°）*

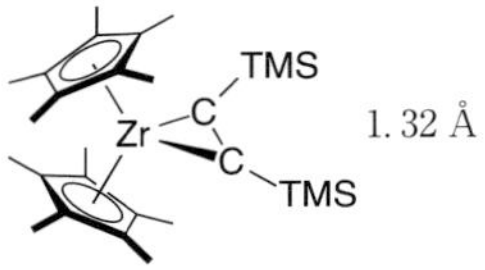

2.12（45°, 44°）*

図 2.21　代表的なアルキン錯体（*後退角）

いことが分かる.

一方, Pt(II)錯体である **2.11** のアルキン炭素上の ^{t}Bu 基の後退角は 15° と小さい[43]. すなわち, 高酸化状態の Pt(II)錯体では π 逆供与が小さく, **A** の構造寄与が大きいことが分かる. 同様に, 11 族の銅, 銀, 金も σ 供与優先的なアルキン錯体を形成する. この場合, 金属中心への σ 供与によってアルキン配位子は求電子的となり, 外部求核剤の攻撃を受けるようになる.

d 電子数の少ない前期遷移金属では, 図 2.20(c) の out-of-plane π 軌道（$\pi_\perp$）から中心金属の空の d 軌道に π 供与が起こり, **C** に対応する錯体が形成される. たとえば, $Cp^*_2Zr(\eta^2\text{-}Me_3SiC{\equiv}CSiMe_3)$（**2.12**, 図 2.21）のアルキン炭素の ^{13}C NMR シグナルは 260.5 ppm ときわめて低磁場領域に観測される[44]. これは, ジルコニウムと二つのアルキン炭素を含む三員環骨格上に形成される π 共役電子系に芳香族性（$4n+2$, $n=0$）が現れるためである[45].

2.5.3　ジエン錯体

ジエン類を配位子とする錯体はジエン錯体と総称される. 1,5-シクロオクタジエンやノルボルナジエンなどの非共役ジエンの錯体は, アルケン 2 分子が金属にキレート配位したものとみなすことができ, 金属との結合はアルケン錯体と同様に理解される. これに対して, ブタジエンなどの共役ジエンの配位では, π 共役に基づく特徴的な結合様式が現れる.

図 2.22 の Fe(0)錯体 **2.13** に見られるように, 後期遷移金属錯体の多くは四つの炭素が金属と等価に結合したジエン構造を有する. ブタジエンには図 2.22 に示す四

2.5 π結合性配位子をもつ錯体：side-on 配位　　　　　　　　　　　　55

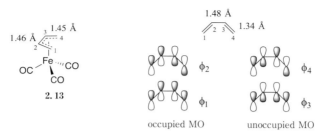

occupied MO　　　　unoccupied MO

図 2.22　Fe(η^4-C$_4$H$_6$)(CO)$_3$ 錯体の構造

つの π 軌道（ϕ_1〜ϕ_4）があり，ϕ_2 が HOMO，ϕ_3 が LUMO である．そのため，ϕ_2 から金属に σ 供与が，金属から ϕ_3 に π 逆供与が起こる．これに伴い C1–C2 と C3–C4 の結合次数が低下し，C2–C3 の結合次数が増加する．たとえば，遊離のブタジエンの C1–C2 と C3–C4 は 1.34 Å，C2–C3 は 1.48 Å であるが，錯体 **2.13** の C1–C2 と C3–C4 は 1.45 Å まで伸長し，C2–C3 は 1.46 Å に短縮している[46]．C1–C2，C3–C4 と C2–C3 がほぼ同じ長さであることから，ブタジエン配位子上で，π 電子の非局在化が起こっていることが分かる．鉄とブタジエン配位子の四つの炭素原子との距離はいずれも 1.76 Å で一致している．この錯体では，ブタジエン配位子が鉄との結合を軸として比較的容易に回転する．

一方，前期遷移金属ではメタラシクロペンテン構造をもつ錯体が合成される．(2.22) 式のジルコニウム錯体 **2.14** に見られるように，配位子末端の C1，C4 とジルコニウムの距離が 2.300 Å であるのに対して，中央の C2，C3 とジルコニウムとの距離は 2.597 Å と長い[47]．また，C1–C2 と C3–C4 が 1.451 Å であるのに対して，C2–C3 は 1.398 Å とかなり二重結合性を帯びている．すなわち，錯体 **2.14** は，LX$_2$ 型配位子である 2,3-ジメチル-2-ブテン-1,4-ジイル基が両端の sp^3 混成炭素でジルコニウムと共有結合を形成し，さらに中央の C^2=C^3 結合がジルコニウムに π 配位した Zr(IV) 錯体であると同定される．この構造は folded envelope とよばれ，五員環炭化水素と同様のフリッピング（flipping）現象が観測される．

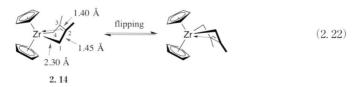　　　　(2.22)

以下の錯体（M = Nb, Ta）に見られるように，2-ブテン-1,4-ジイル配位子には二通りの配向があり，それぞれ *supine* と *prone* とよばれている[48]．

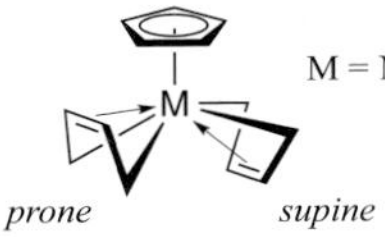

M = Nb, Ta

prone *supine*

さて，L_2型のブタジエン配位子は架橋配位子としても働く．たとえば，2分子のブタジエンを用いて(2.23)式のような二核パラジウム錯体を合成することができる[49]．さらに，二重結合が連なったポリエン配位子を用いることにより，パラジウムや白金を構成元素とする直鎖状の多核錯体が合成されている[50]．

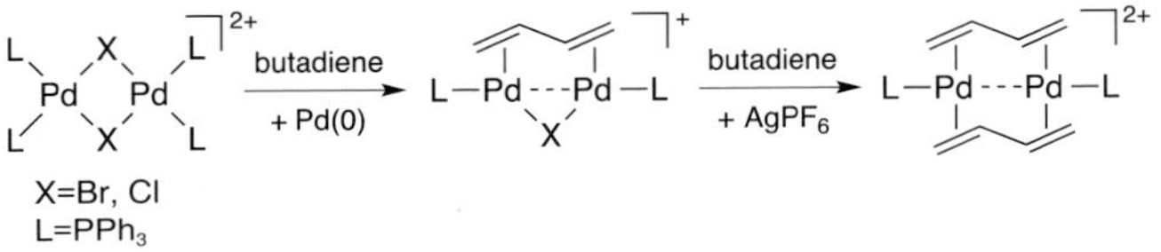

$$\text{(2.23)}$$

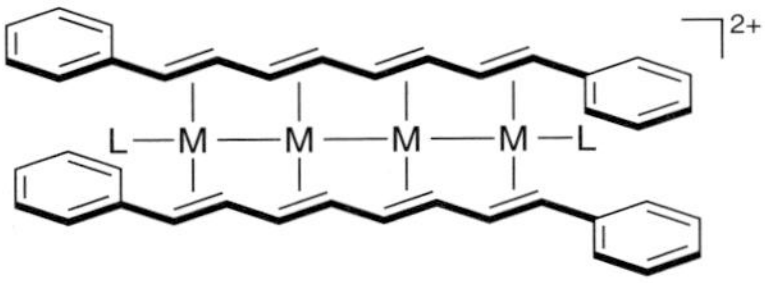

2.5.4 π-アレーン錯体

ベンゼンなどの芳香族化合物（アレーン類）は$\eta^2 \sim \eta^6$までの配位様式で遷移金属とπ錯体を形成する．前節(2.20)式のルテニウム錯体に見られるように，π-アレーン配位子は電子供与性の補助配位子として利用される．嵩高い置換基を有するp-シメン配位子は比較的容易にほかの配位子によって置換されるので，特にルテニウム錯体の化学において触媒前駆体として利用されている．

一方，π-アレーン配位子は，金属への電子供与により遊離の状態に比べて電子密度が低下するので，さまざまな反応性を示すようになる．特に，$Cr(\eta^6\text{-arene})(CO)_3$錯体は有用な有機合成ツールとして知られている[51]．図2.23に示すように，電子求引性の$Cr(CO)_3$に配位することによって芳香環上のC-H結合の酸性度が上がり，リチオ化などのメタル化反応を受けやすくなる．また$Cr(CO)_3$に配位したハロアレーンはS_NAr反応に対して活性となるので，たとえばPd(0)などの金属錯体に対する酸化的付加速度を大幅に高めることができる．

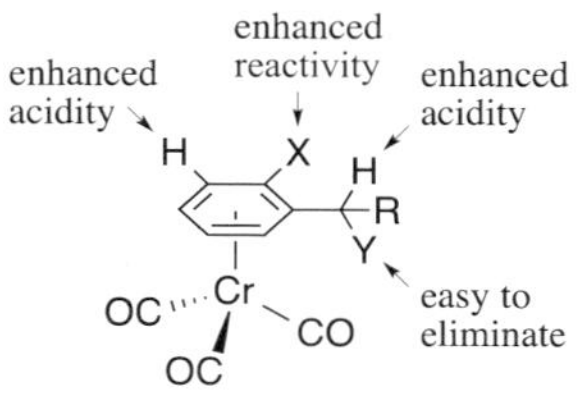

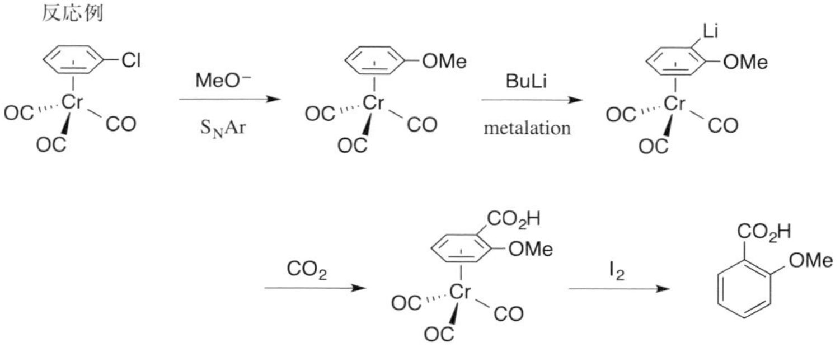

図 2.23 Cr(CO)$_3$ によるアレーンの活性化

2.6 L$_n$X 型配位子をもつ錯体

2.6.1 π-アリル錯体

アリル配位子には,X 型配位子である σ-アリル(η^1-アリル)と,LX 型配位子である π-アリル(η^3-アリル)とがある.π-アリル配位子は金属に side-on 配位する.図 2.24 に [Pd(η^3-allyl)(μ-Cl)]$_2$ 錯体の構造を示す[52].π-アリル配位子は Pd と Cl 配位子を含む配位平面に対して垂直平面から少し傾き,配位平面とアリル平面との二面角は 111.5° である.アリル配位子の三つの炭素とパラジウムとの結合距離は 2.11〜2.12 Å

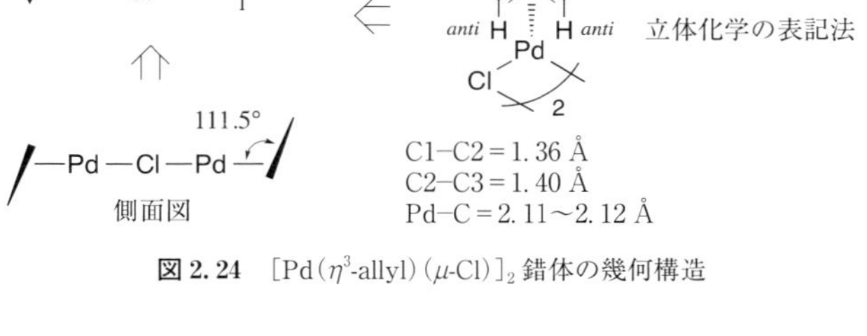

図 2.24 [Pd(η^3-allyl)(μ-Cl)]$_2$ 錯体の幾何構造

の範囲で一致している.また,C1–C2（1.36 Å）と C2–C3（1.40 Å）の結合距離は,単結合と二重結合の中間の値となっている.

π-アリル錯体では,アリル配位子の中央の炭素上の水素（あるいは置換基）を基準としてアリル位の水素（あるいは置換基）の位置をシン（syn）およびアンチ（anti）と定義する.また,錯体の立体化学を示す際はアリル配位子を紙面の上に置き,パラジウムを置換基としてアリル配位子の手前にあるか裏側にあるかを,クサビを用いて表すのが一般的な表記法である.

Pd(II) を中心原子とする π-アリル錯体は,辻–Trost 反応などの触媒反応の中間体として重要である.パラジウムと π-アリル配位子との結合様式について,比較的単純な構造をもつカチオン性の $[\mathrm{Pd}(\eta^3\text{-allyl})\mathrm{L}_2]^+$ 錯体を用いて説明する.図 2.25 に軌道相互作用の模式図を示す.π-アリル配位子には三つの π 軌道（$\phi_1 \sim \phi_3$）が存在する.$[\mathrm{PdL}_2]^+$ との結合では $4a_1$ と ϕ_1 ならびに $2b_1$ と ϕ_2 との軌道相互作用が重要である.空軌道である $4a_1$ と被占軌道である ϕ_1 との相互作用は π-アリル配位子から金属への σ 供与に相当する.一方,$2b_1$ と ϕ_2 との相互作用によってパラジウムと二つのアリル位炭素との間に結合性軌道（ψ_2）が生じるが,同時に発生する反結合性軌道（ψ_4）にはアリル配位子の背面に空軌道の分布がある.そのため,π-アリル錯体は,外圏（金属と逆側）からの求核攻撃に対して活性となる.アリル化触媒反応との関連において重要な特性であり 3.5 節で説明する.

さて,$2b_1$ と ϕ_2 の軌道相互作用はパラジウムとアリル配位子との結合軸に対して逆

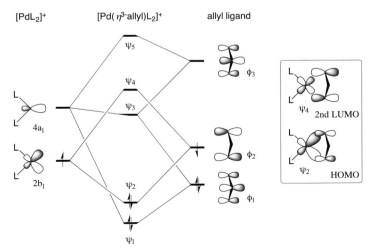

図 2.25 $[\mathrm{Pd}(\eta^3\text{-allyl})\mathrm{L}_2]^+$ 錯体の軌道相互作用（模式図）

位相であるため，π-アリル配位子は結合軸のまわりで回転しにくい．しかし，π-アリル錯体はσ-アリル錯体を経由する以下の機構により異性化する［(2.24)式］．異性化に伴い，シン水素（H^A）とアンチ水素（H^B）が入れ替わっている点に注意してほしい．まず，π-アリル配位子がσ-アリル配位子に変化し，続いて回転する．最後に二重結合が金属に配位してπ-アリル配位子に戻り，異性化が完結する．

$$\text{π-アリル} \rightleftarrows \text{σ-アリル} \rightleftarrows \text{σ-アリル} \rightleftarrows \text{π-アリル} \tag{2.24}$$

アリル位に置換基Rをもつ錯体でこの過程が起こると，シン体とアンチ体との間で異性化が起こる［(2.25)式］．多くの場合に，シン体がアンチ体に比べて置換基Rと補助配位子との立体障害が小さくなり，熱力学的に安定となる．なお，アリル位炭素の立体配置は，この異性化過程では変化しない．

$$\text{シン異性体} \rightleftarrows \text{アンチ異性体} \tag{2.25}$$

一方，アリル位炭素の立体配置はPd(0)錯体との分子間反応によって反転する［(2.26)式］[53,54]．この場合，(2.25)式と異なり，シン-アンチ異性化は起こらない．

$$\xrightarrow{+ \text{PdL}_2} \rightleftarrows \xrightarrow{- \text{PdL}_2} \rightleftarrows \tag{2.26}$$

$\text{PdL}_2 = \text{Pd(PPh}_3)_2$

以下の6族金属のπ-アリル錯体（d^4）に見られるように，アリル配位子がη^3構造を保ったまま金属–配位子結合を軸として回転することがある．この場合にもシン–アンチ異性化は起こらない．

$$\text{endo 異性体} \rightleftarrows \text{exo 異性体} \tag{2.27}$$

2.6.2 シクロペンタジエニル錯体

シクロペンタジエニル配位子は，金属と結合してアニオン性に変わると，ベンゼンに類似した 6π 電子系の芳香族性を帯びて安定化する．そのため，金属に対して η^5 型の side-on 配位を起こしやすい．この場合，五つの炭素原子はすべて等価であり，配位子は平面構造をもつ．なお，シクロペンタジエニル配位子の基本骨格となる η^5-C_5H_5 に "Cp"，炭素原子がすべてメチル基で置換された η^5-C_5Me_5 に "Cp*" の略号をあてて錯体構造を書くのが一般的となっている．

η^5-シクロペンタジエニル配位子を有する錯体には，図 2.26 に示すいくつかの構造様式がある．二つの η^5-シクロペンタジエニル配位子が互いに平行に π 配位した **A** とその誘導体はメタロセン（metallocene）錯体と総称される．この名前は，最初に合成された鉄錯体がフェロセン（ferrocene）と名づけられたことに由来している．18 電子則を満たす Fe(II) や Co(III) が特に安定な錯体を形成する．これらの錯体の η^5-シクロペンタジエニル配位子は強い芳香族性を示し，芳香族化合物に特徴的なFriedel–Crafts 反応などを起こす．また，$Cp_2Fe \rightleftarrows [Cp_2Fe]^+$ や $Cp_2Co \rightleftarrows [Cp_2Co]^+$ に見られるように，酸化還元に活性である．フェロセンの1電子還元体であるフェロセニウムイオン $[Cp_2Fe]^+$ は 17 電子錯体であり，ほかの化合物から1電子を受け入れて価電子数 18 のフェロセン Cp_2Fe として安定化する傾向が強い．そのため，フェロセニウムイオンは優れた1電子酸化剤として働く．一方，19 電子錯体であるコバルトセン Cp_2Co は，電子を放出して 18 電子のコバルトセニウムイオン $[Cp_2Co]^+$ に

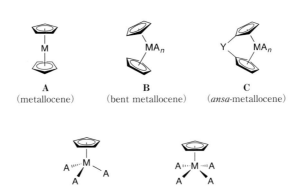

図 2.26 η^5-シクロペンタジエニル錯体の構造様式
（**A** は X 型配位子あるいは L 型配位子）

なりやすいので，1電子還元剤として利用される．

d電子数の少ない3〜6族の遷移金属では，1〜3個のX型配位子やL型配位子が金属に結合し，ベントメタロセン（bent metallocene）錯体 **B** が形成される．それらのうち，二つの η^5-シクロペンタジエニル配位子（あるいはその誘導体）がメチレンやシリレンなどの連結基Yで結ばれたベントメタロセン錯体 **C** は，特にアンサメタロセン（*ansa*-metallocene）とよばれている．

1.7節で述べたように，ベントメタロセン錯体からX型配位子やL型配位子が解離して生成する配位不飽和錯体には活性なフロンティア軌道が存在し，高い反応性を示すものが多い．特に，4族のチタンやジルコニウムの錯体はオレフィン重合触媒として有用である[55]．そのため，シクロペンタジエニル配位子にさまざまな置換基をもつ広範な錯体が合成され，構造パラメーターが比較されている[56]．表2.4にその一部

表2.4 $Cp^R_2ZrCl_2$ 錯体の構造パラメーター

Cp^R_2		α	β	γ
	1	53.5	126.5	129.2
	2	43.7	136.3	130.9
$(CH_2)_3$	3	50.2	129.8	129.6
$(CH_2)_2$	4	56.4	123.6	125.8
(CH_2)	5	70.0	110.0	116.4
Me_2C	6	71.4	108.6	116.6
Me_2Si	7	60.1	119.9	125.4

を示す.メチレンを連結基Yとする錯体**5**および**6**においてCp–Zr–Cpの結合角(γ)が特に小さく,屈曲が強くなっていることが分かる.

図2.26の**D**および**E**に示すη^5-シクロペンタジエニル配位子を一つだけもつ錯体はハーフメタロセン錯体とよばれる.また,その構造をhalf-sandwich構造とよぶ.これは,メタロセン錯体の構造をサンドイッチに見立ててsandwich構造とよんだことに由来している.これらの錯体では,中心金属の種類と酸化数に応じてη^5-シクロペンタジエニル配位子に加えて1~6個の配位子が結合する可能性がある.それらのうち,3個あるいは4個の配位子が結合した構造はそれぞれ三脚ピアノ椅子型 (three-legged piano stool) 構造 (**D**),四脚ピアノ椅子型 (four-legged piano stool) 構造 (**E**) とよばれている.

シクロペンタジエニル配位子にはη^5のほかにη^3とη^1の配位様式が知られている.それぞれLX型配位子とX型配位子である.η^5からη^3への変化はring slipとよばれ,この変化に伴い,イオン結合モデルに基づく配位子の供与電子数が6から4に減少する.単純なシクロペンタジエニル配位子では,η^5からη^3へのring slipの際に芳香族性が失われるため好ましい配位様式の変化ではない.一方,シクロペンタジエニルにベンゼンが縮環したη^5-インデニル (indenyl) 配位子では,η^3構造に変化してもベンゼン環上に芳香族性が維持されるためring slipが起こりやすい.これはインデニル効果 (indenyl effect) とよばれる反応加速効果が発現する主な理由である[57].たとえば,(2.28)式のロジウム錯体は18電子錯体であり,インデニル配位子が存在しない場合には,会合型の配位子置換反応に不活性である.一方,インデニル錯体では,インデニル配位子のring slipによって会合時の価電子数の増加が回避されるため,配位子置換反応が室温で瞬時に進行する[58].

$$\text{(2.28)}$$

2.7 補助配位子

有機金属化学では有機配位子の挙動に着眼点が置かれることが多く,有機配位子とそれ以外の配位子とを区別して考えることが多い.後者の配位子は補助配位子 (auxiliary ligand) あるいは支持配位子 (supporting ligand) などとよばれる.補助配位子は,中心金属の配位数を補って錯体を安定化するとともに,電子的ならびに立

体的摂動を通して錯体の構造や反応性に変化をもたらす．そのため，特に錯体触媒の開発研究では補助配位子の設計や選択が重要となる．

代表的な補助配位子としてホスフィンや N-ヘテロ環状カルベン（NHC）が挙げられる．また，2.6.2項に示したシクロペンタジエニル基とその誘導体も補助配位子として有用である．さらに，2.5節で述べたアルケンやアルキン，ジエン，アレーンなどのπ結合性配位子も補助配位子として利用されることがある．本節では，主としてホスフィンと N-ヘテロ環状カルベンの電子的効果と立体的効果の指標について説明するが，その前に補助配位子について概説しておく．

2.7.1　補助配位子の種類

配位子は，金属との結合点の数により単座配位子（monodentate ligand），二座配位子（bidentate ligand），三座配位子（tridentate ligand）などに分類することができる．一般式 PR_3 で表されるモノホスフィン類は単座配位子（2電子供与体）として，また $Ph_2PCH_2CH_2PPh_2$ などのジホスフィン類は二座配位子（4電子供与体）として機能する．図2.27に代表的なジホスフィン配位子をその略号とともに示す．キラルなジホスフィン配位子は不斉触媒の重要な構成要素となる．

リンを配位原子とするリン系配位子に対して，窒素を配位原子とする配位子は窒素系配位子と総称される．一般的に，ソフトなLewis塩基であるリン系配位子は低酸化状態の錯体を安定化し，ハードなLewis塩基である窒素系配位子は高酸化状態の錯体を安定化する傾向がある．脂肪族アミンは一般的に配位力が弱く，N,N,N',N'-

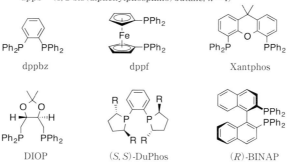

図2.27　代表的なジホスフィン配位子

テトラメチルエチレンジアミン（TMEDA）など一部の例外を除き，補助配位子として利用されることは少ない．これに対してピリジンなどの芳香族化合物は良好な配位力を示す．特に，2,2'-ビピリジン（bipy）や1,10-フェナントロリン（phen）は二座配位子としてよく利用されている（図2.28）．また，ジイミン類も補助配位子として有用である．特に，窒素原子上にアリール基を有するジイミンは配位安定性に優れ，またアリール基の修飾により金属周辺の立体環境を容易に調整できるため有用である．

三座のキレート配位子をもつ錯体には，配位原子が子午線上に配列した mer 構造（mer = meridional）と，配位原子が三角形の頂点に平面的に配列した fac 構造（fac = facial）とがある．前者の代表的な例としてピンサー錯体（pincer complex）が知られている（図2.29）．ピンサー錯体はもともと配位子の中央にフェニル基をもつPCP型やNCN型のキレート錯体に対して提唱された言葉であるが[59]，現在ではピリジンを母核とするPNP型錯体など，類似の構造をもつさまざまな錯体がピンサー錯体あるいはピンサー型錯体とよばれている．ピンサー錯体は熱安定性に優れ，錯体触媒や錯体材料として幅広く利用されている[60~62]．

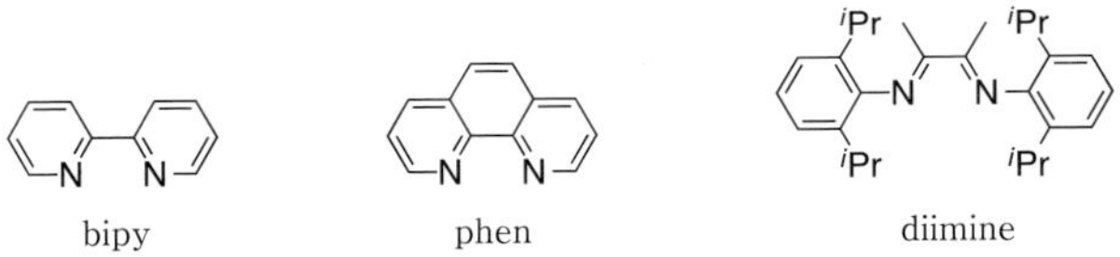

bipy　phen　diimine

図 2.28　代表的な窒素系二座配位子

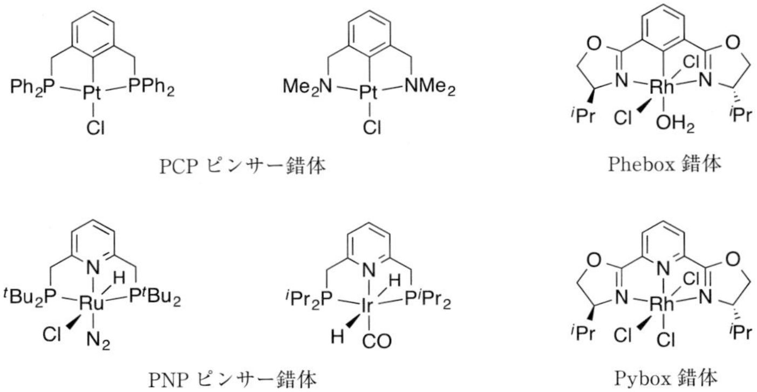

PCP ピンサー錯体　　Phebox 錯体

PNP ピンサー錯体　　Pybox 錯体

図 2.29　代表的なピンサー型錯体

fac 型の配位構造を形成する配位子としてトリス(ピラゾリル)ボレート (Tp) がよく知られている [(2.29)式][63]. Tp 配位子は,ホウ素にマイナス電荷をもつアニオンであり,また三つのピラゾリル基から合計6電子を金属に供与するので,η^5-シクロペンタジエニル (Cp) 錯体とアイソローバルな錯体を形成する.

$$\text{Tp} \qquad \text{Cp} \tag{2.29}$$

2.7.2 モノホスフィン配位子

3価のリン化合物であるホスフィン (PR$_3$) や亜リン酸エステル (ホスファイト,P(OR)$_3$) は合成が容易で,さまざまな置換基を導入できることから,補助配位子として幅広く利用されている.これらの配位子は,非共有電子対を金属にσ供与し,同時にリンと置換基 (RやOR) との反結合性軌道にπ逆供与を受ける.π逆供与の強さはほかのπ受容性配位子と比べて以下の序列にあり,PF$_3$などの一部の例外を除き,π受容性はそれほど強くない.

$$\text{CO} > \text{RNC} > \text{PF}_3 > \text{P(OR)}_3 > \text{PR}_3 > \text{RCN}$$

中心金属の電子状態と立体環境に及ぼすホスフィン配位子の影響を指標化する種々の方法が提案されている[64,65]. 1970年代にTolmanが考案したχ値(電子的指標)とθ値(立体的指標)はその先駆けとなったもので[66],現在でも幅広く利用されている(表2.5)[67,68]. これらの値はもともとニッケル錯体に対して求められたもので,中心金属が変われば数値も変わるはずであるが,多くの遷移金属に対して特に補正を加えずに使用されている.

電子的因子の指標であるχ値 ($\chi_{\text{PR}^1\text{R}^2\text{R}^3}$) は,Ni(CO)$_3$(PR^{1}R^{2}R^3) 錯体の対称伸縮振動 (ν_{CO}, cm^{-1}) の実測値を用いて (2.30) 式のように算出される.ホスフィン配位子の電子供与性が強くなると,ニッケルからカルボニル配位子へのπ逆供与が助長され,COの結合次数が低下してν_{CO}は高波数シフトする.χ値はこの現象を利用したもので,電子供与性の強いP^{t}Bu$_3$に対するν_{CO}の値 (2056.1 cm^{-1}) を原点として指標化されている.この場合,χ値が正に大きいほどホスフィンの電子供与性は弱く,逆に小さいと電子供与性は強いことになる.また,置換基R^1〜R^{3}に加成則が成立するので,置換基定数 (χ_i) を用いて未知のホスフィンについてもχ値を見積もることができる.

表2.5 単座リン配位子の電子的効果と立体的効果のパラメーター

配位子	$\chi^{67)}$	$\theta^{68)}$	$E_R^{68)}$
PMe$_3$	8.55	118	39
PEt$_3$	6.3	132	61
P^{i}Pr$_3$	3.45	160	109
P(n-Bu)$_3$	5.25	132	64
P^{t}Bu$_3$	0.0	182	154
PCy$_3$	1.4	170	116
PMe$_2$Ph	10.6	122	44
PEt$_2$Ph	9.3	136	57
PCy$_2$Ph	5.35	162	105
P^{t}Bu$_2$Ph	4.95	170	124
PMePh$_2$	12.1	136	57
PEtPh$_2$	11.3	140	66
P^{i}PrPh$_2$	10.85	150	75
P^{t}BuPh$_2$	8.95	157	97
PCyPh$_2$	9.3	153	77
PPh$_3$	13.25	145	75
P(o-MeC$_6$H$_4$)$_3$	10.65	194	113
P(OMe)$_3$	24.1	107	52
P(OEt)$_3$	21.6	109	59
P(O^{i}Pr)$_3$	19.05	130	74
P(OPh)$_3$	30.2	128	65

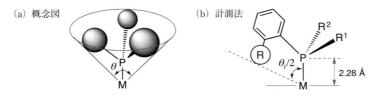

図2.30 Tolman の円錐角 (θ)

置換基 R の χ_i 値は，同一の置換基で構成された PR$_3$ の χ 値の 1/3 である．

$$\chi_{PR^1R^2R^3} = \nu_{CO} - 2056.1 = \sum_{i=1}^{3} \chi_i \tag{2.30}$$

一方，立体的因子の指標となる θ 値は，リン原子上の置換基の立体障害が及ぶ範囲を，金属を頂点とする円錐を用いて外挿した値であり（図2.30(a)），円錐の頂角を数値化に用いるので円錐角（cone angle）とよばれている．円錐角は分子模型を用いて実測された．図2.30(b) に示すように，Ni–P の典型的な結合距離である 2.28 Å の位置にホスフィンを取り付け，置換基が最も張り出した状態で $\theta_i/2$ を測る．異な

る置換基をもつ $PR^1R^2R^3$ については，それぞれの置換基について $\theta_i/2$ を測り，得られた値を (2.31)式に代入して円錐角を求める．

$$\theta_{PR^1R^2R^3} = \frac{2}{3}\sum_{i=1}^{3}\frac{\theta_i}{2} \qquad (2.31)$$

円錐角が，置換基が最も張り出した状態で測定されたため，対称性の低い置換基において角度が過大に評価されている傾向がある．その最も顕著な例は o-トリル基である．$P(o\text{-tolyl})_3$ の円錐角 (194°) は P^tBu_3 (182°) よりもかなり大きな値となっているが，実際の感覚では，その嵩高さは PCy_3 (170°) と同程度か，幾分小さめと考えるのが妥当である．Tolman の円錐角がもつこの問題点を改善した指標として Brown の E_R 値 (ligand repulsive energy parameter) がある[68]．この値は，分子力場計算を用いてホスフィンのひずみエネルギーを遊離の状態と $Cr(CO)_5$ に配位した状態でそれぞれ求め，両者の差をとったもので，単位は $kcal\ mol^{-1}$ である．表2.5に見られるように，Tolman の円錐角に匹敵する豊富なデータ数が報告されている．また，$P(o\text{-tolyl})_3$ (113) についても PCy_3 (116) と同等の妥当な値が得られている．

2.7.3 ジホスフィン配位子

二つのリン原子が有機基で結ばれたジホスフィンは金属にキレート配位する．そのため，モノホスフィンに対する (2.31)式を用いて円錐角を計算することはできない．代わって，キレート錯体の P–M–P 結合角である配位挟角 (bite angle, β) を用いて (2.32)式により円錐角を求める (図2.31)[66]．ここで θ_i は対象とするジホスフィンと同一の置換基 R をもつモノホスフィン PR_3 の円錐角である．

$$\theta = \frac{1}{3}\beta + \frac{2}{3}\theta_i \qquad (2.32)$$

一般式 $R_2P–Y–PR_2$ で表されるジホスフィンの二つのリン原子を結ぶ Y はアルキル鎖などの柔構造をもつ炭素骨格であることが多く，配位挟角は中心金属の原子半径やほかの配位子との立体障害を受けて変化する．そのため，ジホスフィン錯体の X 線結晶構造解析から得られる P–M–P 結合角が配位子本来の配位挟角を示しているとは

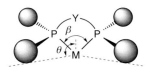

図 2.31　ジホスフィン配位子の構造パラメーター

表 2.6 ジホスフィン配位子の配位挟角（bite angle）

配位子[a]	β_n (deg)[変動範囲]	$\beta_{X\text{-ray}}$
dppe	84.5 [70〜95]	83±3
dppp	86.2	92±4
dppb	98.6	97±3
dppf	—[b]	99±3
dppbz	—[b]	82±3
BINAP	—[b]	93±2
DIOP	102.2 [90〜120]	100±4
Xantphos	111.7 [97〜133]	104.6

a) 図 2.27 参照．
b) これらの値は報告されていない．

限らない．Casey らはこの点について分子力場計算を用いて検討し，標準配位挟角（natural bite angle, β_n）と変動範囲（flexibility range）の二つのパラメーターを導入した[69]．前者は最安定構造の配位挟角，後者は最安定構造から 3 kcal mol^{-1} 以下のエネルギーで変動しうる角度範囲を表す．表 2.6 に代表的なジホスフィン配位子についてデータを示す[70]．

2.7.4　*N*-ヘテロ環状カルベン配位子

イミダゾール-2-イリデン骨格を有するカルベンおよびその水素化体は *N*-ヘテロ環状カルベン（*N*-heterocyclic carbene：NHC）とよばれ，σ供与性の強い補助配位子として利用される（図 2.32）[22,71]．窒素原子上の置換基により中心金属の立体環境を制御することができることから，イミダゾールの頭文字である I に置換基の略号をつけ，たとえばメシチル基（Mes）を有する配位子には IMes，2,6-ジイソプロピ

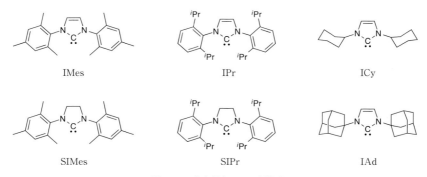

図 2.32　代表的な NHC 配位子

表 2.7 NHC 配位子の電子的効果と立体的効果の
パラメーター

配位子[a]	TEP (ν_{CO}, cm^{-1})[b]	%V_{bur}[c]
IMes	2050.7	36.5
IPr	2051.5	44.5
ICy	2049.6	27.4
IAd	2049.5	39.8
SIMes	2051.5	36.9
SIPr	2052.2	47.0

a) 図 2.30 参照.
b) TEP (Tolman's electronic parameter) への換算値[72].
c) AuCl(NHC) 錯体に対する値.

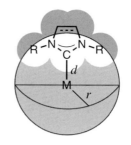

図 2.33 buried volume (%V_{bur}) の概念図

ルフェニル基 (Pr) を有する配位子には IPr, さらにそれらの水素化体 (飽和型: saturated) にはそれぞれ SIMes および SIPr などの略号がつけられている.

NHC 配位子の電子的効果は, 単座のモノホスフィン配位子と同様な方法によって評価されている[23,72]. 表 2.7 に, 図 2.32 に示した NHC 配位子について, Ni(CO)$_3$(NHC) 錯体の ν_{CO} 値をまとめた. これらの値は IrCl(CO)$_2$(NHC) 錯体や RhCl(CO)$_2$(NHC) 錯体に対する実測値から換算されたものである[72]. いずれの NHC 配位子についても, P^{t}Bu$_3$ の ν_{CO} 値 (2056.1 cm^{-1}) よりも低波数側に吸収が現れている. すなわち, NHC の電子供与性はホスフィン配位子に比べて強いことが分かる.

一方, NHC 配位子はホスフィン配位子に比べて対称性が低く, Tolman の円錐角の概念を用いて嵩高さを評価することができない. そのため, 中心金属に及ぼす配位子の立体的効果の新たな指標として, buried volume (%V_{bur}) が考案された (bury (埋める) は berry と同音: バリーではなくベリー)[73]. 図 2.33 に示すように, buried volume は, 金属を中心とする球体上に配位子を置き, 配位子側の半球の体積中で配位子の立体障害が及ぶ範囲 (白色の部分) を比率として表したものである. すなわち, 配位子が嵩高くなるほど %V_{bur} 値は大きくなる. また, M–C 結合の距離が変われば %V_{bur} 値も変化することになる. 表 2.7 に示すデータは AuCl(NHC) 錯体に対する値である. buried volume の考え方は NHC 配位子に限定されず, ホスフィンなどのさまざまな単座配位子に適用されている[74,75].

引用文献

1) M. J. Winter, Web Elements [http://www.webelements.com/] (1993–2011).
2) N. Kaltsoyannis, *J. Chem. Soc., Dalton Trans.*, 1 (1997).
3) G. C. Bond, *J. Mol. Catal. A*, **156**, 1 (2000).
4) J. Li, G. Schreckenbach and T. Ziegler, *Inorg. Chem.*, **34**, 3245 (1995).

5) J. M. Wisner, T. J. Bartczak, J. A. Ibers, J. J. Low and W. A. Goddard III, *J. Am. Chem. Soc.*, **108**, 347 (1986).
6) M. L. H. Green, *J. Organomet. Chem.*, **500**, 127 (1995).
7) J. A. M. Simões and J. L. Beauchamp, *Chem. Rev.*, **90**, 629 (1990).
8) R. H. Crabtree, *Angew. Chem. Int. Ed.*, **32**, 789 (1993).
9) M. Brookhart and M. L. H. Green, *J. Organomet. Chem.*, **250**, 395 (1983).
10) R. H. Morris, *J. Am. Chem. Soc.*, **136**, 1948 (2014).
11) G. J. Kubas, *J. Organomet. Chem.*, **635**, 37 (2001).
12) P. G. Jessop and R. H. Morris, *Coord. Chem. Rev.*, **121**, 155 (1992).
13) D.-H. Lee, B. P. Patel, R. H. Crabtree, E. Clot and O. Eisenstein, *Chem. Commun.*, 297 (1999).
14) C. A. Sandoval, T. Ohkuma, K. Muñiz and R. Noyori, *J. Am. Chem. Soc.*, **125**, 13490 (2003).
15) V. T. Annibale and D. Song, *RSC Adv.*, **3**, 11432 (2013).
16) F. A. Cotton, *Prog. Inorg. Chem.*, **21**, 1 (1976).
17) R. Colton and M. J. McCormick, *Coord. Chem. Rev.*, **31**, 1 (1980).
18) T. W. Hayton, P. Legzdins and W. B. Sharp, *Chem. Rev.*, **102**, 935 (2002).
19) G. Frenking and N. Fröhlich, *Chem. Rev.*, **100**, 717 (2000).
20) M. Brookhart, Y. Liu, E. W. Goldman, D. A. Timmers and G. D. Williams, *J. Am. Chem. Soc.*, **113**, 927 (1991).
21) H. Nakatsuji, J. Ushio, S. Han and T. Yonezawa, *J. Am. Chem. Soc.*, **105**, 426 (1983).
22) S. Díez-González, N. Marion and S. P. Nolan, *Chem. Rev.*, **109**, 3612 (2009).
23) T. Dröge and F. Glorius, *Angew. Chem. Int. Ed.*, **49**, 6940 (2010).
24) L. J. Guggenberger and R. R. Schrock, *J. Am. Chem. Soc.*, **97**, 6578 (1975).
25) R. R. Schrock and P. R. Sharp, *J. Am. Chem. Soc.*, **100**, 2389 (1978).
26) F. N. Tebbe, G. W. Parshall and G. S. Reddy, *J. Am. Chem. Soc.*, **100**, 3611 (1978).
27) R. H. Grubbs, *Handbook of Metathesis*, Vol. 1, Wiley-VCH (2003).
28) S. H. Pine, R. J. Pettit, G. D. Geib, S. G. Cruz, C. H. Gallego, T. Tijerina and R. D. Pine, *J. Org. Chem.*, **50**, 1212 (1985).
29) M. Gandelman, B. Rybtchinski, N. Ashkenazi, R. M. Gauvin and D. Milstein, *J. Am. Chem. Soc.*, **123**, 5372 (2001).
30) M. I. Bruce, *Coord. Chem. Rev.*, **248**, 1603 (2004).
31) H. Werner, *Coord. Chem. Rev.*, **248**, 1693 (2004).
32) R. Castarlenas, C. Vovard, C. Fischmeister and P. H. Dixneuf, *J. Am. Chem. Soc.*, **128**, 4079 (2006).
33) C. Bruneau and P. H. Dixneuf, *Angew. Chem. Int. Ed.*, **45**, 2176 (2006).
34) P.-T. Cheng and S. C. Nyburg, *Can. J. Chem.*, **50**, 912 (1972).
35) M. Black, R. H. B. Mais and P. G. Owston, *Acta Cryst.*, **B25**, 1753 (1969).
36) P. J. Hay, *J. Am. Chem. Soc.*, **103**, 1390 (1981).
37) C. A. Tolman, W. C. Seidel and D. H. Gerlach, *J. Am. Chem. Soc.*, **94**, 2669 (1972).
38) C. Massera and G. Frenking, *Organometallics*, **22**, 2758 (2003).
39) S. A. Cohen, P. R. Auburn and J. E. Bercaw, *J. Am. Chem. Soc.*, **105**, 1136 (1983).
40) M. L. Steigerwald and W. A. Goddard III, *J. Am. Chem. Soc.*, **107**, 5027 (1985).
41) U. Rosenthal, C. Nauck, P. Arndt, S. Pulst, W. Baumann, V. V. Burlakov and H. Giirls, *J. Organomet. Chem.*, **484**, 81 (1994).
42) K. J. Harris, G. M. Bernard, C. McDonald, R. McDonald, M. J. Ferguson and R. E. Wasylishen, *Inorg. Chem.*, **45**, 2461 (2006).
43) G. W. Davies, W. Hewertson, R. H. B. Mais and P. G. Owston, *Chem. Commun.*, 423 (1967).
44) J. Hiller, U. Thewalt, M. Polásek, L. Petrusová, V. Varga, P. Sedmera and K. Mach, *Organometallics*, **15**, 3752 (1996).
45) E. D. Jemmis, S. Roy, V. V. Burlakov, H. Jiao, M. Klahn, S. Hansen and U. Rosenthal,

Organometallics, **29**, 76 (2010).
46) O. S. Mills and G. Robinson, *Acta Cryst.*, **16**, 758 (1963).
47) G. Erker, J. Wicher, K. Engel, F. Rosenfeldt, W. Dietrich and C. Krüger, *J. Am. Chem. Soc.*, **102**, 6344 (1980).
48) A. Nakamura and K. Mashima, *J. Organomet. Chem.*, **621**, 224 (2001).
49) T. Murahashi, T. Otani, E. Mochizuki, Y. Kai and H. Kurosawa, *J. Am. Chem. Soc.*, **120**, 4536 (1998).
50) T. Murahashi, S. Ogoshi and H. Kurosawa, *Chem. Rec.*, **3**, 101 (2003).
51) M. Rosillo, G. Domínguez and J. Pérez-Castells, *Chem. Soc. Rev.*, **36**, 1589 (2007).
52) A. E. Smith, *Acta Cryst.*, **18**, 331 (1965).
53) H. Kurosawa, S. Ogoshi, N. Chatani, Y. Kawasaki and S. Murai, *Chem. Lett.*, 1745 (1990).
54) K. L. Granberg and J. E. Bäckvall, *J. Am. Chem. Soc.*, **114**, 6858 (1992).
55) W. Kaminsky, *J. Chem. Soc., Dalton Trans.*, 1413 (1998).
56) C. E. Zachmanoglou, A. Docrat, B. M. Bridgewater, G. Parkin, C. G. Brandow, J. E. Bercaw, C. N. Jardine, M. Lyall, J. C. Green and J. B. Keister, *J. Am. Chem. Soc.*, **124**, 9525 (2002).
57) M. J. Calhorda, C. C. Romao and L. F. Veiros, *Chem. Eur. J.*, **8**, 868 (2002).
58) M. E. Rerek, L.-N. Ji and F. Basolo, *J. Chem. Soc., Chem. Commun.*, 1208 (1983).
59) M. Albrecht and G. van Koten, *Angew. Chem. Int. Ed.*, **40**, 3750 (2001).
60) K. J. Szabo and O. F. Wendt (Eds.), *Pincer and Pincer-Type Complexes : Applications in Organic Synthesis and Catalysis*, Wiley (2014).
61) H. Nishiyama, *Chem. Soc. Rev.*, **36**, 1133 (2007).
62) C. Gunanathan and D. Milstein, *Science*, **341**, 1229712 (2013).
63) S. Trofimenko, *Chem. Rev.*, **93**, 943 (1993).
64) K. A. Bunten, L. Chen, A. L. Fernandez and A. J. Poë, *Coord. Chem. Rev.*, **233-234**, 41 (2002).
65) O. Kühl, *Coord. Chem. Rev.*, **249**, 693 (2005).
66) C. A. Tolman, *Chem. Rev.*, **77**, 313 (1977).
67) T. Bartik, T. Himmler, H.-G. Schulte and K. Seevogel, *J. Organomet. Chem.*, **272**, 29 (1984).
68) T. L. Brown and K. J. Lee, *Coord. Chem. Rev.*, **128**, 89 (1993).
69) C. P. Casey and G. T. Whiterker, *Isr. J. Chem.*, **30**, 299 (1990).
70) P. W. N. M. van Leeuwen, P. C. J. Kamer, J. N. H. Reek and P. Dierkes, *Chem. Rev.*, **100**, 2741 (2000).
71) G. C. Fortman and S. P. Nolan, *Chem. Soc. Rev.*, **40**, 5151 (2011).
72) D. J. Nelson and S. P. Nolan, *Chem. Soc. Rev.*, **42**, 6723 (2013).
73) A. Poater, B. Cosenza, A. Correa, S. Giudice, F. Ragone, V. Scarano and L. Cavallo, *Eur. J. Inorg. Chem.*, 1759 (2009).
74) H. Clavier and S. P. Nolan, *Chem. Commun.*, **46**, 841 (2010).
75) O. Diebolt, G. C. Fortman, H. Clavier, A. M. Z. Slawin, E. C. Escudero-Adán, J. Benet-Buchholz and S. P. Nolan, *Organometallics*, **30**, 1668 (2011).

3
有機遷移金属錯体の反応

3.1 配位子置換反応

　有機金属錯体の反応では，反応基質が配位子置換反応（ligand substitution；あるいは配位子交換反応：ligand exchange）により金属に配位し，活性化される場合が多い．この反応は，Lewis 塩基である反応基質が Lewis 酸である金属錯体を攻撃し，金属上の配位子と置き換わる求核置換反応の一種と見ることができる．しかし，高周期元素である遷移金属は炭素に比べて配位数の変化に寛容であり，また種々の幾何構造をとりうるため，有機反応に比べてその機構は複雑である．

3.1.1 配位子置換反応の種類

　有機金属錯体の配位子置換反応は，解離機構（dissociative mechanism）によるものと，会合機構（associative mechanism）によるものの2種類に大別することができる（図3.1）．解離機構では，まず置換される配位子 X が解離し，続いて反応基質である Y が配位する．これに対して，会合機構では Y の配位が先に起こり，続いて X の解離が起こる．

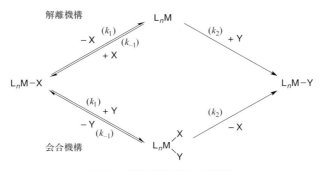

図 3.1　配位子置換反応の模式図

価電子数 18 の配位飽和錯体の多くは解離機構により配位子置換反応を起こす．また，価電子数が 18 に満たない配位不飽和錯体であっても配位子の解離が優先する場合が数多く見受けられる．たとえば，$Pd(P^tBu_3)_2$ は価電子数 14 の配位不飽和錯体であるが，クロロベンゼンやブロモベンゼンとの酸化的付加反応では，まず P^tBu_3 の解離が起こり，価電子数 12 の $Pd(P^tBu_3)$ に変化してから反応する（3.3 節）．これは，嵩高い P^tBu_3 の存在により中心金属に対する反応基質の攻撃が困難であること，ハロベンゼンの求核性が低いこと，嵩高い P^tBu_3 配位子の解離が比較的容易であること，などの理由によるものである．ホスフィン配位子の解離平衡は主に立体的因子に支配される．

解離機構において，配位子 X の解離平衡が出発錯体に片寄り，また中間体錯体 ML_n に定常状態を近似できるとき，反応速度は (3.1)式により与えられる．反応は X の添加により阻害され，Y 濃度の増加とともに速くなる．ここで，Y が配位しやすいなどの理由により $k_{-1}[X] \ll k_2[Y]$ の条件が成立すると，反応速度は $k_1[ML_n]$ に近似され，反応速度定数は最大値である k_1 で一定となる．

$$rate = \frac{k_1 k_2[Y]}{k_{-1}[X] + k_2[Y]}[ML_n] \qquad (3.1)$$

このように，解離機構による配位子置換反応では，基質濃度 [Y] に対して速度飽和型の反応挙動（substrate saturation kinetics）が認められる．少量の X を添加して実験を行い，Y の濃度の逆数（$1/[Y]$）に対して見かけの速度定数の逆数（$1/k_{obsd}$）をプロットすると両者の間に一次の線形関係が得られ，得られた直線の切片（$1/k_1$）と傾き（$k_{-1}[X]/k_1k_2$）から k_1 と k_{-1}/k_2 を見積もることができる．$k_{-1}/k_2 < 1$ であれば X の解離が律速段階であり，$k_{-1}/k_2 > 1$ であれば Y の配位が律速段階となる．

一方，電子的・立体的に配位数の増加が容易な配位不飽和錯体では，会合機構により配位子置換反応が進行することが多い．反応速度は (3.2)式によって与えられ，出発錯体と配位子 Y の濃度にそれぞれ一次となる．

$$rate = \frac{k_1 k_2[Y]}{k_{-1} + k_2}[ML_n] = k[Y][ML_n] \qquad (3.2)$$

会合機構による配位子置換反応は，d^8，16 電子の平面四角形錯体に数多く見出されている．(3.3)式に示すように，反応基質である配位子 Y は空間的に余裕のある配位平面の上側（あるいは下側）から中心金属を攻撃し，解離する配位子 X とそのトランス位の配位子 T および Y を三角形の頂点にもつ三方両錐形錯体が形成される．続いて X が解離し，平面四角形錯体に戻る．反応は位置特異的であり，X が存在した位置に Y が導入される．1.6.1 項で述べたように，d^8 金属の 5 配位錯体は四角錐形構

造と三方両錐形構造との相互変換が容易であるため，(3.3)式に示す一連の過程は低いエネルギー障壁で進行する．その際，三方両錐形錯体が短寿命の中間体か遷移状態であれば出発錯体の立体配置は完全に保持される．

$$T-M-X \xrightarrow{+Y} T-M \xrightarrow{-X} T-M-Y \quad (3.3)$$

会合機構による配位子置換速度は中心金属の種類によって大きく変化し，同族金属では 3d＞4d＞5d の順となる．金属の違いにより反応性に大きな差が生じる原因は複合的であるが，配位子場分裂エネルギーの小さい 3d 金属が高配位の 5 配位錯体を形成しやすいことがその重要な理由の一つとなっている．

なお，5 配位の中間体錯体が比較的長寿命であるなどの理由により，錯体のトランス–シス異性化反応が起こることがある．異性化機構として，Berry の擬回転を経由する機構[1] と，X 型配位子と L 型配位子が段階的に配位子置換反応を起こして進行する機構[2] が知られている．

3.1.2　トランス効果とトランス影響

(3.3)式に示した配位子置換反応の速度は，トランス位の配位子 T に強く依存して変化する．反応速度に及ぼすトランス配位子の効果はトランス効果（trans effect）とよばれ，その序列は多くの錯体について一致する．

以下に，トランス効果と，これと密接に関連するトランス影響（trans influence）の序列を比較する [(3.4), (3.5)式]．トランス効果が置換速度に及ぼす配位子 T の動的効果を表すのに対して[3]，トランス影響はトランス配位子 T によって M–X 結合がどの程度弱められているかを示す静的効果の尺度である[4,5]．トランス影響は，X 線構造解析により M–X 結合距離を求めることによって直接評価できる．また，IR スペクトルにおける M–X 伸縮振動の波数や，NMR スペクトルにおける M–X 結合定数もトランス影響のよい尺度とされている．

トランス効果の序列
$$CO, CN^-, C_2H_4 > PR_3, H^- > CH_3^- > Ph^-, I^- > Br^-, Cl^- > NH_3, H_2O \quad (3.4)$$
トランス影響の序列
$$H^-, Me^-, Ph^- > PR_3 > CN^- > CO > I^- > Br^- > Cl^- > NH_3, H_2O \quad (3.5)$$

これらの序列から分かるように，トランス効果とトランス影響との間にはよい相関がある．トランス影響の強い配位子 T によって M–X 結合が弱くなれば置換されやすくなるためである．また，M–X 結合が弱められて出発錯体が不安定化するため遷

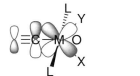

図3.2 πトランス効果の概念図

移状態とのエネルギー差,すなわち活性化エネルギーが小さくなると理解することもできる．これに対して，COやC$_2$H$_4$などのπ受容性配位子のトランス効果は，トランス影響に比べて明らかに高い序列にある．これは，5配位遷移状態が，図3.2に示す中心金属から配位子へのπ逆供与によって安定化され，活性化エネルギーが低下するためである．このπ受容性配位子による配位子置換反応の加速効果を，特にπトランス効果とよぶ．

トランス配位子に比べてシス配位子が置換反応に及ぼす電子的な効果は小さい．一方，シス位に嵩高い配位子が存在し，配位平面の上下に立体障害が生じると，中心金属への反応基質の接近が阻害されるため，反応速度が大幅に低下する．たとえば，cis-PtAr(Cl)(PEt$_3$)$_2$ (Ar = 2,6-Me$_2$C$_6$H$_3$) のH$_2$OによるCl配位子の置換速度は，Ar基がPhの場合の1/80000程度となる[3]．

3.1.3 解離機構による平面四角形錯体の配位子置換反応

以上のように，平面四角形構造をもつd^{8}錯体は会合型の配位子置換を起こしやすい錯体であるが，有機金属錯体では補助配位子の自発解離を伴う反応がある．たとえば，(3.6)式に示すシリル（ボリル）白金錯体に対するフェニルアセチレンの挿入反応では，まずPMe$_3$配位子（L）が解離し，続いてフェニルアセチレンの配位とPt–B結合への挿入が起こる[6]．シリル基はトランス影響の最も強い配位子の一つであり，PMe$_3$の自発解離を強く助長する．

$$\text{(3.6)}$$

平面四角形錯体から補助配位子が自発解離する現象は，配位子置換以外の反応でも観測される．たとえば，(3.7)式に示すcis-[PtEt(MeCN)(PEt$_3$)$_2$]$^+$錯体のβ-水素脱

離反応では，まず MeCN の解離が起こり，続いて β-水素脱離が起こる[7]．反応中間体である 3 配位錯体はエチル基の β-アゴスティック相互作用（2.3.2 項）によってその生成が助長されており，これにより反応全体が加速される．

$$\begin{array}{c}\text{L}\text{—Pt—NCMe}\\\text{CH}_2\text{CH}_3\end{array} \xrightleftharpoons{-\text{MeCN}} \begin{array}{c}\text{L—Pt⋯H}\\\text{CH}_2\\\text{CH}_2\end{array} \longrightarrow \begin{array}{c}\text{L—Pt—H}\\\text{H}_2\text{C}=\text{CH}_2\end{array} \quad (3.7)$$

L = PEt₃

3.2 トランスメタル化反応

金属間での有機基の移動を伴う配位子置換反応を，特にトランスメタル化反応 (transmetalation) とよぶ[8]．遷移金属ハロゲン化物と主要族元素の有機金属化合物との反応はアルキル錯体やアリール錯体などの最も一般的な合成法であり，また触媒的クロスカップリング反応などの素反応としても重要である[9]．

$$L_nM\text{–}X + M'\text{–}R \longrightarrow L_nM\text{–}R + M'\text{–}X \quad (3.8)$$

M=遷移金属；X=Cl, Br, I, OAc など
R=アルキルなどの有機基；M′=MgBr, BR′₂, SnR′₃ など

トランスメタル化剤（R–M′）としては，リチウム，マグネシウム，スズ，亜鉛など主要族元素の有機金属化合物のほか，ホウ素やケイ素など非金属元素の有機化合物が利用される．また，有機銅や有機ジルコニウムなどの有機遷移金属錯体が使用されることもある．反応機構は，トランスメタル化剤が有機金属化合物であるか，有機ホウ素や有機ケイ素などの非金属元素化合物であるかによって異なる．前者の有機基がカルボアニオン性をもち，遷移金属錯体に対して求核性を示すのに対して，後者が単独では求核性をもたないためである．後者の反応には塩基の関与が必要である．

3.2.1 有機金属化合物のトランスメタル化反応

アルキルリチウムは有機金属化合物のなかでもイオン性が高く，遷移金属錯体とアルキルリチウムとの反応では，トランスメタル化に続いてアルキルアニオンの配位が起こり，アート錯体（ate complex）が生成する．ハロゲン化銅と 2 倍モル量の MeLi から生成する Li[CuMe₂] はその代表例である．

Grignard 反応剤はアルキルリチウムに比べてイオン性が低いためアート錯体を形成する傾向は低いが，種々の遷移金属錯体と容易にトランスメタル化反応を起こす．たとえば，*trans*-PdPh(I)(PEt₂Ph)₂ と MeMgI との反応は室温で瞬時に完結し，*trans*-

3.2 トランスメタル化反応

PdPh(Me)(PEt$_2$Ph)$_2$ が定量的に生成する［(3.9)式］[10].

$$\text{Ph-PdL}_2\text{-I} \xrightarrow{\text{MeMgI}} \left[\text{Ph-Pd(L)}_2\text{(Me)(MgI)(I)} \right] \xrightarrow{-\text{MgI}_2} \text{Ph-PdL}_2\text{-Me}$$
トランス異性体

$$L = \text{PEt}_2\text{Ph} \quad \underset{-\text{MeMgI}}{\overset{+\text{Me'MgI}}{\rightleftarrows}} \quad \text{Ph-Pd(L)}_2\text{-Me'} \longrightarrow \text{Ph-Me'} + \text{Pd(0)} \quad (3.9)$$
シス異性体

この反応では,原料錯体の立体配置が完全に保持されることから,(3.3)式に類似の会合型のトランスメタル化機構が提案された.生成したトランス錯体は MeMgI の存在下にメチル基の交換を伴いながらシス錯体に異性化し,続いて還元的脱離によりトルエンを生成する.これはパラジウム触媒による熊田–玉尾クロスカップリングの反応経路を化学量論的に検証した最初の研究である.

右田-Stille クロスカップリング反応と関連して,アリールパラジウム錯体とビニルスズ化合物とのトランスメタル化機構が詳しく検討されている[11〜13].スズからパラジウムへのビニル基の移動に,四員環遷移状態を経由する cyclic 機構と,経由しない open 機構の2種類が提案されているが,ここでは活性化エネルギーの低い後者の反応機構について説明する［(3.10)式］.

$$\text{Ph-PdL}_2^+\text{-L} \xrightarrow[-\text{L}]{\text{Me}_3\text{SnCH=CH}_2} \text{Ph-PdL}_2^+\text{-L(SnMe}_3\text{)} \xrightarrow{\text{Br}^-}$$

$$\left[\text{Ph-PdL}_2^+\text{-L}(\text{H})(\text{Sn(Me}_3\text{)---Br}^-) \right]^{\ddagger} \xrightarrow{-\text{Me}_3\text{SnBr}} \text{Ph-PdL}_2^+\text{-L(H)} \quad (3.10)$$

(3.10)式の機構は,よい脱離基をもつアリールトリフラートなどの反応基質に用いた場合に対応したもので,カチオン性のフェニルパラジウム(II)錯体が出発錯体となっている.まず会合型の配位子置換反応が起こり,ビニルスズがパラジウムに π 配位する.続いて臭化物イオンが Me$_3$Sn 基を外圏から攻撃し,Me$_3$SnBr の脱離を伴ってパラジウム–ビニル結合が形成される.L=PH$_3$ のモデル系について DFT 計算を用いて見積もられた活性化エネルギーは 9.4 kcal mol^{-1} であり,反応はきわめて容易で

ある.この反応ではスズに対する臭化物イオンの攻撃が必須であり,これがないとトランスメタル化は起こらない.アリールトリフラートを用いた実際のクロスカップリング系においても,LiClなどの塩の添加により触媒反応が大幅に加速されることが知られている.

3.2.2 有機典型元素化合物のトランスメタル化反応

有機ホウ素化合物は求核性が低く,遷移金属錯体と単独ではトランスメタル化反応を起こさない.しかし,反応系に水酸化物イオンなどの塩基を共存させると反応が起こるようになる.これは,鈴木-宮浦反応においてはじめて見出されたトランスメタル化手法である.有機ケイ素化合物を用いる檜山クロスカップリング反応においても同様の方法が用いられる.

アルカリ金属の水酸化物(MOH, M=Li, Na, K, Cs)の共存下にフェニルパラジウム錯体 **A** とアリールボロン酸 $(ArB(OH)_2)$ とを反応させると,以下の二通りの反応経路によりトランスメタル化反応が起こる(図3.3)[14].経路(a)では $ArB(OH)_2$ と OH^- からアリールボレート $[ArB(OH)_3]^-$ が生成し,これがパラジウム錯体 **A** と反応してトランスメタル化が起こる.一方,経路(b)では OH^- が Pd(II) 錯体と先に反応してヒドロキシ錯体 **B** が生成し,続いてアリールボロン酸との反応によりトランスメタル化が起こる.

経路(a)と経路(b)のいずれを通ってもトランスメタル化反応の前駆錯体である **C** が生成し,遷移状態 **D** を経由してフェニル(アリール)パラジウム錯体 **E** が生成する.経路(a)の存在は,$[ArB(OR)_3]^-$ 型のボレート塩が,塩基を加えなくてもトラ

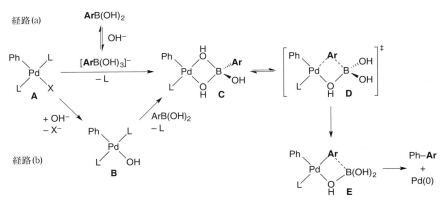

図3.3 フェニルパラジウム錯体とアリールボロン酸のトランスメタル化反応

ンスメタル化反応に高い活性を示すことからも示されている[15]．一方，経路(b)は，[PdPh(μ-OH)(PPh$_3$)]$_2$とp-MeOC$_6$H$_4$B(OH)$_2$との化学量論反応によって検証された[14]．また，両者の詳しい比較が行われ，ArB(OH)$_2$とOH$^-$を用いた触媒系では，経路(b)の比率が高いことが示されている[16〜18]．なお，3.3節で述べるように，ジアリールパラジウム(II)錯体は還元的脱離反応に対してきわめて活性であるため，フェニル（アリール）パラジウム錯体 **E** は安定な反応中間体とはならず，速やかにクロスカップリング生成物であるPhArを生成する．ヒドロキシ錯体を反応中間体とするトランスメタル化機構は，ロジウム触媒によるα,β-不飽和ケトンとPhB(OH)$_2$との共役付加反応や，パラジウム触媒によるハロゲン化アリールのボリル化反応についても提案されている[19,20]．

一方，パラジウム錯体と有機ケイ素化合物とのトランスメタル化反応について，Pd(CH=CH$_2$)(I)(PMe$_3$) (**A**), CH$_2$=CHSiMe$_3$, Me$_4$N$^+$F$^-$ を用いた理論的な研究が行われ，図3.4に示す経路(i)と経路(ii)が見出された[21]．檜山クロスカップリング反応では，ケイ素に対して強い親和性をもつフッ化物イオンの添加が触媒反応の進行に重要であることが分かっている．

経路(i)では，出発錯体 **A** から，フッ化物イオンによるヨージド配位子の置換とビニルシランの配位により中間体 **B** が生成し，続いて四中心遷移状態 **C** を経由してトランスメタル化が起こる．この機構は，図3.3の経路(b)に対応するものである．経路(ii)では，中間体 **E** のビニルシラン配位子をフッ化物イオンが外圏から攻撃してトランスメタル化が起こっている．これは，(3.10)式に示したビニルスズ化合物の機構と本質的に同じものである．一方，図3.3の経路(a)に対応する5配位シリケート（[CH$_2$=CHSiFMe$_3$]$^-$）を伴う経路は見出されなかった．

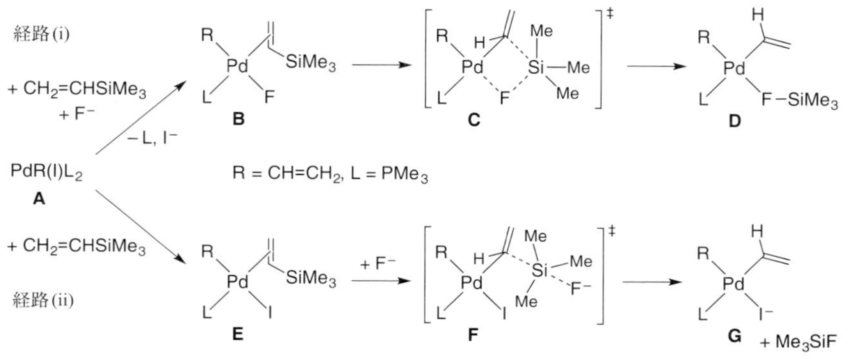

図 3.4 ビニルパラジウム錯体とビニルシランのトランスメタル化反応

図3.4の遷移状態 **C** と **F** はいずれも三方両錐形の5配位ケイ素種を含んでいるが，フッ化物イオンとビニル基がともにアピカル位を占める **F** がトランスメタル化反応に有利である．この構造では F⋯Si⋯C（vinyl）間が三中心四電子結合（超原子価結合）[22]となるため，ビニル基がより負電荷を帯びて求核的となりパラジウムに転移しやすい．実際，**E** と **F** のエネルギー差（$12.7\,\mathrm{kcal\,mol^{-1}}$）は，**B** と **C** のエネルギー差（$25.3\,\mathrm{kcal\,mol^{-1}}$）の約半分程度と見積もられている．

3.3　酸化的付加反応

遷移金属錯体に対して化合物 AB が，A–B 結合の切断を伴って付加する反応を酸化的付加反応（oxidative addition）とよぶ[(3.11)式]．逆反応は還元的脱離反応（reductive elimination）とよばれる（3.4節）．反応に伴い，中心金属の形式酸化数が，酸化的付加では増加し，還元的脱離では減少する．

$$L_nM + A\text{–}B \xrightleftharpoons[\text{reductive elimination}]{\text{oxidative addition}} L_nM\begin{smallmatrix}A\\B\end{smallmatrix} \qquad (3.11)$$

酸化的付加反応では，A–B 結合の付加に伴って中心金属の形式酸化数と配位数が増加するので，反応に関与する錯体にはこれらの変化に対応可能な d 電子と空配位座が必要である．そのため，図1.1 に示した Wilkinson 錯体（**1.10**；d^8, 16e）や Vaska 錯体（**1.11**；d^8, 16e），さらには 10 族金属の ML_2 型錯体（d^{10}, 14e）など，d 電子豊富で配位不飽和な錯体が酸化的付加に対して高い反応性を示す．逆に 3～5 族の金属にみられる d^0 錯体には反応に伴って失うべき d 電子が存在しないので，酸化的付加は起こらない．

(3.11)式の反応形式では，中心金属の形式酸化数と配位数が 2 ずつ増加した．これに対して複数金属を含む多核錯体では，金属の 1 電子酸化を伴う酸化的付加反応が知られている．たとえば，Co(0)を中心原子とする $Co_2(CO)_8$ と H_2 との反応により Co(I) 錯体である $HCo(CO)_8$ が 2 分子生成する [(3.12)式]．この反応は，コバルト触媒を用いるプロピレンのヒドロホルミル化反応（Oxo 反応）の素反応として重要である．

$$(OC)_4Co\text{–}Co(CO)_4 + H_2 \longrightarrow 2\,HCo(CO)_4 \qquad (3.12)$$

酸化的付加反応には，協奏機構，イオン機構，ラジカル機構がある．図3.5 に示す Vaska 錯体の反応は協奏機構あるいはイオン機構により進行し，反応機構の違いは反応基質の化学的性質による[23]．すなわち，分極率の低い H–H 結合や H–Si 結合は協

3.3 酸化的付加反応　　　　　　　　　　　　　　　　　　　　　　　　　　　　　　　　*81*

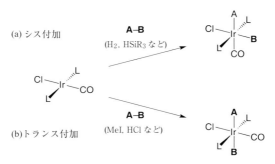

図 3.5 Vaska 錯体の酸化的付加反応

奏機構を経て金属にシス付加する（形式(a)）．一方，分極率の高いヨウ化メチルや塩化水素は，イオン機構である S_N2 機構とプロトン付加機構により金属にトランス付加を起こす（形式(b)）．

3.3.1　水素および炭化水素の酸化的付加反応

　H–H 結合は 432 kJ mol^{-1} の結合解離エネルギーをもつ強い結合であるが，水素分子は種々の遷移金属錯体に室温付近の穏和な条件で酸化的付加し，その活性化エネルギーは通常 40 kJ mol^{-1} 以下である．水素分子の酸化的付加がきわめて容易に起こるのは，以下に示す軌道相互作用を伴って反応が協奏的に進行するためである．反応は可逆であり，還元的脱離反応も同一の遷移状態を経由する．

　図 3.6 に，Pt(0) 錯体である PtL$_2$ と H$_2$ との反応に伴う軌道相互作用を示す．PtL$_2$(d^{10}, 14e) は直線形が安定であるが，H$_2$ が接近するとともに L–Pt–L 結合角が低下して屈曲形構造に変化する．1.6.4 項で述べたように，この構造変化に伴い 2b$_1$ 軌道（HOMO）と 4a$_1$ 軌道（LUMO）がフロンティア軌道として現れてくる．これらの軌道はそれぞれ対称性の一致する水素分子の σ* 軌道（LUMO, b$_1$）および σ 軌道（LUMO, a$_1$）と相互作用する．反応の初期段階では，反応軸方向，すなわち図の z 軸方向に軌道の広がりの大きい PtL$_2$ の 4a$_1$ 軌道に対して H$_2$ の σ 軌道から σ 供与（a）が起こる．水素分子がさらに白金中心に近づくと，今度は PtL$_2$ の 2b$_1$ 軌道と H$_2$ の σ* 軌道との重なりが大きくなり，白金から水素分子への π 逆供与（b）が起こるようになる．後者の過程により水素分子の反結合性軌道（σ*）に白金の d 電子が流れ込むので，H–H 結合が開裂し，2 本の Pt–H 結合が形成される．すなわち，結合性軌道 **A** と **B** が形成される．

　D$_2$ を用いた際の速度論的同位体効果は $k_H/k_D = 1.48$（計算値）と小さい[24]．また，

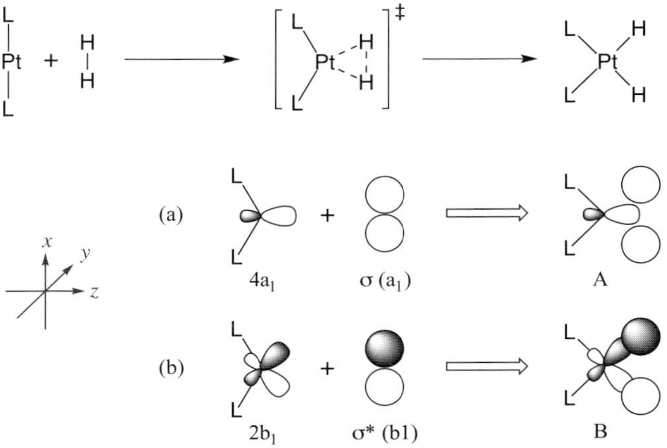

図 3.6 PtL_2 と H_2 の酸化的付加反応

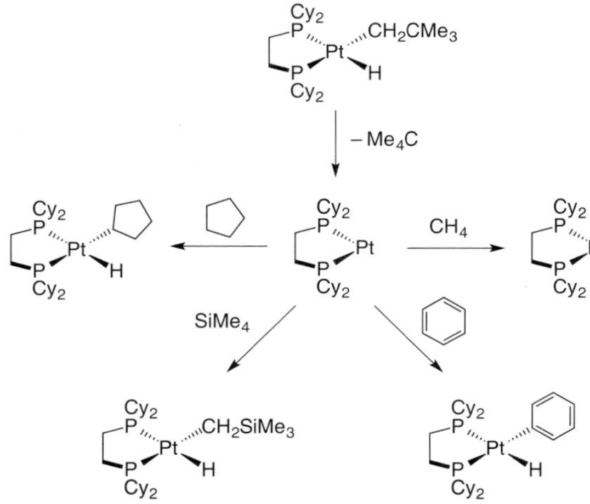

図 3.7 Pt(0)錯体と C–H 基質の酸化的付加反応

遷移状態における H⋯H 距離は 0.77 Å であり，遊離の水素分子（0.74 Å）からの伸びはわずかである．これらの値は，水素分子の酸化的付加反応の遷移状態が始原系に近いことを示している．

以上，PtL_2 に対する H_2 の酸化的付加が d 軌道から σ^* 軌道への π 逆供与によって引き起こされることを述べた．同様の過程によりさまざまな結合の酸化的付加反応が起こる．π 逆供与に関与する $2b_1$ 軌道のエネルギー準位は L–Pt–L 結合角が 180° から

狭くなるにつれて上昇し，90°で最も高くなる（1.6.4項）．そのため，二座配位子を用いてL–Pt–L結合角を90°前後に固定したPtL$_2$錯体は，種々の有機化合物のC–H結合とも容易に酸化的付加反応を起こす（図3.7）[25,26]．

PtL$_2$とアイソローバルな関係にあるタングステンのベントメタロセン錯体Cp$_2$W (d^4, 14e) もC–H結合の酸化的付加に高い反応性を示す[27]．

$$\text{(3.13)}$$

また，Cp*Rh(d^8, 16e) などの配位不飽和錯体も酸化的付加反応に活性であり，環状アルカンの炭素–炭素結合も切断される[28]．

$$\text{(3.14)}$$

3.3.2 有機ホウ素化合物および有機ケイ素化合物の酸化的付加反応

有機ホウ素化合物のB–H結合やB–B結合，有機ケイ素化合物のSi–H結合やSi–Si結合も遷移金属錯体に酸化的付加反応を起こす．これらの反応はアルケンやアルキンのヒドロホウ素化やヒドロシリル化，さらにはビスボリル化やビスシリル化などの触媒反応の素反応として重要である．

一般的に，E–H結合やE–E結合（E = B, Si, Sn）の酸化的付加は，C–H結合やC–C結合の反応に比べてはるかに容易である[29]．いずれの反応も，図3.6に類似の軌道相互作用を伴って進行するが，ホウ素化合物はホウ素原子上に空のp軌道をもつため，(b)に対応する中心金属からのπ逆供与が起こりやすい．またケイ素化合物ではSi–H結合やSi–Si結合のσ*軌道のエネルギー準位が低く，π逆供与が起こりやすい．さらにSi–Si結合はC–C結合に比べて長く，立体的に中心金属と相互作用しやすいことも反応性が高い理由の一つである．

$$\text{(3.15)}$$

B–B = 1.706 Å　　　　B–B = 1.765 Å　　　　B–Pt–B = 78°
P–Pt–P = 179°　　　　P–Pt–P = 141°　　　　P–Pt–P = 97°

(3.15)式に理論計算により求められたPt(PH$_3$)$_2$と(HO)$_2$B–B(OH)$_2$の酸化的付加

機構を示す[30,31]．まず，反応基質であるジボロンが白金に配位するが，その際には配位子Lとの立体障害を避けるため，B–B結合がP–Pt–P軸にほぼ直交して配向する．続いて，P–Pt–P結合が次第に折れ曲がり，B–B結合が回転しながら伸長し，最終的に平面四角形構造をもつジボリル錯体が生成する．この反応の活性化エネルギーは15 kcal mol^{-1}程度と見積もられている．

3.3.3 ハロゲン化アルキルの酸化的付加反応

炭素–ハロゲン結合や炭素–酸素結合などの極性結合は，金属錯体と求核置換型の酸化的付加を起こす．また，有機ハロゲン化物との反応については，金属錯体の1電子酸化を伴うラジカル機構が知られている．

S_N2反応に活性なヨウ化メチル，臭化エチル，臭化ベンジルなどのハロゲン化アルキルは金属錯体を求核剤とするS_N2機構により金属に付加し，その際，炭素中心のWalden反転が起こる[32]．(3.16)式に示すジメチル白金(II)錯体の反応では，白金中心が炭素–ハロゲン結合を背後から攻撃し，ハロゲン化物イオンが脱離する．これによりカチオン性の5配位中間体が生成するが，d^6の中心金属を有するこの錯体は四角錐形構造が安定であるため，ハロゲン化物イオンは配位平面の下側にある空配位座に結合する．すなわち，ハロゲン化アルキルは白金錯体にトランス付加する[33]．

$$\text{(R：アルキル基)} \tag{3.16}$$

上記の酸化的付加反応は極性溶媒中で加速され，アルキル基がメチル＞第一級＞第二級≫第三級の順に，ハロゲンがI＞Br＞Clの順に遅くなる．これらの傾向は有機化学のS_N2反応と一致しているが，通常の有機反応に比べてはるかに嵩高い金属錯体が求核剤であるため，アルキル基の級数が高くなり立体障害が大きくなると急激に反応性が低下する．特に，第三級のハロゲン化アルキルの反応はほとんど進行せず，代わってラジカル機構による酸化的付加反応が起こるようになる．

3.3.1項および3.3.2項に示した協奏的な酸化的付加反応では，反応に伴って配位数と価電子数が2ずつ増えるため，価電子数が16以下の配位不飽和錯体が必要であった．これに対してS_N2型の反応ではハロゲンがアニオンとして脱離した後，配位数は1増えるが価電子数は変わらない．そのため，アルキル基が結合可能であれば18電子錯体も酸化的付加反応を起こす［(3.17)式］．また，16電子錯体が電子密度の高い

18電子錯体に変化してから酸化的付加反応を起こすことがある[34]．

$$\text{Cp(Ph}_3\text{P)Rh(CO)} \xrightarrow{\text{Me-I}} [\text{Cp(Me}_3\text{P)Rh(CO)(Me)}]^+ \text{I}^- \quad (3.17)$$

PhI(OAc)$_2$ や Ph$_2$IOTf などの高配位ヨウ素化合物も酸化的付加反応に高い反応性を示す[35,36]．たとえば，PtMe$_2$(bipy) と Ph$_2$IOTf との反応は -50 ℃の低温条件で瞬時に完結し，フェニルジメチル白金(IV)錯体が生成する［(3.18)式］[37]．同様の反応はパラジウム錯体でも速やかに進行する．

$$\text{(bipy)PtMe}_2 \xrightarrow[-\text{PhI}]{[\text{Ph}_2\text{I}]^+ \text{OTf}^-} [\text{(bipy)Pt(Ph)Me}_2]^+ \text{OTf}^- \longrightarrow \text{(bipy)Pt(Ph)Me}_2(\text{OTf}) \quad (3.18)$$

次項で述べるように，PhI は Pd(0) や Pt(0) などの d^{10} 錯体と酸化的付加反応を起こすが，Pd(II) や Pt(II) などの d^8 錯体に対する反応性は低い．これは PhI が S$_\text{N}$2 反応に不活性なためである．一方，(3.18)式の例に見られるように，PhI(Y)X（フェニルヨージナン）や [PhI(Y)]$^+$X$^-$（フェニルヨードニウム塩）は d^8 錯体とも容易に反応し，PhI の脱離を伴って Y$^+$ と X$^-$ の付加体を与える．Pd(II) 錯体は芳香族化合物の C-H 結合切断を伴うオルトメタル化反応を容易に起こすので (3.6.2 項)，これに高配位ヨウ素化合物の反応性を組み合わせて，芳香族化合物を触媒的かつオルト位選択的に C-H 官能基化することができる[36]．通常のパラジウム触媒クロスカップリング反応が Pd(0)/Pd(II) サイクルで進行するのに対して，このような触媒反応は Pd(II)/Pd(IV) サイクルで進行する．

酢酸アリルや炭酸アリルなどのアリルエステル類も遷移金属錯体に対して S$_\text{N}$2 型の酸化的付加反応を起こす．アリル化合物は酸化的付加に先立ってアルケン結合を用いて金属に配位できるため遷移金属との会合が容易であり，ハロゲン化アルキルに比べてはるかに高い反応性を示す[38]．Pd(0) 錯体と酢酸アリルとの反応では，まずアリル基のアルケン結合がパラジウムに配位し，続いてパラジウムがアリル位炭素を求核攻撃する［(3.19)式］．その際，OAc 基がパラジウムと逆側に脱離するので，アリル位炭素の立体配置は反転する．

$$\text{L}_2\text{Pd}(\eta^2\text{-CH}_2=\text{CYX-CH}_2\text{OAc}) \longrightarrow \text{L}_2\text{Pd}^+(\eta^3\text{-allyl-YX}) + \text{AcO}^- \quad (3.19)$$

3.3.4 ハロゲン化アリールの酸化的付加反応

S_N2 反応に不活性なハロゲン化アリールやハロゲン化アルケニルも遷移金属錯体に対して比較的容易に酸化的付加反応を起こす. d^{10} 金属の ML_n 錯体（$n=1, 2$）について示すように（図 3.8），反応は π 錯体の生成（a: **A**→**B**）と，Ar–X 結合の酸化的付加（b: **B**→**C**）の 2 段階過程で進行する．

Pd(0) 錯体とパラ置換ハロベンゼン（p-YC$_6$H$_4$X）との反応速度は Hammett 関係式に適合して変化し，置換基 Y の σ_p 値に対する ρ 値は $+2\sim +5.2$ とかなり大きな正の値を示す[39～41]．反応は本質的に芳香族求核置換反応（S_NAr 反応）とみなすことができる．しかし，反応に及ぼすハロゲン X の影響について見てみると，反応性は X＝I＞Br＞Cl の順で顕著に低下し，この傾向は通常の S_NAr 反応とは逆である．たとえば，Pd(PPh$_3$)$_4$ に対して PhI は室温で，PhBr は 80℃ 程度の加熱条件で酸化的付加を起こすが，PhCl は 200℃ に加熱しても反応しない．

図 3.9 に，過程(b) の前駆錯体となる π 錯体 **B** と遷移状態 **TS**$_{BC}$ における C–X 結合距離を比較する．これらの値は，Me$_2$PCH$_2$CH$_2$PMe$_2$（dmpe）を配位子とする Pd(0) 錯体と PhX との反応に対する DFT 計算結果である[42]．C–X 結合の伸びは，PhCl で 40%，PhBr で 33%，PhI で 27% と大きく，また，反応性が低下する順（X＝I＞Br＞Cl）に伸び率が高くなっている．この傾向は，X＝I＜Br＜Cl の順で遷移状態が生成

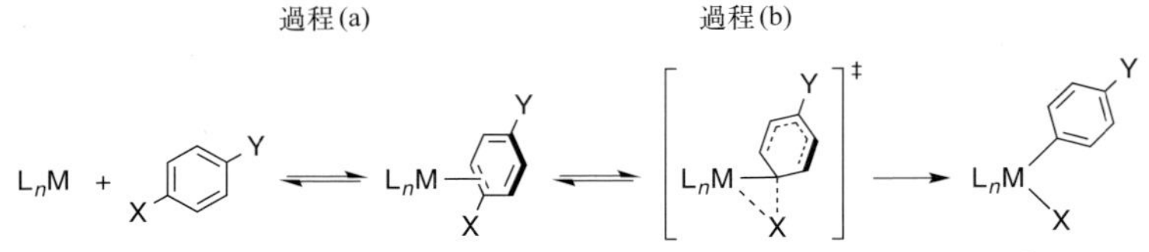

図 3.8 ML_n 錯体（d^{10}）とハロゲン化アリールの酸化的付加反応

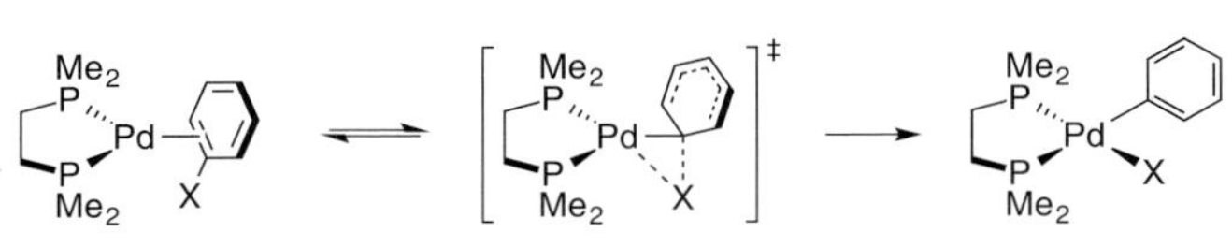

M=Pd, Ni; X=Cl, Br, I; L=PR$_3$; n=1 or 2

B
C–Cl = 1.80 Å
C–Br = 2.01 Å
C–I = 2.28 Å

TS$_{BC}$
C–Cl = 2.52 Å（40%）
C–Br = 2.67 Å（33%）
C–I = 2.90 Å（27%）

図 3.9 Pd(dmpe) 錯体と PhX の酸化的付加反応に伴う C–X 結合距離の変化（計算値）

系に近づいていることを示している．一方，遷移状態 $\mathbf{TS_{BC}}$ における Pd と X との距離は 3.75 Å（Cl），3.89 Å（Br），4.11 Å（I）と長く，ハロゲンの配位はそれほど強くない．以上のデータから，この反応では X がハロゲン化物イオンとして脱離し，続いてパラジウムに配位していると見ることができる．この場合，反応は C–X 結合が強くなるほど起こりにくく，PhI＜PhBr＜PhCl の順で顕著に反応の活性化エネルギーが増加することになる．

さて，クロロベンゼンは，Pd(0) 錯体に対する反応性は低いものの，Ni(0) のホスフィン錯体とは室温でも容易に酸化的付加反応を起こす．この事実は，ニッケル触媒による熊田–玉尾クロスカップリング反応が，クロロベンゼン類を反応基質として行われていたことからも明らかである[43]．ニッケル錯体がクロロベンゼンの酸化的付加に高い反応性を示す重要な理由は，図 3.8 の π 錯体 **B** が安定なためである．酸化的付加反応の活性化エネルギー（$\Delta G^{\ddagger}$）は，ハロゲン化アリールの配位平衡（a）に伴うエネルギー変化（ΔG^{0}_{AB}）と，π 錯体 **B** からの酸化的付加（b）の活性化エネルギー（$\Delta G^{\ddagger}_{BC}$）の和（$\Delta G^{\ddagger} = \Delta G^{0}_{AB} + \Delta G^{\ddagger}_{BC}$）となる．そのため，$\Delta G^{\ddagger}_{BC}$ とともに，ΔG^{0}_{AB} が全反応過程の活性化エネルギー $\Delta G^{\ddagger}$ を支配する重要な因子となる．

図 3.10 に，$Ni(PH_3)_2$ と $Pd(PH_3)_2$ について，PhCl との反応に伴うエネルギー変化（計算値）を比較する[44]．ニッケル錯体の活性化エネルギー（$\Delta G^{\ddagger}$）がわずかに 9.1 kcal mol^{-1} であるのに対して，パラジウム錯体の活性化エネルギー（$\Delta G^{\ddagger}$）は

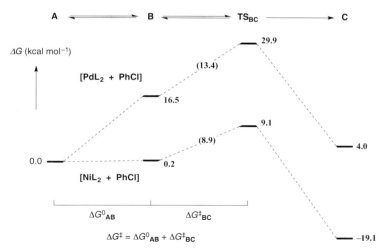

図 3.10　ML_2 錯体（M = Ni, Pd；L = PH_3）と PhCl の酸化的付加に伴うエネルギー変化（計算値）

29.9 kcal mol^{-1} ときわめて大きくなっている．その内訳を見てみると，PhCl の配位に伴う ΔG^0_{AB} が，ニッケル（0.2 kcal mol^{-1}）とパラジウム（16.5 kcal mol^{-1}）で大きく異なっていることが分かる．$\Delta G^{\ddagger}$ に占める ΔG^0_{AB} の比率は，ニッケルではわずかに 2% であるのに対して，パラジウムでは 55% と半分以上を占めている．ニッケルはパラジウムに比べて d 軌道のエネルギー準位が高く，より安定な π 錯体を形成することができる（2.5.1 項）．

π 錯体 **B** の生成過程（a：**A→B**）がクロロアレーン類の酸化的付加反応において重要であることはパラジウム錯体の反応についても示されている[45]．すなわち，配位不飽和性の高い［PdL］型 12 電子錯体はクロロアレーン類と π 錯体を形成しやすく，酸化的付加に対して高い反応性を示す．このような 12 電子の配位不飽和錯体を効果的に発生する配位子として，P^{t}Bu$_3$[46]や Buchwald 配位子[47]などの嵩高いホスフィン配位子や，嵩高い置換基をもつ NHC 配位子[48]が知られている．

3.4 還元的脱離反応

還元的脱離は酸化的付加の逆反応であり，多くの場合に両者は共通の遷移状態を経由して進行する．一般式 M(A)(B)L$_n$ で表される錯体から A–B 結合の形成を伴って化合物 AB が脱離するとき，中心金属の形式酸化数と配位数は 2 ずつ減少する．還元的脱離反応は，クロスカップリング反応をはじめとする種々の触媒サイクルの最終ステップ（product forming step）として重要である．本節では，まず，単離錯体を用いて系統的な研究が報告されている d^8 金属の M(R)(R′)L$_2$ 型錯体（16 電子）を用いて，反応に及ぼす中心金属（M），有機配位子（R, R′），補助配位子（L）の効果について説明する[49]．

3.4.1 d^8 錯体の還元的脱離：反応機構

M(R)(R′)L$_2$ 型錯体にはシスとトランスの 2 種類の幾何異性体が存在する．R および R′ が，ヒドリド，アルキル，アリール，アルケニルなどの有機配位子の場合，シス錯体のみが R–R′ の還元的脱離を起こす．これは三中心遷移状態を経由して反応が進行するためである．トランス錯体はシス錯体に異性化してから還元的脱離反応を起こす必要があるが，この異性化は 4 配位錯体のままでは起こらない．そのため，トランス錯体が β-水素脱離などのほかの経路によって分解できる場合は，シス錯体とトランス錯体から異なる化合物が得られる［(3.20)式］．

3.4 還元的脱離反応

$$\text{cis-isomer} \xrightarrow{\text{L}_2\text{Pd(Et)(Ph)}} \text{PhEt}$$

$$\text{trans-isomer} \xrightarrow{\not\to} \text{PhH} + \text{C}_2\text{H}_4 \tag{3.20}$$

シス錯体の還元的脱離には，図 3.11 に示す (a)〜(c) の反応経路が知られている．会合経路 (a) では，まずホスフィンやアルケンなどの配位により 5 配位錯体が形成され，この錯体から R–R′ が脱離する．主に 5 配位錯体を形成しやすい Ni(II) 錯体について見出されている経路で，還元的脱離により生成する ML_3 が，4 配位錯体から生成する ML_2 に比べて安定であることが反応の駆動力となる．

一方，中心金属の性質や立体的な要因により 5 配位錯体を形成しにくい場合は，直接経路 (b) あるいは解離経路 (c) により還元的脱離が起こる．直接経路 (b) は，パラジウム触媒による有機ハロゲン化物と有機金属反応剤とのクロスカップリング反応との関連において重要であり，R あるいは R′ の少なくとも一方が，アリール基やアルケニル基など，sp^2 混成炭素により金属と結合する有機基である場合にこの経路が選択される．アリール基やアルケニル基は速度論的な理由から還元的脱離を起こしやすく，また生成物である R–R′ が π 軌道をもち，還元的脱離の際に副生する ML_2 と π 錯体を形成して安定化できることなどが，この経路の駆動力となる．

解離経路 (c) は Pd(II) や Au(III) のアルキル錯体について報告されている．この

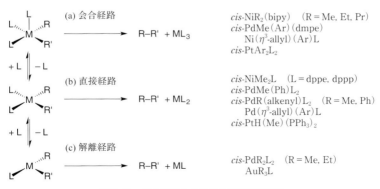

図 3.11 d^8 金属錯体の還元的脱離反応機構

経路では，還元的脱離に先立って補助配位子Lが解離する．sp^{3}混成炭素により金属と結合するアルキル基は還元的脱離を起こしにくい．そのため，4配位錯体から直接還元的脱離が起こるよりもLの解離が容易となり，この経路で反応するものと理解される．補助配位子の解離によって生成する3配位錯体は還元的脱離反応に対してきわめて活性であり，Lの解離が反応の律速段階となる．すなわち，(b) と (c) のいずれの経路が起こるかは，Lの解離とR–R′の脱離のどちらが容易であるかによって決まる．

3.4.2 d^8 錯体の還元的脱離：有機配位子の影響

還元的脱離に対する錯体の反応性は，中心金属と有機配位子の種類に強く依存する．10族錯体では中心金属がPt(II)＜Pd(II)＜Ni(II) の順，すなわちM–C結合が弱くなる順に反応性が高くなる．一方，有機配位子については，アルキル＜アルキニル＜アリール，アルケニル＜ヒドリドの順に反応性が高くなる．この序列にM–C結合の結合解離エネルギーとの相関は認められず，速度論的な因子により反応性が支配されていることが分かる．

表3.1に，種々の cis-Pd(R)(R′)L$_2$ 錯体について反応速度を比較する．表に示す錯体中ではジメチル錯体の安定性が高く，反応には加熱が必要である．反応の律速段階はホスフィン配位子の解離にあり，Tolmanのθ値とχ値が大きくなるほど，すなわち嵩高く電子供与性の低いホスフィンほど解離しやすく，還元的脱離が速くなる．一方，メチル(フェニル)錯体は室温で，またメチル(スチリル)錯体は-30℃で速やかに還元的脱離を起こす．ヒドリド(メチル)パラジウム錯体はきわめて不安定で合成されておらず，パラジウム錯体に比べて安定な白金錯体でさえも-40℃で速やかにメタンを脱離する．

メチル配位子が還元的脱離に対して安定な理由は，この反応が三中心遷移状態を経

表3.1 cis-Pd(R)(R′)L$_2$ 錯体の還元的脱離反応速度

R, R′	L	θ (deg)	χ (cm^{-1})	温度 (℃)	$10^3 k_{obsd}$ (s^{-1})	反応経路
Me, Me	PEt$_3$	132	6.3	45	0.42	解離
Me, Me	PEt$_2$Ph	136	9.3	45	0.53	解離
Me, Me	PMePh$_2$	136	12.1	45	1.1	解離
Me, Me	PEtPh$_2$	140	11.3	45	2.0	解離
Me, Ph	PEt$_2$Ph	136	9.3	24	0.50	直接
Me, CH=CHPh	PMePh$_2$	136	12.1	-30	速い	直接
Me, CH=CHPh	L$_2$ = dppf			-30	速い	直接
H, Me [Pt錯体]	PPh$_3$	145	13.25	-40	速い	直接

由することと関連している．(3.21)式に示すように，メチル配位子の sp^3 混成軌道は金属中心に配向しているため，三中心遷移状態を形成するためにはそれぞれの軌道が矢印の方向にかなり大きく向きを変える必要がある．還元的脱離反応の活性化エネルギーは，この軌道のひずみエネルギーに起因して大きい．

$$L_nM \cdots \longrightarrow [L_nM \cdots]^{\ddagger} \longrightarrow L_nM + \cdots \quad (3.21)$$

これに対して，ヒドリド配位子の s 軌道は配向性をもたないため，三中心遷移状態の形成に伴うひずみエネルギーははるかに小さく，きわめて容易に還元的脱離反応を起こすことができる［(3.22)式］．

$$L_nM \cdots \longrightarrow [L_nM \cdots]^{\ddagger} \longrightarrow L_nM + \cdots \quad (3.22)$$

sp^2 混成炭素により中心金属と結合するアリール配位子やアルケニル配位子では，炭素−炭素結合の形成に π 軌道が関与できるため，三中心遷移状態の形成に伴うひずみエネルギーが大幅に軽減され，反応が速くなる．たとえば，パラ置換フェニル配位子をもつ cis-PdMe(p-YC$_6$H$_4$)L$_2$（L＝PEt$_2$Ph）の還元的脱離速度は，パラ置換基 Y の共鳴効果の尺度である σ_π とよい Hammett 相関を示し，その ρ 値は＋3.2 である［(3.23)式］[10]．この値は，フェニル配位子に対してメチル配位子が求核攻撃を起こし，Meisenheimer 錯体型の遷移状態が形成されていることを示している．この反応過程は，カルボニル配位子に対してメチル配位子が求核攻撃を起こす CO の移動挿入機構（3.7 節）に類似しているため，移動還元的脱離機構（migratory reductive elimination mechanism）とよばれることがある[50]．同様の機構は cis-Pd(p-YC$_6$H$_4$)(X)L$_2$ 錯体（X＝NR$_2$, OR, SR）について確認されている[51]．

Y＝F, Me, Cl, H, CF$_3$; L＝PEt$_2$Ph

$$\longrightarrow L_2Pd + Y\text{—}\langle\!\!\!\bigcirc\!\!\!\rangle\text{—}Me \quad (3.23)$$

メチル（スチリル）錯体もメチル（フェニル）錯体と同様の機構で反応するが，還元的脱離後に生成する π 錯体（アルケン錯体）が，(3.23)式の π-アレーン錯体に比べて

安定なため，還元的脱離はより速くなる．その際スチリル配位子の立体配置は保持される［(3.24)式］[52,53].

$$\begin{array}{c}L\\|\\L\end{array}Pd\begin{array}{c}\curvearrowright\\Me\end{array}Ph \longrightarrow \left[\begin{array}{c}L\\|\\L\end{array}Pd\begin{array}{c}\diagdown Ph\\Me\end{array}\right]^{\ddagger} \longrightarrow \begin{array}{c}L\\|\\L\end{array}Pd-\begin{array}{c}Ph\\\diagup\\Me\end{array} \quad (3.24)$$

cis-Pd(CH$_2$SiMe$_3$)(CN)(dppp) も移動還元的脱離機構により Me$_3$SiCH$_2$CN を生成する［(3.25)式］[54]．反応は Lewis 酸の添加により顕著に促進される．これは，Lewis 酸との会合によってシアニド配位子（CN）の求電子性が高まり，CH$_2$SiMe$_3$ 配位子の求核攻撃が容易になるためである．

$$\begin{array}{c}L\\|\\L\end{array}Pd\begin{array}{c}CN\\CH_2TMS\end{array} \xrightleftharpoons[]{ER_3} \begin{array}{c}L\\|\\L\end{array}Pd\begin{array}{c}C\equiv N-ER_3\\CH_2TMS\end{array} \xrightarrow{L}$$

$$\left[\begin{array}{c}L\\|\\L\end{array}Pd\begin{array}{c}ER_3\\|\\N\\|||\\C\\\cdots CH_2TMS\end{array}\right]^{\ddagger} \longrightarrow \begin{array}{c}L\\|\\L\end{array}Pd-\begin{array}{c}ER_3\\|\\N\\|||\\C\\|\\CH_2TMS\end{array} \quad (3.25)$$

3.4.3 d^8 錯体の還元的脱離：補助配位子の影響

還元的脱離反応では補助配位子の電子供与性が低くなると速度が高くなる傾向がある．また，L$_2$ としてジホスフィン配位子を有する錯体では，ジホスフィンの配位挟角と還元的脱離速度との間に明確な相関が認められている[49]．表 3.2 に，一連の cis-Pd(CH$_2$SiMe$_3$)(CN)L$_2$ 錯体（L$_2$ = ジホスフィン）の還元的脱離速度を示す[55]．配位挟角の増大とともに反応が顕著に速くなることが分かる．特に，配位挟角の大きな DIOP 錯体（$\beta_n = 102.2°$）の速度は，配位挟角の小さな dppe 錯体（$\beta_n = 84.2°$）の速度のおよそ 5000 倍にも達している．一方，dppp とその置換体をもつ錯体の速度変化は小さく，還元的脱離速度は主に配位挟角に依存して変化していることが分かる．

還元的脱離反応の配位挟角制御は触媒的クロスカップリング反応において重要であり，特に β-水素脱離が副反応として競合する可能性のあるアルキル金属反応剤を用いた反応において，高選択性発現の要因となる[56]．このような触媒系では，原子サイズとの関係から，ニッケル触媒では dppp が，またパラジウム触媒では dppf が有効な配位子として働く場合が多い（図 2.27）．また，配位挟角の大きな Xantphos が特

表 3.2 cis-Pd(CH$_2$SiMe$_3$)(CN)L$_2$ 錯体の還元的脱離反応速度（at 80 ℃）

L$_2$		β (deg)	$10^5 k_{obsd}$ (s^{-1})	$\Delta H^{\ddagger}$ (kcal mol^{-1})	$\Delta S^{\ddagger}$ (eu)
(dppe)		84.2	0.21	30.8	2.4
(dppp)		86.2	5.0	27.3	−1
			2.1	32.9	13
			7.4	32.5	14
(DIOP)		102.2	1000	28.2	12

に高い触媒活性を発現する場合もある[57].

3.4.4　d^6 錯体の還元的脱離

3.3 節で述べたように，d^8 金属の 16 電子錯体は平面四角形構造をもち，ハロゲン化アルキルやプロトン酸と酸化的付加反応を起こす．還元的脱離反応は中心金属の形式酸化数の減少を伴う反応であるため，酸化的付加によって生成した高酸化状態の錯体は還元的脱離に高い反応性を示す[49]．たとえば，cis-PtMe$_2$L$_2$ (L＝PMe$_2$Ph) は熱的にきわめて安定であるが，MeI の酸化的付加反応により生成する Pt(IV) 錯体は容易に還元的脱離を起こし，エタンを発生する．反応は配位子 L の解離を伴って進行する [(3.26)式].

$$\text{(3.26)}$$

一方，ジメチル白金(II)錯体とプロトン酸から生じる Pt(IV) 錯体からは C-H 還元的脱離が起こる．反応は C-H 結合の酸化的付加との可逆状態にあり，重水素のスクランブリングが起こる（図 3.12）[58].

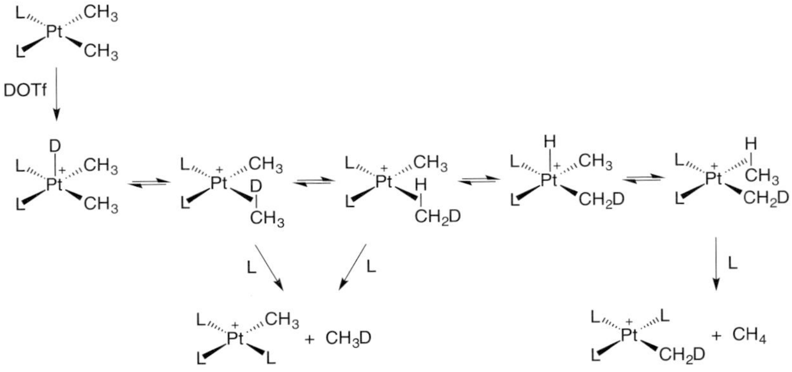

図 3.12 cis-Pt(CH$_3$)$_2$L$_2$ と DOTf との反応

PhI(OAc)$_2$ や Ph$_2$IOTf などの高配位ヨウ素化合物から生成する Pd(IV)錯体や Pt(IV)錯体〔(3.18)式〕も還元的脱離反応に活性である[35,36]．また，フルオロピリジニウム塩を用いて合成される Pd(IV)錯体からは，金属との間に強い結合を形成する CF$_3$ 基が脱離する〔(3.27)式〕[59]．

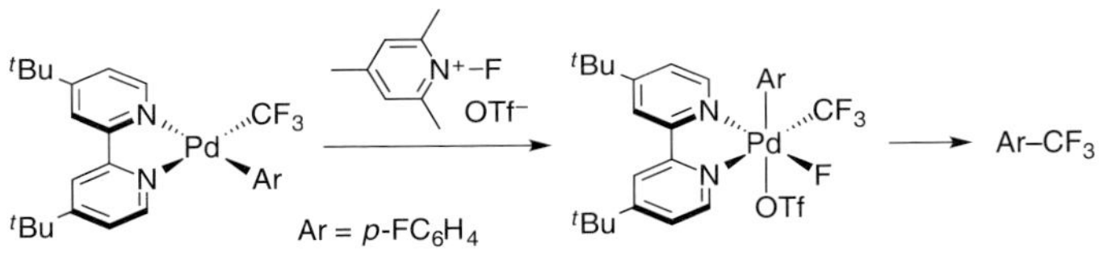

$$Ar-CF_3 \quad (3.27)$$

Ar = p-FC$_6$H$_4$

酸化的付加反応とは異なる，反応基質の付加を伴わない酸化であっても，錯体を高酸化状態に導くことにより還元的脱離反応が促進される．このような反応は oxidatively induced reductive elimination とよばれている．以下の Rh(III)錯体では，フェロセニウムイオンによる1電子酸化により生じた Rh(IV)錯体からエタンが脱離する〔(3.28)式〕[60]．

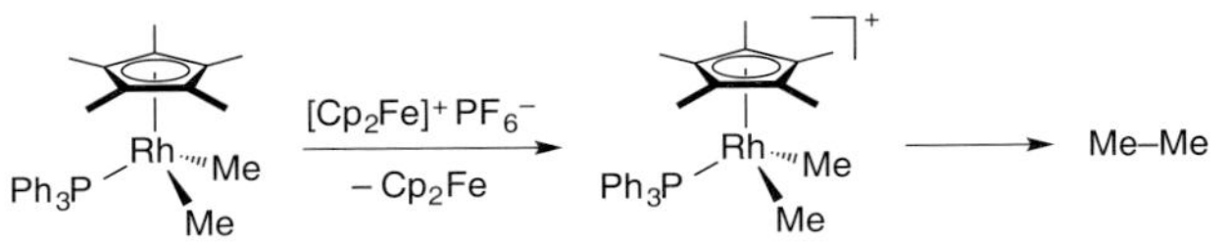

$$Me-Me \quad (3.28)$$

3.4.5 P–C 還元的脱離

L 型配位子であるホスフィンを脱離基とする還元的脱離反応が知られている[61]．たとえば，ホスフィン配位子を有するアリールパラジウム(II)錯体において，パラジウ

ム上のアリール基とリン上のアリール基が交換することがある．この反応は，P–C 還元的脱離によるホスホニウム塩の生成と，その逆反応である P–C 酸化的付加を経由して進行するものと考えられている［(3.29)式］[62,63]．このような，金属原子とリン原子間の有機基交換反応は，触媒反応の生成物中にホスフィン配位子由来の有機基が混入する原因となる．

$$\text{Ar}-\underset{\underset{\text{PAr'}_3}{|}}{\overset{\overset{\text{PAr'}_3}{|}}{\text{Pd}}}-\text{X} \rightleftharpoons \begin{array}{c}[\text{ArPAr'}_3]^+\text{X}^-\\+\\[\text{Pd}(\text{PAr'}_3)]\end{array} \rightleftharpoons \text{Ar'}-\underset{\underset{\text{PAr'}_3}{|}}{\overset{\overset{\text{PArAr'}_2}{|}}{\text{Pd}}}-\text{X} \quad (3.29)$$

P–C 還元的脱離によるホスホニウム塩の生成は，スチリル錯体を用いて確認されている［(3.30)式］[64]．

$$\underset{\text{Ph}}{\overset{}{\diagup}}\!=\!\underset{}{\overset{}{\diagdown}}\text{Pd(PPh}_3)_2\text{Br} \xrightarrow{+\text{PPh}_3} \underset{\text{Ph}_3\text{P}\;\;\;\text{PPh}_3}{\overset{\text{Ph}\diagup\!=\!\diagdown\text{PPh}_3^+\text{Br}^-}{\text{Pd}}} \quad (3.30)$$

一方，ホスホニウム塩の生成を伴わない交換反応の存在が理論的に示されている［(3.31)式］[65]．ロジウムからリンへのフッ素の転移によって形成されるメタロホスホラン (metallophosphorane) 中間体 (**A**) では，PFPh$_3$ 基とロジウムが共有結合で結ばれ，中心金属の形式酸化数は Rh(I) である．すなわち，この過程は，還元的脱離反応ではない．中間体 **A** において，リンからロジウムへのフェニル基の転移が起こり，最終生成物に至る．なお，(3.30)式に示したスチリルホスホニウム塩の生成過程においても，メタロホスホラン中間体の関与が示唆されている[66]．

$$(3.31)$$

高周期元素であるリンは高配位構造をとりやすく，中心金属から X 型配位子（アニオン性配位子）の転移を受け，5 配位のメタロホスホラン構造を形成しやすい[22]．(3.31)式の反応過程はこの特徴を反映したものである．パラジウム触媒系において，

Pd(0)錯体種の生成経路の一つとして知られているホスフィンによる酢酸パラジウムの還元反応［(3.32)式］[67~69]も同様の過程を経て進行する．この反応には水と塩基の存在が必要であり[67]，アセテート配位子の転移によって生成するアセトキシ置換のメタロホスホランに対して水酸化物イオンが攻撃し，ホスフィンオキシドが形成されるものと推定される．すなわち，リンがP(III)からP(V)に酸化され，パラジウムがPd(II)からPd(0)に還元される．

$$Pd(OAc)_2 + 5PPh_3 + H_2O + 2Et_3N \longrightarrow Pd(PPh_3)_4 + OPPh_3 + 2AcO \cdot HNEt_3 \quad (3.32)$$

3.5 π-アリル錯体の反応

σ-アリル錯体とπ-アリル錯体は対照的な反応性を示す[70]．以下の反応例から分かるように，σ-アリル錯体は求核的であり，ケイ素やスズのアリル化合物に類似の反応性を示す[71]．

$$(3.33)$$

一方，π-アリル錯体は求電子的であり，図3.13に示す三つの形式で求核剤と反応する．形式Iでは，求核剤が中心金属と反対側からアリル位の炭素を攻撃し，アリル化生成物が生成する．反応の前後で中心金属の形式酸化数が2減少している．すなわち，この反応は還元的脱離であり，(3.19)式(3.3.3項)に示したアリル化合物の酸化的付加の逆反応に相当する．

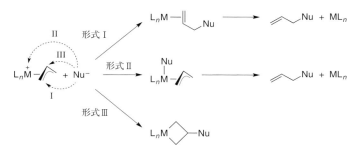

図 3.13 π-アリル錯体と求核剤との反応形式

　形式 II は，トランスメタル化反応である．Grignard 反応剤や有機スズ化合物など多くの有機金属反応剤がこの形式の反応を起こし，生成した中間体錯体から還元的脱離反応によってアリル化生成物が生じる．

　以下に，パラジウム錯体について比較するように，形式 I では反応前後でアリル位の炭素の立体配置が反転し［(3.34)式］，形式 II では保持される［(3.35)式］[72]．

$$L_2Pd \cdots \xrightarrow{CH(CO_2R)_2^-} PdL_2 + Ph\cdots CH(CO_2R)_2 \quad (3.34)$$

$$L(Cl)Pd \cdots \xrightarrow{PhMgBr} PdL_2 + Ph\cdots Ph \quad (3.35)$$

　形式 III では，求核剤が π-アリル配位子の中央の炭素に付加し，メタラシクロブタンが生成する．上記の形式 I および形式 II と異なり，反応の前後で中心金属の形式酸化数は変わらない［(3.36)式］[73]．

$$\cdots \xrightarrow{MeLi} \cdots \quad (3.36)$$

　2.6.1 項で述べたように，π-アリル錯体は，アリル配位子の背面に空軌道の分布をもつため（図 2.25），求核剤との反応が軌道支配で進行すると形式 I が起こる．一方，アリル配位子の中央炭素は ϕ_1 軌道から金属への σ 供与によって電子密度が低下しているため，電荷支配で反応が進行すると形式 III が起こる．特に，還元を受けにくい Ti(IV)，W(IV)，Pt(II) などの中心金属をもつ錯体では，形式 III の反応が起こりやすい．

また，形式Iの反応を起こしやすいPd(II)錯体であっても，高酸化状態の錯体を安定化する能力の高い窒素系配位子を用いると形式IIIの反応が起こる．以下の例では，TMEDA（$Me_2NCH_2CH_2NMe_2$）やbipy（2,2′-ビピリジン）を配位子に用いると，まず中心炭素に求核剤が付加する．続いて，塩化物イオンが脱離し，生じたπ-アリル錯体にもう1分子の求核剤が反応するので，求核剤（Nu）が2分子結合した二置換体が得られる（経路(a)）．これに対して，PPh_3やcod（1,4-シクロオクタジエン）を配位子に用いると，形式Iの反応により一置換体が選択的に生成する（経路(b)）[74]．

$$Nu^- = CMe(CO_2Me)_2^- \tag{3.37}$$

経路(a) L_2 = TMEDA, bipy
経路(b) L_2 = $(PPh_3)_2$, cod

図3.13の形式IIの反応中間体として生成するPd(η^3-allyl)(Ar)L錯体はシス脱離機構で還元的脱離を起こすので，出発錯体の幾何構造に応じた位置特異的なカップリング反応が観測される［(3.38)，(3.39)式］[75]．

$$\tag{3.38}$$

$$\tag{3.39}$$

光学活性なπ-アリルルテニウム錯体とアルコールとの反応では，形式IIにより，アリル配位子の多置換側炭素にエナンチオ選択的なアルコキシ基の導入が起こる［(3.40)式］[76]．この錯体では，π-アリル基とアルコキシ基がPPh_2基と^tBu基との立体障害を避けるように配置するため，高い位置選択性（>20：1）と立体選択性（95% ee）が発現する．反応は触媒的に進行する．

$$\tag{3.40}$$

3.6 酸化的付加を伴わない結合活性化

3.3節では，水素分子や炭化水素が H–H 結合あるいは C–H 結合の開裂を伴って低酸化状態の遷移金属錯体に酸化的付加することを述べた．これらの反応では中心金属の形式酸化数が増加した．これに対して，形式酸化数の変化を伴わない，すなわち酸化的付加を経由しない結合活性化反応が知られている．σ結合メタセシスやシクロメタル化反応などである．酸化的付加反応とは逆に，これらの反応では高酸化状態の錯体が高い反応性を示す．図 3.14 に反応機構の概略を示した．

機構 I：高酸化状態の金属は電子不足であるため，Y–H 基質（Y = H, C など）は，金属への電子供与により，遊離の状態に比べて高い酸性度をもつようになる（2.3.4項）．そのため，近傍に塩基性点 X が存在すると，水素がプロトンとして脱離し，Y–H 結合のヘテロリシスが起こる．

機構 II：Y–H 基質の酸性度が比較的高い場合には，Y–H 基質が塩基性点 X との間に水素結合を形成して活性化され，続いて負電荷を帯びた Y が金属に付加する．

すなわち，機構 I では中心金属による，機構 II では塩基性点 X による Y–H 結合の活性化が，それぞれ反応の駆動力となる．

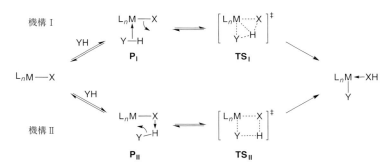

図 3.14　遷移金属錯体による Y–H 結合のヘテロリシス（概念図）

3.6.1　σ結合メタセシス

前期遷移金属にみられる d^0 錯体は，反応に伴って酸化されるべき d 電子をもたないため，原理的に酸化的付加反応を起こさない．しかし，水素分子や炭化水素と反応し，あたかも酸化的付加と還元的脱離を経由したかのような生成物を与えることが

ある[77,78]．(3.41)式に Sc(III) 錯体の反応例を示す[79]．σ結合の組み換えを伴うこの反応は，σ結合メタセシス（σ-bond metathesis）とよばれている．遷移状態において，スカンジウムと二つの炭素原子との距離は 2.31 Å，水素原子との距離は 1.92 Å であり（計算値）[80]，いずれの原子も中心金属と相互作用している．すなわち，図 3.14 の機構 I が起こっている．

$$\text{Cp}^*_2\text{Sc-CH}_3 + \text{CH}_3-\text{H} \longrightarrow \left[\text{Cp}^*_2\text{Sc} \begin{array}{c} \text{CH}_3 \\ \vdots \\ \text{H} \\ \vdots \\ \text{CH}_3 \end{array} \right]^{\ddagger} \xrightarrow{-\text{CH}_3-\text{H}} \text{Cp}^*_2\text{Sc-CH}_3 \quad (3.41)$$

Sc–CH$_3$ = 2.32 Å
Sc–H = 1.92 Å
H$_3$C–H = 1.33 Å

σ結合メタセシス：σ結合の組み換え反応　　　遷移状態における軌道相互作用

σ結合メタセシスは d^0 の有機金属錯体において一般的な反応である．以下の Th(IV) 錯体では，ネオペンチル配位子の γ 位の C–H 結合の活性化を伴ってメタラサイクル錯体とネオペンタンが生成する[81]．

$$\text{Cp}^*_2\text{Th}(\text{CH}_2\text{CMe}_3)_2 \xrightarrow{-\text{CMe}_4} \text{Cp}^*_2\text{Th} \begin{array}{c} \\ \diagdown \\ \diagup \end{array} \text{C}(\text{Me})_2 \quad (3.42)$$

一方，d電子豊富な後期遷移金属の有機金属錯体も，σ結合メタセシス反応を起こすことがある．酸化的付加反応が原理的に困難な d^0 錯体と異なり，d電子をもつ錯体について酸化的付加–還元的脱離機構とσ結合メタセシス機構を実験的に区別することは難しい．しかし，計算機化学の進歩により両者を理論的に比較することが可能となった[82]．たとえば，TpM(Me)L 錯体（M=Fe, Ru, Os；Tp=トリス（ピラゾリル）ボレート）とメタンとの反応では，Fe(II) 錯体と Ru(II) 錯体はσ結合メタセシス機構により，Os(II) 錯体は酸化的付加–還元的脱離機構によりそれぞれ反応するものと計算されている（図 3.15）[83]．第 6 周期元素である 5d 金属は 3d 金属や 4d 金属に比べて強い結合を形成するため，高酸化状態の有機金属錯体が比較的安定である（2.1節）．図 3.15 に見られる反応経路の違いは，これに起因したものと考えることができる．

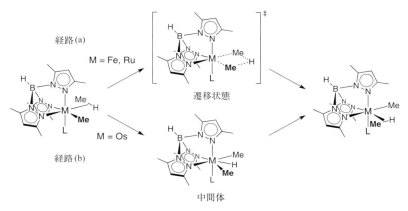

図 3.15 8族金属のメチル錯体とメタンとの反応経路

3.6.2 メタル化反応

炭化水素の C–H 結合を C–M 結合に変換する反応はメタル化反応 (metalation) とよばれている. 酢酸水銀による芳香族化合物の水銀化反応が古くから知られているが[84], 同様の反応は種々の遷移金属錯体を用いて進行する[85,86]. たとえば, Pd(OAc)$_2$ と N,N-ジメチルベンジルアミンからアリールパラジウム錯体が生成する [(3.43)式][87]. また, Ru(II)錯体と p-メトキシフェニルピリジンとの反応によりアリールテニウム錯体が合成される [(3.44)式][88]. いずれの反応においても, アミノ基やピリジル基の配位を伴って五員環キレート錯体が形成されている. このような, 環状錯体を与えるメタル化反応はシクロメタル化反応 (cyclometalation) と総称され, 金属個別的にはシクロパラジウム化反応 (cyclopalladation) などとよばれる. 分子内に配位性の配向基 (coordinating directing group または directing group) をもつ芳香族化合物のシクロメタル化反応はオルト位選択的であることが多く, 特にオルトメタル化反応 (ortho-metalation) とよばれる.

$$\text{[Ru complex with ArCO}_2\text{]} + \text{MeO-C}_6\text{H}_3\text{-N(pyridyl)} \xrightarrow{-\text{ArCO}_2\text{H}} \text{[cyclometalated Ru complex]} \quad (3.44)$$

Ar = 2,4,6-Me$_3$C$_6$H$_2$

脂肪族化合物の C–H 結合活性化を伴うシクロメタル化反応も数多く知られている[86]. 酢酸パラジウムとトリ(o-トリル)ホスフィンから，ベンジル位のメタル化を伴って生成する二核錯体は Herrmann 触媒とよばれ[89]，種々のパラジウム反応の触媒前駆体として利用されている [(3.45)式][90].

$$\text{(2-MeC}_6\text{H}_4\text{)-PAr}_2 + \text{Pd(OAc)}_2 \xrightarrow{-\text{AcOH}} 1/2 \,[\text{Pd}_2\text{ dimer}] \quad (3.45)$$

Ar = 2-MeC$_6$H$_4$

以上の反応例からも分かるように，分子内に配位性の配向基をもつ C–H 基質は遷移金属錯体とメタル化反応を起こしやすい．しかし，配向基をもたない C–H 基質についても比較的穏和な条件下でメタル化反応が起こる場合がある．酢酸パラジウムによるベンゼンのパラジウム化反応や[91]，アリール(カルボキシレート)パラジウム錯体による芳香族化合物の直接的アリール化反応 [(3.46)式] などである[92,93].

$$\underset{\text{C–H メタル化}}{\text{[RCO}_2\text{-Pd(Ar)(L)]}} + \text{Ar}'\text{–H} \longrightarrow \underset{\text{不安定中間体}}{[\text{Pd intermediate}]} \xrightarrow{\text{C–C 還元的脱離}} \text{Ar–Ar}' + [\text{PdL}], \text{RCO}_2\text{H} \quad (3.46)$$

これらの反応例に見られる芳香族化合物のメタル化反応は，芳香族求電子置換反応によって進行するものと長らく考えられてきた．しかし，近年の理論計算により C–H 結合の開裂と C–M 結合の形成が併発する協奏的な機構が見出され，AMLA (ambiphilic metal ligand activation) あるいは CMD (concerted metalation–deprotonation) などとよばれている[82,94].

たとえば，(3.43)式の反応は C–H 配位（アゴスティック相互作用）を有する錯体を中間体として進行する[95]．すなわち，図 3.14 の機構 I が起こっている．C–H 結合は遊離の状態に比べて 5.5% ほど伸長しており，パラジウムへの配位によって活性化されていることが分かる．この中間体からアセテート配位子を分子内塩基とする脱プロトン化が起こり，シクロパラジウム化錯体が生成する．

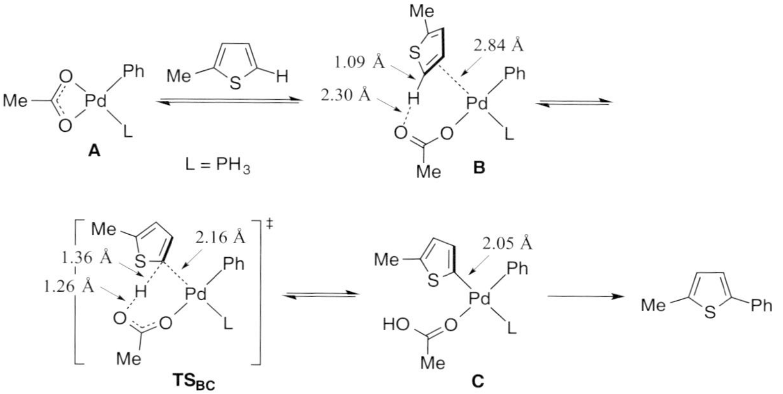

図3.16 フェニル(アセテート)パラジウム錯体による2-メチルチオフェンの直接的アリール化反応機構

　一方，ベンゼンに比べて酸性度の高いチオフェンのC–H結合活性化では，図3.14の機構IIが見出されている[93]．図3.16に，PdPh(OAc)L錯体（**A**, L=PH$_3$）による2-メチルチオフェンの直接的アリール化反応機構（計算結果）を示す[96]．二座キレート型のアセテート配位子をもつ**A**は，まず2-メチルチオフェンとアセテート配位子を介して水素結合を形成し，続いてπ配位錯体**B**に変化する．中間体**B**のチオフェン炭素はパラジウムからかなり遠い距離（2.84 Å）にある．すなわち，チオフェンのπ配位は弱く，アセテート配位子との水素結合が**B**の安定化の要因となっている．続いて，遷移状態**TS**$_{BC}$を経由してC–H結合の切断が起こり，フェニル(チエニル)パラジウム錯体**C**が生成する．パラジウムとチオフェン炭素との距離は遷移状態においても2.16 Åと長く，またパラジウム–水素間に相互作用は認められない．C–H結合切断（**A**→**C**）の活性化エネルギーは小さく（$\Delta G^\ddagger = 21.2$ kcal mol^{-1}），錯体**C**からのC–C還元的脱離が反応の律速段階となる．

3.7　カルボニル錯体の反応

　アシル基（COR），ホルミル基（CHO），アルコキシカルボニル基（CO$_2$R），カルバモイル基（CONR$_2$）などの配位子をもつ錯体は，遷移金属触媒を用いるカルボニル化反応の重要な中間体である．これらの錯体は，図3.17に示すようにカルボニル配位子に対する内圏（機構I）あるいは外圏（機構II）からの求核剤の攻撃により生成する．

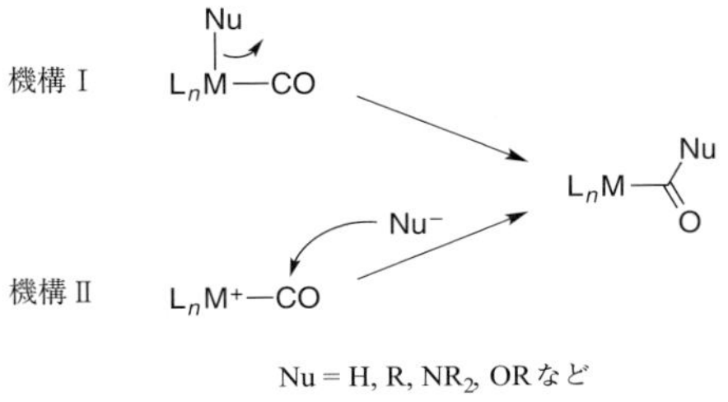

機構 I
Nu
L_nM—CO
Nu
L_nM
O
Nu^-
機構 II
L_nM^+—CO
Nu = H, R, NR_2, OR など

図 3.17　アシル錯体および関連錯体の生成機構

3.7.1　CO 挿 入 反 応

アルキル錯体やアリール錯体は CO 挿入反応（CO insertion）を起こし，アシル錯体に変化する．この反応は図 3.17 の機構 I により進行し，アルキル基やアリール基がカルボニル炭素に分子内転移を起こす．この反応過程は移動挿入（migratory insertion）機構とよばれ，(3.47)式に示すメチルマンガン錯体を用いてはじめて実験的に証明された[97]．

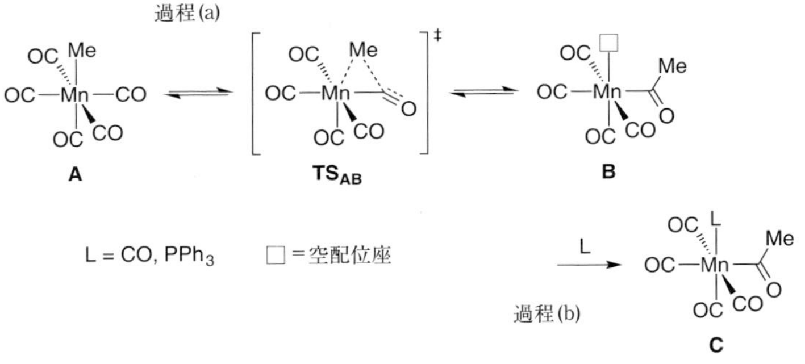

過程(a)
OC Me
OC—Mn—CO
OC CO
A
TS_{AB}
‡
B
Me
O
L = CO, PPh_3
□ = 空配位座
L
過程(b)
OC L
C

(3.47)

まず，メチル配位子がシス位のカルボニル配位子に分子内転位する（過程(a)）．続いて，転移により生じた空配位座に CO や PPh_3 などの外部配位子が結合して反応は完結する（過程(b)）．過程(a) は可逆であり，過程(b) により配位不飽和なアシル錯体が配位飽和錯体として安定化できない場合，挿入反応は見かけ上進行しない．

これに対して，酸素親和性の高い前期遷移金属錯体では酸素の配位を伴って η^2-アシル構造が形成されるため，挿入錯体が外部配位子の関与なしに 18 電子錯体として安定化する．以下の例では，酸素からジルコニウムへの強い電子供与によりカルボニル炭素の求電子性が大幅に高まるためアルキル転移が起こり，さらに β-水素脱離を伴ってヒドリド(アルコキシ)錯体へと変化する［(3.48)式］[98]．

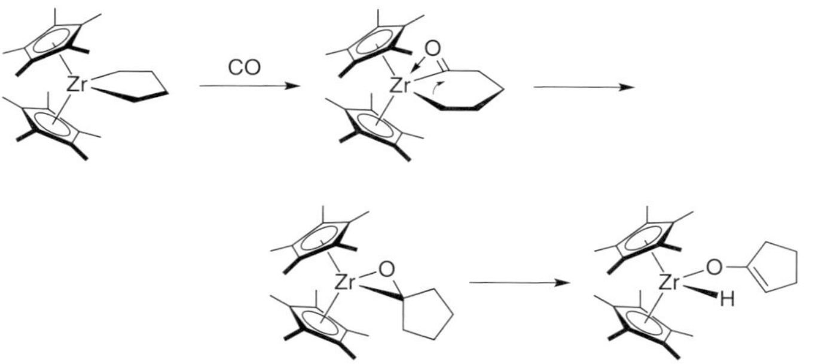

3.7 カルボニル錯体の反応

(3.48)

COの移動挿入機構は以下の実験結果からも支持されている[99]. cis-および trans-PdEt$_2$L$_2$ 錯体（L＝PMe$_2$Ph, PEt$_2$Ph）に CO を反応させると，前者からはエチレンとプロピオンアルデヒドが，後者からはジエチルケトンがそれぞれ選択的に生成する．出発錯体の幾何構造により生成物がこのように異なる理由は，ホスフィン配位子（L）と CO との位置特異的な配位子置換反応（3.1.1項）と，それに続く CO の移動挿入反応によって説明される．以下に示すように，cis-および trans-ジエチル錯体から trans-および cis-PdEt(COEt)L$_2$ 錯体がそれぞれ生成するが，前者は還元的脱離に不向きなトランス構造をもつため，β-水素脱離を起こしてエチレンとプロピオンアルデヒドを生成する［(3.49)式］．一方，後者は還元的脱離によりジエチルケトンを与える［(3.50)式］．

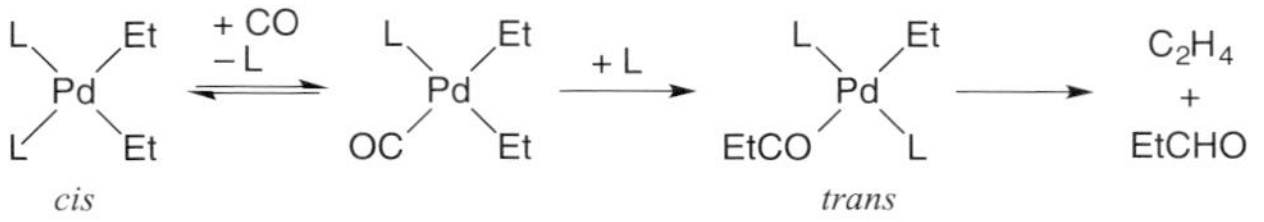

(3.49)

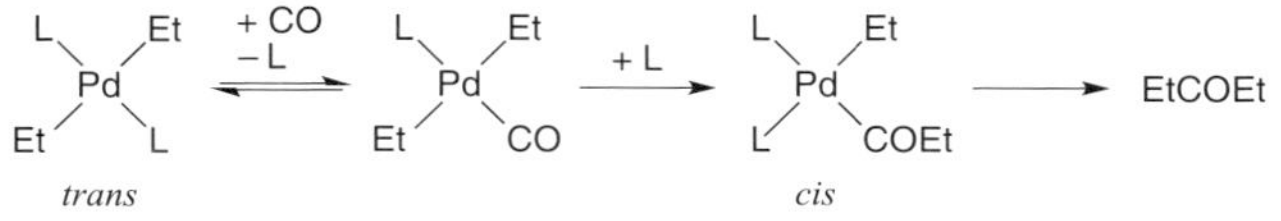

(3.50)

CO 挿入速度は転移する有機配位子の電子的影響を強く受ける．以下に示すマンガンと鉄の置換メチル錯体では，反応速度定数の対数値（$\log k$）と置換基 Y の Taft の σ^* 値との間に良好な直線関係が成立し，ρ^* 値はそれぞれ -8.8 および -8.7 である［(3.51), (3.52)式］[100]. ρ^* 値が大きな負の値を示すことから，置換基 Y の電子供与性が強くなると反応速度が顕著に増大することがわかる．

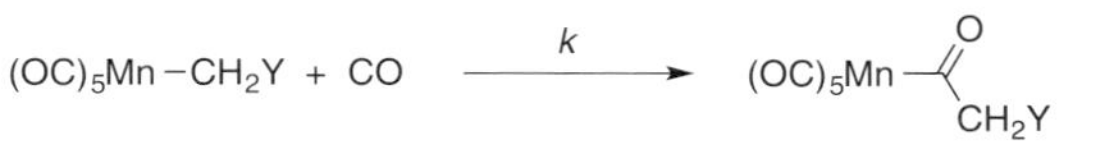

$$(OC)_5Mn-CH_2Y + CO \xrightarrow{k} (OC)_5Mn-\overset{O}{\underset{}{C}}-CH_2Y \quad (3.51)$$

$$[(OC)_4Fe-CH_2Y]^- + CO \xrightarrow{k} [(Ph_3P)(OC)_3Fe-\underset{CH_2Y}{\overset{O}{\|}}C]^- \tag{3.52}$$

この傾向は，CO 挿入反応がカルボニル配位子に対する有機配位子の分子内求核付加反応であることを示している．そのため，カルボニル配位子の酸素原子に Lewis 酸やプロトンを相互作用させ，カルボニル配位子の求電子性を高めると CO 挿入反応が顕著に促進される [(3.53)式][101]．

$$\tag{3.53}$$

CO 挿入反応と脱カルボニル化反応との平衡も有機配位子の電子的影響を強く受ける．表3.3に，種々の有機ロジウム錯体について対応するアシル錯体との平衡定数を示す[102]．アルキル＞フェニル＞ヒドリドの順で，顕著にアシル錯体が不安定化することがわかる．

CO の挿入平衡に及ぼす有機配位子の顕著な効果は M–R 結合の結合解離エネルギーと密接に関連している．すなわち，M–R 結合の結合解離エネルギーが R 基の電子的影響を受けて大きく変化するのに対して，M–COR 結合に及ぼす R 基の効果はカルボニル基の介在によって軽減されるため，アシル錯体は M–R 結合が強くなるほど熱力学的に不利となる．この傾向は，遷移金属と特に強い結合を形成するヒドリド錯体において顕著であり，M–H 結合への CO 挿入反応は，ホルミル錯体が η^2 配位

表3.3 CO の挿入平衡に及ぼす有機配位子の効果

R	K
Et, n-Pr, PhCH$_2$	>50
PhCH$_2$CH$_2$	~17
Me	3.4±0.2
p-ClC$_6$H$_4$CH$_2$	0.07
Ph	<0.05
ClCH$_2$, H	<0.02

によって特に安定化される前期遷移金属錯体について数例報告されているのみである[103]．

$$\text{Cp}_2\text{Th}(\text{H})(\text{OAr}) \xrightarrow{\text{CO}} \text{Cp}_2\text{Th}(\text{CHO})(\text{OAr}) \quad \text{Ar} = 2,6\text{-}^t\text{Bu}_2\text{C}_6\text{H}_3 \qquad (3.54)$$

アシル錯体に対する CO 挿入反応，すなわち CO の二重挿入も熱力学的にきわめて不利な反応である．たとえば，別途に合成された Pd(II) の二重挿入錯体（16 電子）を溶液に溶かすと，速やかな脱カルボニル化反応が起こる[104, 105]．

$$\text{Cl-Pd}(L)_2(\text{COCOR}) \longrightarrow \text{Cl-Pd}(L)_2(\text{COR}) + \text{CO} \quad R = \text{Me, Ph}; L = \text{PMePh}_2 \qquad (3.55)$$

一方，18 電子錯体である CpFe(COMe)(CO)(PPh$_3$)（**A**）を 1 電子酸化して生成する 17 電子錯体 **B** に一酸化窒素を作用させると Fe–COMe 結合への CO 挿入，すなわち CO の二重挿入が起こる（図 3.18）[106]．ニトロシル配位子（NO）の供与電子数は，屈曲形から直線形への構造変化に伴って 2 電子増加する（2.4.1 項）．これにより，MeCO 基が CO 炭素上に転移する際に生じる錯体の配位不飽和性が解消され，脱カルボニル化反応が阻害されるため，熱力学的に不安定な二重挿入錯体 **D** が安定化されたものと考えることができる．反応は低温条件下で速やかに進行する．すなわち，CO 二重挿入は速度論的には容易な反応である．

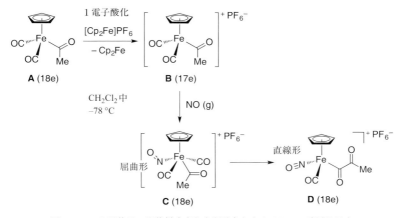

図 3.18　NO 配位子の配位様式変化を駆動力とする CO の二重挿入反応

3.7.2 カルボニル配位子と外部求核剤との反応

図3.17の機構IIを利用してCO挿入反応に伴う上記の熱力学的制約を回避することができる．たとえば，$M(CO)_n$（$M = Cr, W, n = 6 ; M = Fe, n = 5$）とヒドリド化合物との反応によりホルミル錯体が合成される［(3.56)式］[107]．18電子の配位飽和錯体を原料とするこれらの反応では，ヒドリドイオンがカルボニル炭素を直接攻撃するため，脱カルボニル化反応に必要な空配位座が生じず，熱力学的に不安定なホルミル錯体が安定に単離される．

$$(OC)_nM-CO + Na^+[HB(OR)_3]^- \longrightarrow \left[(OC)_nM-\underset{H}{\overset{O}{C}}\right]^- + B(OR)_3 \quad (3.56)$$
$$M = Cr, W\ (n = 5), Fe\ (n = 4) \qquad Na^+$$

同様に，カルボアニオン（2.4.2項，(2.14)式），アルコール，アミン［(3.57)式］[108] など，さまざまな求核剤が外圏からカルボニル配位子に付加する．錯体の反応性は金属からカルボニル配位子へのπ逆供与が強く，電子密度が高くなると低下する．IRスペクトルにおけるν_{CO}値として2000 cm^{-1}前後が反応性発現の目安となる[109]．

$$L_nM^+-CO + NuH \rightleftharpoons \left[L_nM-\underset{NuH^+}{\overset{O}{C}} \rightleftharpoons L_nM-\underset{Nu}{\overset{OH^+}{C}}\right] \xrightarrow[-H^+]{base} L_nM-\underset{Nu}{\overset{O}{C}} \quad (3.57)$$
$$NuH = ROH, R_2NH$$

水との反応により生成するヒドロキシカルボニル錯体は脱炭酸反応を起こしてヒドリド錯体を与える［(3.58)式］．この反応は，水と一酸化炭素から水素を製造する水性ガスシフト反応の素反応として利用されている．

$$L_nM^+-CO + H_2O \xrightarrow{-H^+} L_nM-\underset{OH}{\overset{O}{C}} \longrightarrow L_nM-H + CO_2 \quad (3.58)$$

カルボニル錯体とアミンオキシドとの反応においてもCO_2が発生する．この反応は，カルボニル配位子の除去法として利用される．

$$L_nM-CO + Me_3NO \longrightarrow L_n\bar{M}-\underset{\overset{+}{O}-NMe_3}{\overset{O}{C}} \longrightarrow L_nM-NMe_3 + CO_2 \quad (3.59)$$

3.7.1項で述べたように，金属-炭素結合へのCOの二重挿入は熱力学的にきわめて不利な反応であり，これを合成化学的に有意な反応とするためには，二重挿入錯体を18電子の配位飽和錯体に導いて逆反応である脱カルボニル化反応を阻害するなどの工夫（図3.18）が必要である．しかし，パラジウム錯体やコバルト錯体を触媒に用いて，そのような工夫を施すことなく，有機化合物に2分子の一酸化炭素を連続的に導入することができる[110]．この反応はダブルカルボニル化（double carbonylation）

とよばれている．パラジウム触媒を用いる反応［(3.60)式］は，図3.17の機構Ⅰと機構Ⅱの組み合わせで進行することが示されている[111~113]．

$$RX + 2CO + NuH \xrightarrow[\text{base}]{\text{Pd cat.}} RCOCONu + HX \quad (3.60)$$

R = aryl, alkenyl;　X = Br, I;　NuH = alcohol, amine, H_2O

図3.19に，有機パラジウム錯体 **A** と CO およびアルコールあるいはアミン（NuH）との反応について，ダブルカルボニル化（経路(a)）とシングルカルボニル化（経路(b), (c)）の反応経路を示す．経路(a)では，Pd–R結合へのCO挿入（**A→B**）と，カルボニル配位子への求核剤の攻撃（**D→E**）により2分子のCOが取り込まれ，α-ケト酸誘導体（RCOCONu）が生成する．

一方，経路(b)では，経路(a)と共通の中間体であるアシル錯体 **C** を経由してエステルやアミド（RCONu）が生成する．この経路は求核性の低いアルコールやアニリンを NuH として用いた場合に起こり，NuH の酸性度に比例して **C→F**→RCONu の反応が速くなる傾向が認められる[112]．

これに対して，Et_2NH など求核性の高い NuH を用いた反応では，経路(c)によりアミド（RCONu）が生成する[111]．この場合，反応の初期では，CO 挿入（**B→C**）とカルボニル配位子に対する求核攻撃（**B→G**）が競争的に起こるが，**A** がすべてアシル錯体 **C** に変換されて以降は，経路(a)によりダブルカルボニル化生成物（RCOCONu）

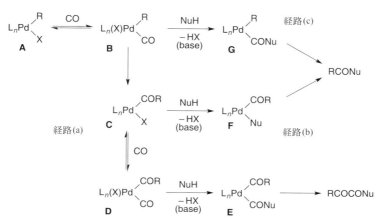

【ダブルカルボニル化】　経路(a)：**A→B→C→D→E**→RCOCONu
【シングルカルボニル化】　経路(b)：**A→B→C→F**→RCONu
　　　　　　　　　　　　経路(c)：**A→B→G**→RCONu

図3.19　有機パラジウム錯体のカルボニル化反応機構

が選択的に生成する．

3.8 アルケン錯体の反応

アルケンは本来求核的な化合物であるが，高酸化状態にある金属に配位して電子供与を起こすと活性化され，内圏（機構 I）あるいは外圏（機構 II）から求核剤の攻撃を受けるようになる（図 3.20）．有機化学的には，それぞれ不飽和化合物に対する金属（M）と求核剤（Nu）のシン付加反応とアンチ付加反応に分類され，シンペリプラナー

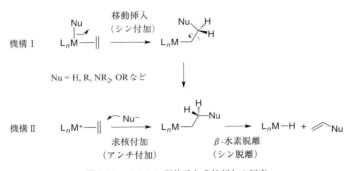

図 3.20 アルケン配位子と求核剤との反応

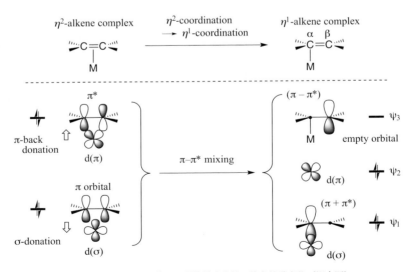

図 3.21 アルケン配位子の配位様式変化に伴う軌道変化（概念図）

配座とアンチペリプラナー配座の遷移状態を経由して進行する．有機金属化学では，前者をアルケン挿入反応（alkene insertion）とよぶ．この反応は，CO 挿入反応と同様，移動挿入（migratory insertion）機構によって進行する．反応生成物であるアルキル錯体の多くは β 炭素上に水素をもち，β-水素脱離反応（β-hydrogen elimination）を起こす．すなわち，図 3.20 の反応過程により不飽和化合物の C–H 結合が C–Nu 結合に変換される．

上記の反応では，アルケン配位子が配位様式を η^2 から η^1 に変化して求電子性を帯びるようになる[114]．図 3.21 に，配位様式の変化に伴うフロンティア軌道の変化を示す．η^2-アルケン配位子は σ 供与と π 逆供与相互作用により金属と結合している．一方，アルケンが η^1 配位に変わると π* 軌道と d(π) 軌道との重なりが小さくなり，代わって α 炭素と金属との軌道相互作用がより効果的となるよう π 軌道と π* 軌道の混合（mixing，$\pi + \pi^* = \psi_1$）が起こる．その際，逆位相の軌道混合（$\pi - \pi^* = \psi_3$）が同時に起こるので，β 炭素上に空軌道が生じ，内圏（機構 I）あるいは外圏（機構 II）から求核剤が攻撃できるようになる．

3.8.1 アルケン挿入反応と β-水素脱離反応

(3.61) 式にヒドリド(アルケン)ニオブ(III) 錯体 **A** の挿入反応機構を示す[115]．まず，アルケン配位子が η^2 配位から η^1 配位に変化し，同時にアルケン配位子の β 炭素とヒドリド配位子とが相互作用を起こす．これによりシンペリプラナー配座の四中心遷移状態 **TS$_{AB}$** が形成され，ヒドリド配位子がアルケンに転移する．生成するアルキル錯体 **B** は β-アゴスティック相互作用を有し，挿入反応と同じ遷移状態 **TS$_{AB}$** を経由して逆反応である β-水素脱離を起こすが，一酸化炭素やアセトニトリルなどの外部配位子 L が配位するとアゴスティック相互作用が解消され，18 電子錯体 **C** として安定化する．アルケン挿入速度は溶媒極性の影響をほとんど受けず，また置換基 R が H < Ph < Me の順に高くなる．

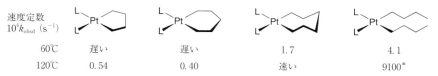

速度定数 $10^4 k_{obsd}$ (s^{-1})				
60℃	遅い	遅い	1.7	4.1
120℃	0.54	0.40	速い	9100*

*Arrhenius plot からの外挿値

図 3.22 ジアルキル白金錯体の β-水素脱離速度（CH$_2$Cl$_2$ 中）

$$\text{A} \rightleftarrows \text{TS}_{AB} \rightleftarrows \text{B} \xrightarrow{L} \text{C} \quad (3.61)$$

R = H, Ph, Me
L = CO, MeCN

β-水素脱離反応は四中心遷移状態を経由するので，遷移状態の形成が幾何学的に難しい場合に反応が顕著に遅くなる（図3.22）．たとえば，β水素が金属に接近しにくい五員環と六員環のメタラサイクル錯体の反応速度は，対応する非環状錯体の速度の1/10000以下にまで低下する．一方，構造的に柔軟な七員環メタラサイクル錯体は容易にβ-水素脱離を起こす[116]．

β炭素上に水素とアルキル基をもつ錯体では，通常，β-水素脱離がβ-アルキル脱離に優先して起こる．これは，水素原子が立体的に中心金属と相互作用しやすいためである．なお，前期遷移金属錯体ではこれらの反応が競争的に起こる場合がある[117]．

$$(3.62)$$

アルケンの移動挿入は四中心遷移状態を経由する協奏反応であるため，アルケンは挿入に先立って有機配位子のシス位に配位する必要がある．挿入速度はこのアルケンの配位平衡定数に依存して大きく変化する．たとえば，トランス構造を有する以下のアセチルパラジウム錯体において，アセチル配位子のシス位にアルケンが配位するためには，配位力の強いPPh$_3$と配位子置換反応を起こす必要がある［(3.63)式］．そのため，この錯体はノルボルナジエンやノルボルネンなど，配位力の強いアルケンとしか反応しない[118]．

3.8 アルケン錯体の反応

$$(3.63)$$

これに対して，二座ホスフィン配位子によりシス構造に規制された以下のカチオン性アセチルパラジウム錯体では，アルケンが配位力の弱いアセトニトリルと交換し，アセチル配位子のシス位に容易に配位できるため，種々のアルケンと−20℃以下の低温で速やかに挿入反応を起こす [(3.64)式][119]．

$$(3.64)$$

このように，二座キレート配位子を有するカチオン性有機パラジウム錯体はアルケンの移動挿入反応に活性で，触媒反応中間体として有用である．たとえば，フェナントロリン配位子を有する以下の錯体では，アルケンと一酸化炭素が Pd−C 結合に交互に挿入し，両者のリビング交互共重合体が生成する [(3.65)式][120]．

$$(3.65)$$

$M_n = 60{,}000$, $M_w/M_n = 1.08$

また，同様の反応を光学活性な二座キレート配位子を用いて行うと，光学活性なポリケトンが生成する[121,122]．さらに，類似の構造を有するニッケル錯体やパラジウム錯体を用いて高活性なオレフィン重合触媒が開発されている[123,124]．

光学活性配位子を有する Pd(0) 錯体とアリールトリフラート（ArOTf）から調製される $[Pd(Ar)(BINAP)]^+OTf^-$ 錯体（**A**）を触媒中間体に用いると，2,3-ジヒドロフランのエナンチオ選択的なアリール化反応（不斉溝呂木−Heck 反応）が起こる[125〜127]．(3.66)式に反応経路を示す．(*R*)-BINAP 配位子のビナフチル骨格は省略されている．価電子数 14 のカチオン性アリールパラジウム錯体は環状アルケンである 2,3-ジヒドロフランのエナンチオ面の選択に適した構造をもち，リン原子上のフェニル基との立体障害を避けるように *Si* 面からの配位が優先的に起こる．続いて移動挿入反応が起こり，β-水素脱離を経由して (*R*)-5-アリール-2,3-ジヒドロフランが生成する．

$$(3.66)$$

溝呂木-Heck 反応ではアルケンの移動挿入反応の後，β-水素脱離を経由してアリール化生成物がパラジウムから脱離する．非環状アルケンの反応では，その際，アリール化された炭素はアルケン炭素に戻り，不斉炭素とはならない．一方，環状アルケンを用いた (3.66) 式の反応では，アリール基が置換した炭素上の水素はパラジウムに対してアンチの位置にあるため脱離できない [(3.67) 式]．そのため，逆側の炭素から β-水素脱離が起こる．反応は可逆であり，Pd−H 結合への C=C 結合の挿入と β-水素脱離を繰り返し，熱力学的に安定なエノール型生成物となってパラジウムから解離する．以上の結果は，M−H 結合への挿入と脱離がシン付加−シン脱離機構によって進行していることを示している．

$$(3.67)$$

4 族金属のカチオン性錯体も上記のパラジウム錯体と類似の配位環境をもち，アルケン挿入に高い反応性を示す[128,129]．Kaminsky 触媒に代表されるメタロセン系重合触媒や[130,131]，これから発展した非メタロセン系重合触媒の活性種として重要である[132]．以下に，C_2 対称と C_s 対称の配位子をもつアンサジルコノセン錯体を用いた α-オレフィン（末端アルケン）の重合過程を示す．配位子の対称性によって生成ポリマーの立体規則性が異なり，C_2 対称配位子を用いるとアイソタクチック（isotactic）ポリマーが [(3.68) 式]，一方，C_s 対称配位子を用いるとシンジオタクチック（syndiotactic）

ポリマーが得られる［(3.69)式］.

$$[Zr] \underset{n}{\overbrace{\hspace{2em}}} \cdots \text{isotactic polymer} \quad (3.68)$$

$$[Zr] \underset{n}{\overbrace{\hspace{2em}}} \cdots \text{syndiotactic polymer} \quad (3.69)$$

これはモノマーであるα-オレフィンが，R基と配位子との立体障害を避けるように，前者では常に同じエナンチオ面（図では Si 面）から，後者では Si 面と Re 面から交互に中心金属に配位し，挿入するためである．

末端アルケン（$CH_2=CHY$）の挿入様式には，金属と有機基が1位と2位の炭素にそれぞれ付加する1,2-挿入（1,2-insertion，(3.70)式）と，これと逆の位置選択性で反応が起こる2,1-挿入（2,1-insertion，(3.71)式）とがある．前者の様式では分岐構造をもつ化合物が，後者の様式では直鎖構造をもつ化合物がそれぞれ生成する．電子的には，式中に示す分極様式を反映して，置換基Yがアルキル基などの電子供与性基の場合に1,2-挿入が，Yが電子求引性基の場合に2,1-挿入が優先する傾向がある[124]．しかし，挿入の位置選択性は補助配位子との立体反発などの立体的因子によっても大きく変化するので[133]，統一的な説明は難しい．

$$L_nM \overset{R}{\underset{1}{\|}} \overset{2}{Y} \xrightarrow{1,2\text{-insertion}} L_nM \overset{R}{\underset{}{\diagdown}} Y \begin{array}{c} \xrightarrow{\beta\text{-H elimination}} \overset{R}{\diagdown}_Y + L_nM\text{-H} \\ \xrightarrow{H_2} \overset{R}{\diagdown}_Y + L_nM\text{-H} \end{array} \quad (3.70)$$

（電子供与性基）

$$L_nM\overset{R}{\underset{Y}{\overset{1}{\underset{2}{-}}}}\xrightarrow{\text{2,1-insertion}} L_nM\overset{R}{\underset{Y}{-}}\xrightarrow[H_2]{\overset{\beta\text{-H}}{\text{elimination}}} \begin{matrix} Y\diagdown\diagup R + L_nM\text{-H} \\ \\ Y\diagdown\diagup R + L_nM\text{-H} \end{matrix} \qquad (3.71)$$

電子求引性基

アルケン挿入反応の位置選択性は生成物の構造と直結する重要な反応要素であり，補助配位子を用いてこの選択性を制御する試みが数多く行われてきた．その代表例として，ロジウム触媒を用いる末端アルケンのヒドロホルミル化反応〔(3.72)式〕について説明する[57, 134]．

$$\diagup R + H_2 + CO \xrightarrow{\text{Rh catalyst}} H\overset{O}{\diagdown}\diagup R + H\overset{}{\diagdown}\diagup R \qquad (3.72)$$
$$\qquad\qquad\qquad\qquad\qquad\qquad P_n \qquad\quad O\ P_i$$

アルケンの触媒的ヒドロホルミル化反応は原子経済性に優れたアルデヒド合成法であり，特にプロピレンからブタナールを合成するオキソ法（Oxo process）は重要な工業プロセスとして知られている．この反応では直鎖状アルデヒドと分岐状アルデヒド（P_nとP_i）との選択性（n/i比）の制御が重要であり，工業的には直鎖状アルデヒドの需要が高い．n-ブタナールは水素化によりn-ブタノールに，またアルドール縮合の後，水素化して2-エチルヘキサノールに誘導化される．これらのアルコールはオキソアルコールと総称され，溶剤やポリ塩化ビニルの可塑剤であるフタル酸エステルなどの合成に利用される．

表3.4に，1-ヘキセン（R=Bu）のヒドロホルミル化反応に及ぼすジホスフィン配位子の効果を示す[135]．配位挟角が大きく，キレート配位が不安定なNorphosを除き，標準配位挟角（β_n，2.7.3項）の拡大とともにn/i比が顕著に高くなっている．

図3.23に触媒サイクルを示す．ジホスフィン配位子（P_2）を有する16電子のヒドリド錯体 **A**〔RhH(CO)(P_2)〕から，アルケンの配位と挿入（**A**→**B**→**C**），CO挿入（**C**→**D**），H_2の酸化的付加とC-H還元的脱離（**D**→**E**→**A**）を経由して，サイクル(a)により直鎖状アルデヒド（P_n）が，サイクル(b)により分岐状アルデヒド（P_i）がそれぞれ生成する．触媒系には，アルケン挿入の前駆体となる三方両錐形構造をもつアルケン配位錯体 **B**が2種類観察され，それらはジホスフィンがエクアトリアル-エクアトリアル配位した **B**$_{ee}$と，アピカル-エクアトリアル配位した **B**$_{ae}$とに帰属される．これらのうち，**B**$_{ee}$から直鎖状アルデヒドが生成しやすいという明確な傾向がある[136]．

表3.4から分かるように，ジホスフィンの配位挟角が大きくなると **B**$_{ee}$の比率が高

3.8 アルケン錯体の反応

表 3.4 ロジウム触媒による 1-ヘキセンのヒドロホルミル化反応

配位子 (P_2)		$\beta(\deg)^{a)}$	turnover rate$^{b)}$	$n:i^{c)}$	ee : ea$^{d)}$
PPh$_2$–(CH$_2$)$_3$–PPh$_2$	dppe	84.5 [70〜95]	1.1	2.1 : 1	0 : 100
DIOP構造	DIOP	102.2 [90〜120]	6.4	8.5 : 1	—
シクロプロパン型	T-BDCP	106.6	3.7	12.1 : 1	37 : 63
ビフェニル型	BISBI	112.6 [92〜155]	29.4	66.5 : 1	100 : 0
ノルボルナン型	Norphos	126.1	9.3	2.9 : 1	—

a) 標準配位挟角（natural bite angle : 2.7.3 項）．括弧内は変動範囲（flexibility range）．
b) [moles aldehyde]/[moles Rh]（h^{-1}, at 34 ℃, H$_2$/CO＝1/1, 6 atm）．
c) P_n と P_i の比 [(3.72)式]．
d) B_{ee} と B_{ea} の比（図 3.23）．

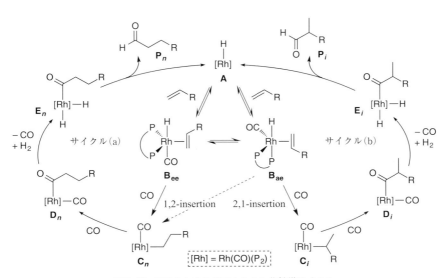

図 3.23 アルケンのヒドロホルミル化触媒サイクル

くなり,逆に小さくなると B_{ae} の比率が高くなる.これは,エクアトリアル-エクアトリアル配位とアピカル-エクアトリアル配位に理想的な配位挟角がそれぞれ 120° と 90° であるためである.ジホスフィンの配位挟角の拡大に伴って B_{ee} の平衡比と直鎖状アルデヒド (P_n) の生成比が顕著に向上している.

3.8.2 アルケン配位子と外部求核剤との反応

アルケンは,酸化状態の高い,電子不足の金属に配位すると外部求核剤の攻撃を受けるようになる(図 3.20,機構 II)[70].たとえば,アルケン配位子をもつカチオン性 Fe(II)錯体は炭素求核剤と反応し,アンチ付加体を与える [(3.73)式][137].

$$\text{OC}-\text{Fe}^+-\text{CO} \xrightarrow{\text{Nu}^-} \text{OC}-\text{Fe}-\text{CO} \quad (3.73)$$

Nu = CH(CO$_2$Me)$_2$

同様に,アルキン錯体も種々の求核剤とアンチ付加反応を起こす [(3.74)式][138].

$$(\text{PhO})_3\text{P}-\overset{+}{\text{Fe}}-\text{Me} \xrightarrow{\text{Nu}^-} (\text{PhO})_3\text{P}-\text{Fe}-\text{Me} \quad (3.74)$$

Nu = Me, Ph, CN, CH(CO$_2$R)$_2$, OR, SR

アルケン配位子をもつ Pd(II)錯体と外部求核剤との反応は有機合成化学的に有用であり,特に精力的に研究されてきた[139].求核剤の種類によってオキシパラジウム化 (oxypalladation),アミノパラジウム化 (aminopalladation),カルボパラジウム化 (carbopalladation) などとよばれている.

中性のシクロヘキシルアミン ($CyNH_2$) を求核剤に用いた (3.75) 式の反応では,段階的な反応過程が観測されている[140].X = Br の場合,中心金属が Pt(II) から Pd(II) に変わると反応が約 70 倍に加速される.これは,パラジウム錯体では,金属からアルケン配位子への π 逆供与が,白金錯体に比べて弱いためである.また,Pd(II)錯体の X を Br から Cl に変えると,X の脱離能の低下を反映して反応速度が 1/8 に低下する.

$$(3.75)$$

M = Pt, Pd; X = Br, Cl

Pd(II)のエチレン錯体に対する水の求核付加は，エチレンの酸化によるアセトアルデヒドの工業的製造プロセス（Hoechst–Wacker法[141]）との関連から重要である．このプロセスは，(3.76)〜(3.78)式に示す三つの化学量論反応が組み合わされたもので，まず，エチレンの酸化を伴ってパラジウムがPd(0)に還元される［(3.76)式］．続いて，$CuCl_2$によりパラジウムがPd(II)に再酸化される［(3.77)式］．その際に生じるCuClは(3.78)式の反応によって$CuCl_2$に再生されるので，全物質収支として，エチレンと酸素からアセトアルデヒドが生成したことになる［(3.79)式］．

$$CH_2=CH_2 + H_2O + PdCl_2 \rightarrow MeCHO + Pd(0) + 2HCl \qquad (3.76)$$

$$Pd(0) + 2CuCl_2 \rightarrow PdCl_2 + 2CuCl \qquad (3.77)$$

$$2CuCl + 1/2\,O_2 + 2HCl \rightarrow 2CuCl_2 + H_2O \qquad (3.78)$$

$$CH_2=CH_2 + 1/2\,O_2 \rightarrow MeCHO \qquad (3.79)$$

図3.24に示すように，この触媒反応の機構は，パラジウム触媒によるエチレンの酸化（サイクル(a)）と，銅触媒によるパラジウムの酸化（サイクル(b)）の，二つの触媒サイクルによって構成されている．サイクル(a)では，まず，$[PdCl_4]^{2-}$などのPd(II)錯体にエチレンが配位し，続いて外圏から水の求核攻撃が起こる（**A→B→C**）．D_2Oを用いたラベル実験において重水素が生成物であるアセトアルデヒドに取り込まれなかったことから，中間体**C**はβ-水素脱離と再挿入によって分岐型のα-ヒドロキシエチル錯体**E**に異性化し，この錯体からアセトアルデヒドが生成するものと考えられている．中間体**E**からの脱離は，通常のβ-水素脱離ではなく，溶媒である水

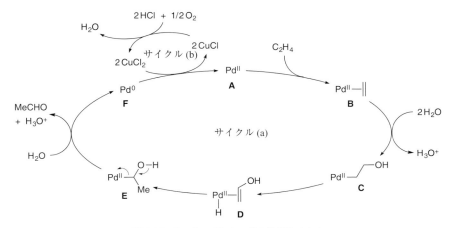

図3.24 Hoechst–Wacker法の触媒サイクル

をプロトン受容体とする E_2 機構によって進行する[142]. 最後に, サイクル(b) により Pd(0)錯体 **F** が触媒活性種である Pd(II)錯体 **A** に再酸化される.

3.9 カルベン錯体の反応

カルベン錯体はオレフィンメタセシス反応やアルケンのシクロプロパン化反応の中間体として重要である. 前者の反応では求核性カルベン錯体が, 後者の反応では求電子性カルベン錯体が, それぞれ高い反応性を示す傾向がある.

3.9.1 求核性カルベン錯体の反応

カルベン錯体を触媒として, アルケン二重結合の組み換え反応であるオレフィンメタセシス (olefin metathesis) を起こすことができる [(3.80)式]. この反応は, カルベン錯体とアルケンとの [2+2] 付加環化反応によるメタラシクロブタン錯体の形成とその開裂を伴う Chauvin (ショバーン) 機構によって進行する (図 3.25)[143,144]. その際にアルケンの配位が起こるので, カルベン錯体は価電子数が 16 以下の配位不飽和錯体である必要がある. そのため, 2.4.2 項に示した求核性カルベン錯体のうち価電子数 16 の $Cp_2Ti(CH_2)$ はオレフィンメタセシス反応に活性であるが, 価電子数が 18 で配位飽和な $Cp_2Ta(CH_2)Me$ は不活性である.

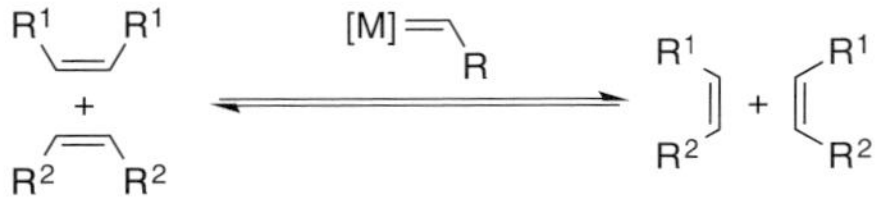

$$\begin{array}{c} R^1 \\ \\ R^2 \end{array} \!\!=\!\! \begin{array}{c} R^1 \\ \\ R^2 \end{array} \; + \; \begin{array}{c} R^2 \\ \\ R^2 \end{array} \!\!=\!\! \begin{array}{c} R^2 \\ \\ R^2 \end{array} \quad \xrightleftharpoons{[M]=\!\!\!=\!\!R} \quad \begin{array}{c} R^1 \\ \\ R^2 \end{array} \!\!=\!\! \begin{array}{c} R^1 \\ \\ R^2 \end{array} \; + \; \begin{array}{c} R^1 \\ \\ R^2 \end{array} \!\!=\!\! \begin{array}{c} R^1 \\ \\ R^2 \end{array} \qquad (3.80)$$

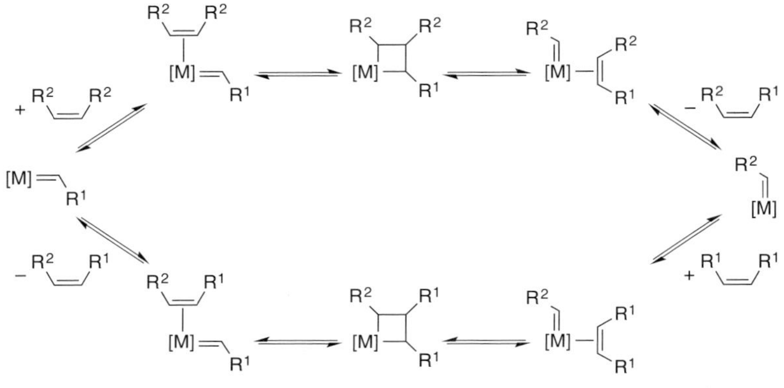

図 3.25 オレフィンメタセシス機構 (Chauvin 機構)

3.9 カルベン錯体の反応

オレフィンメタセシス反応は Ziegler–Natta 触媒や石油化学プロセスの研究過程で見出された触媒反応であり，1960 年代の前半には文献に記録されていたが[145,146]，この反応に活性なカルベン錯体は長らく単離されていなかった．近年，触媒活性に優れた Schrock 触媒と Grubbs 触媒が相次いで開発されたことにより[147,148]，反応の適用範囲が飛躍的に拡大された[149]．

図 3.26 にオレフィンメタセシス反応に高活性なカルベン錯体を例示する．Tebbe 錯体 **3.1** は $Cp_2Ti(CH_2)$ と $AlMe_2Cl$ の会合体であり，塩基を用いて $AlMe_2Cl$ を除去することにより，価電子数 16 のメチリデン錯体 **3.2** が生成する（2.4.2 項）[150]．この錯体は，アルケンやアルキンと速やかに［2+2］付加環化反応を起こしてメタラサイクル錯体に変化する．両者は速い平衡状態にあり，またこの平衡がメタラサイクル錯体側に大きく片寄っているので，たとえば，3,3-ジメチルチタナシクロブタン錯体 **3.3** として単離し，触媒前駆体に利用される[151]．

一方，モリブデンあるいはルテニウムを中心金属とする **3.4**〜**3.8** はカルベン錯体として単離される．いずれもアルケンとの［2+2］付加環化反応に高い活性を示すが，チタン錯体 **3.2** とは対照的に，対応するメタラシクロブタン錯体との平衡はカルベン

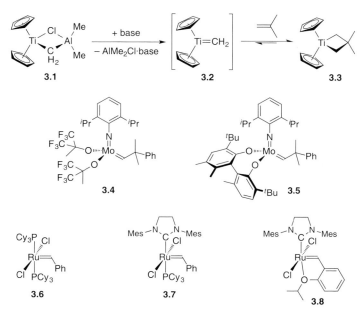

図 3.26　代表的なオレフィンメタセシス触媒

錯体側に片寄っている.

Schrock触媒**3.4**は価電子数14の配位不飽和錯体であり，補助配位子の解離を伴わずにアルケンと反応する[152]．そのため，環状アルケンのリビングメタセシス重合などの高精度な触媒反応を起こす．また，アルコキシ基交換による構造修飾が比較的容易であり，錯体**3.5**に見られるように，キラルなアルコキシ配位子を用いて不斉触媒として利用される[153]．

一方，後期遷移金属であるルテニウムを中心金属にもつGrubbs触媒は，官能基許容性に優れ，有機合成に高い有用性を発揮する[154~156]．錯体**3.6**は第一世代のGrubbs触媒，NHC配位子を用いて触媒活性を向上させた錯体**3.7**は第二世代のGrubbs触媒とよばれている．また，錯体**3.7**のイソプロポキシフェニル誘導体である錯体**3.8**は，Hoveyda-Grubbs触媒とよばれ，触媒反応溶液からカラムクロマトグラフィーにより回収・再利用することができる[157,158]．

カルベン錯体の性質は中心金属の電子的特性を反映して変化し，特に官能基許容性に大きな差が生じる．表3.5に種々の官能基に対するチタン，タングステン，モリブデン，ルテニウムのカルベン錯体の反応性を比較した[159]．チタン錯体は，カルボニル基やヒドロキシ基を含むさまざまな官能基とアルケンに優先して反応する．これは，チタンの電気陰性度が低く，チタン-炭素結合の分極率が高いため，極性結合に反応活性となるためである．この傾向は中心金属が周期表の族を進むにつれて緩和され，8族元素であるルテニウム錯体ではアルコールや水，カルボン酸よりもアルケンに対する反応性が高くなる．

第一世代のGrubbs触媒**3.6**に比べ，NHC配位子（SIMes）を有する第二世代のGrubbs触媒**3.7**の触媒活性は高く，特に立体障害の大きな置換アルケンとの反応において活性の違いが顕著となる[155]．その理由について詳しい速度論的検討が行われている[160~162]．

図3.27に，Grubbs触媒**3.6**および**3.7**とエチルビニルエーテルとの反応機構を示す．いずれも価電子数16の配位不飽和錯体**A**であるが，アルケンの配位に先立っ

表3.5 オレフィンメタセシス触媒の官能基許容性

反応性	チタン	タングステン	モリブデン	ルテニウム
高 ↑ 低	酸 アルコール，水 アルデヒド ケトン エステル，アミド **アルケン**	酸 アルコール，水 アルデヒド ケトン **アルケン** エステル，アミド	酸 アルコール，水 アルデヒド **アルケン** ケトン エステル，アミド	**アルケン** 酸 アルコール，水 アルデヒド ケトン エステル，アミド

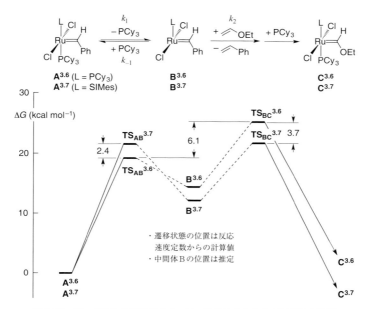

図 3.27 第一世代と第二世代の Grubbs 触媒 **3.6** と **3.7** の反応性の比較

てPCy$_3$を解離して14電子錯体 **B** に変化し，続いてエチルビニルエーテルと反応する．重トルエン中，80℃におけるPCy$_3$の解離速度定数 (k_1) はそれぞれ $9.6\,\mathrm{s}^{-1}$ (**3.6**) と $0.33\,\mathrm{s}^{-1}$ (**3.7**) であり，第一世代 Grubbs 触媒 **3.6** (L＝PCy$_3$) からの解離は，第二世代 Grubbs 触媒 **3.7** (L＝SIMes) からの解離に比べて $2.4\,\mathrm{kcal\,mol}^{-1}$ ほど活性化エネルギーが低く（**TS**$_{\mathrm{AB}}$ が低く），容易である．

一方，k_{-1}/k_2 値は，50℃において，それぞれ 13000 (**3.6**) および 1.25 (**3.7**) と見積もられた．すなわち，錯体 **3.6** の反応では，**TS**$_{\mathrm{AB}}^{3.6}$ と比べ，**B**$^{3.6}$ とエチルビニルエーテルとの反応の遷移状態である **TS**$_{\mathrm{BC}}^{3.6}$ が $6.1\,\mathrm{kcal\,mol}^{-1}$ ほど高い位置に存在する．これに対して，錯体 **3.7** の反応における **TS**$_{\mathrm{AB}}^{3.7}$ と **TS**$_{\mathrm{BC}}^{3.7}$ とのエネルギー差はわずかに $+0.1\,\mathrm{kcal\,mol}^{-1}$ である．そのため，第二世代 Grubbs 触媒の反応活性化エネルギーは，第一世代 Grubbs 触媒に比べて，$3.7\,\mathrm{kcal\,mol}^{-1}$ ほど低いことになる．この値を速度比に換算すると 200～300 倍程度となる．すなわち，第二世代の Grubbs 触媒 **3.7** の反応では，価電子数14の中間体錯体 **B**$^{3.7}$ が NHC 配位子の強い σ 電子供与によって安定化され，アルケン基質を取り込みやすいものと考えることができる．

上記の14電子錯体 **B** に類似の錯体 **3.9** が合成され[163]，1-ブテンとの反応により，

(3.81)式に示すメタラシクロブタン錯体 **M1**〜**M4** が混合物として生成することが観測された[164]. すなわち, 1-ブテンのメタセシス反応で想定されるすべての錯体が観測されたことになる. 72時間後の存在比は, **M1**:**M2**:**M3**:**M4** = 1:24:52:24 であり, オレフィンメタセシス反応が速い平衡反応であることを示している. すなわち, この触媒反応を用いて所望とする生成物を高収率で得るためには, 官能基などを用いて生成物を熱力学的に安定化する必要があり, 官能基許容性に優れたGrubbs触媒の重要性が示されている.

$$\text{(3.81)}$$

さて, オレフィンメタセシス反応によって生成される内部アルケンは, 通常熱力学的に安定な E 体が主生成物となる. 一方, 図3.28に示す錯体 **3.10**[165] や錯体 **3.11**[166] を触媒に用いると, Z 体を主生成物として合成することができる[167]. 錯体 **3.10** について示すように, これらの触媒ではカルベン配位子とアルケン配位子上の置換基が, 補助配位子との立体障害を避けるように同一方向に配向するため, Z 選択的なメタセシス反応が進行する.

3.9.2 求電子性カルベン錯体の反応

Fischer型錯体に代表される求電子性カルベン錯体の反応は多彩である[168]. なかでも, アルケンのシクロプロパン化反応は, 求電子性錯体の特徴を顕著に示し, 有機合成化学的にも有用である.

(3.82)式に示すように, この反応では, まずカルベン配位子がアルケンに求電子付加する. この過程はアルケン配位を伴わない外圏機構によって進行するため, $[\text{CpFe}(\text{CH}_2)(\text{CO})_2]^+$ や $\text{W}(\text{CHPh})(\text{CO})_5$ などの配位飽和錯体が高い反応性を示す. 後者の錯体とアルケンとの反応は, アルケンの種類により $\text{CH}_2=\text{CH}_2$(相対速度1)<$\text{CH}_2=\text{CHMe}$ (11)<$\text{CH}_2=\text{CMe}_2$ (3500) の順で大幅に加速される[169]. これは, γ 位

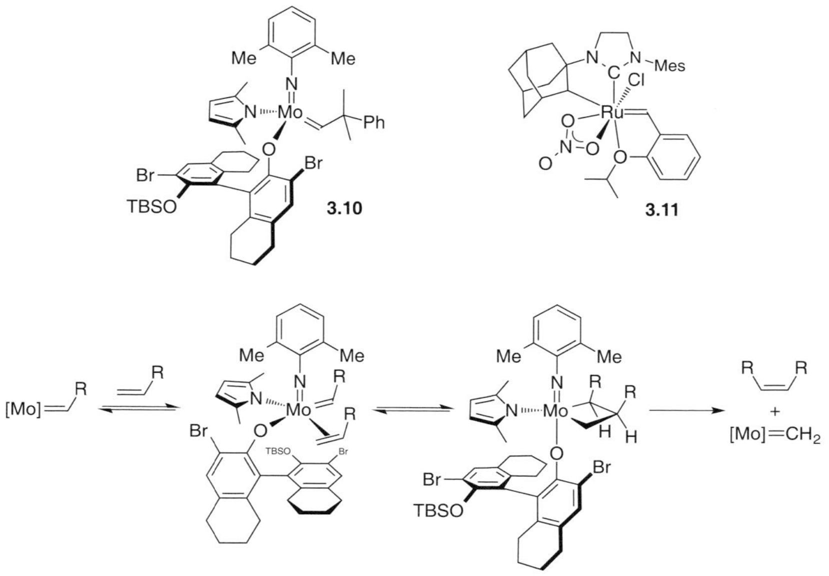

図 3.28 Z 選択的オレフィンメタセシス触媒の例と反応機構

にカルボカチオンをもつ中間体 A が，この位置の置換数の増加に伴って安定化されるためである．続いて，α炭素がγ炭素を背面攻撃し，シクロプロパンが生成する．

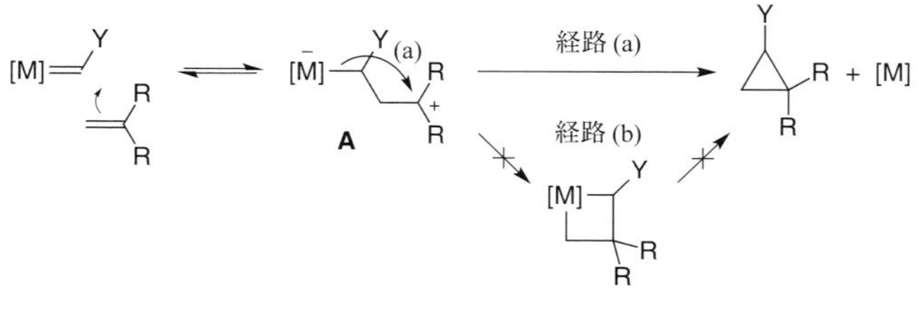

中間体 A からシクロプロパンに至る過程としてメタラシクロブタン錯体を経由する経路(b) も考えられるが，たとえば (3.83)式の実験により経路(a) の妥当性が示されている[170]．錯体 B は $[CpFe(CH_2)(CO)_2]^+$ とスチレンとの反応中間体に相当し，トレオ形の立体配置に重水素ラベルされている．この錯体からはメソ形のフェニルシクロプロパンが生成し（経路(a)），ラセミ形の生成物（経路(b)）は得られない．すなわち，α炭素がγ炭素を背面から攻撃して閉環している．

$$(3.83)$$

3.9.3 ビニリデン錯体の反応

アセチレンの互変異性体であるビニリデン配位子も求電子性を示し，種々求核剤（NuH）と付加反応を起こす[171,172]．その際，α炭素に求核性基（Nu）が付加し，β炭素に水素が結合する．たとえば，アルコールとの反応によりアルコキシカルベン錯体が生成する［(3.84)式][173]．

$$(3.84)$$

アルコールの代わりに水を用いるとヒドロキシカルベン錯体が生成するが，この錯体はさらに脱プロトン化を起こしてアシル錯体へと変化する［(3.85)式］．この過程を利用し，アルキンの anti-Markovnikov 型水和反応を触媒的に進行させることができる[174]．

$$(3.85)$$

3.10 酸化的環化反応

低酸化状態のアルケン錯体やアルキン錯体は不飽和化合物と反応し，五員環メタラサイクルを与える．その際，中心金属の形式酸化数が2増加するので，この付加環化反応は酸化的環化反応（oxidative cyclization）とよばれている．

たとえば，$Cp^*Ti(\eta^2\text{-}C_2H_4)$ とエチレンあるいは2-ブチンとの反応により，チタナシクロペンタンおよびチタナシクロペンテン錯体がそれぞれ生成する．また，アセトニトリルとの反応によりアザチタナシクロペンテン錯体が，また CO_2 との反応によりチタナラクトン錯体が得られる（図3.29）[175,176]．

また，$Cp_2Ti(PMe_3)$ を触媒に用いて，エンインと R_3SiCN との [2+2+1] 付加環化反応が起こる [(3.86)式][177]．この反応では，R_3SiCN が1,2-シリル基転移を起こして R_3SiNC に異性化した後，チタン-炭素結合に挿入する．

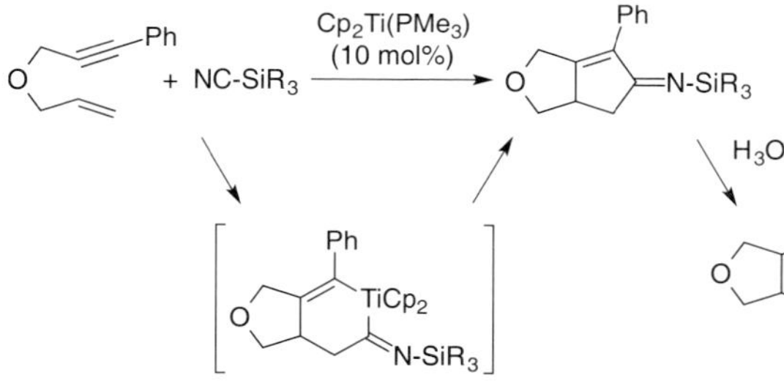

$$(3.86)$$

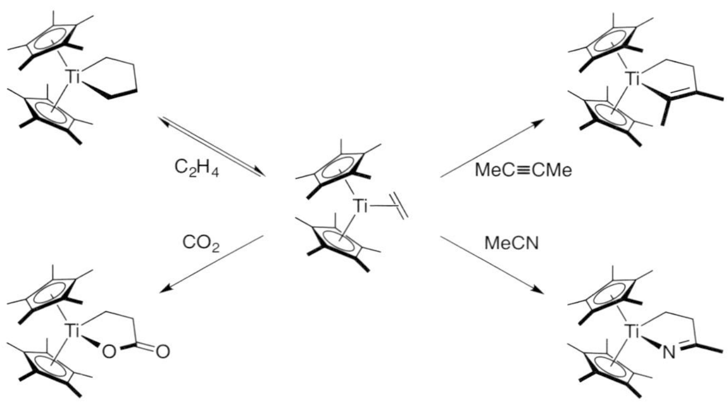

図3.29 $Cp^*Ti(\eta^2\text{-}C_2H_4)$ と不飽和基質との酸化的環化反応

同様の反応は，同族のジルコニウムやハフニウム錯体でも進行する．アルケンとEtMgBrとの反応では，アルケンの二重結合に対するEt基とMgX基の触媒的付加反応（カルボメタル化反応）が起こる［(3.87)式］[178,179]．エチレン錯体とアルケンとの酸化的環化反応によって生じるジルコナシクロペンタンは，EtMgXとの間で有機基交換反応（トランスメタル化反応）を起こす．続いて，エチル配位子からβ-水素脱離が起こり，生じた$Cp_2Zr(H)(\eta^2\text{-}C_2H_4)(alkyl\text{-}MgX)$錯体からカルボメタル化生成物が脱離し，エチレン錯体が再生する．

$$(3.87)$$

Ni(0)錯体は4族金属錯体に類似した反応性を示し，かつ官能基許容性が高いため，酸化的環化を経由する付加環化反応の触媒として有用である．これまでに，ケトンやアルデヒド，イミンなど，ヘテロ元素を含む不飽和基質と不飽和炭化水素との反応について錯体化学的な検討が行われている[180,181]．以下に，2-ブチンとベンズアルデヒドとの反応を示す［(3.88)式］[182]．$Ni(cod)_2$から生成するオキサニッケラシクロペンテンは，酸素架橋の二量体錯体として単離される．この錯体は，室温で徐々に分解してエノンを，またCOとの反応によりラクトンを，さらにMe_2Znとの反応によりカルボメタル化生成物を与える．

$$(3.88)$$

アルキン2分子とニトリルとの［2+2+2］付加環化反応によりピリジン誘導体が，またアルキン2分子とイソシアナートとの［2+2+2］付加環化反応によりピリドン誘

導体が合成される．これらの反応は，当初コバルト錯体を用いて見出されたものであるが[183,184]，現在では4族から10族までの種々の遷移金属錯体を触媒として進行することが示されている[185]．コバルト錯体の反応はCo(III)のメタラシクロペンタジエン錯体を中間体として進行する［(3.89)式][186]．

$$(3.89)$$

3.11　ノンイノセント配位子の関与する反応

　有機金属錯体の補助配位子は，通常，反応不活性（innocent）なスペクテーター（spectator：傍観）配位子である．これに対して，反応活性（noninnocent：ノンイノセント）で，かつ反応生成物に取り込まれることなく金属上に留まる特異な補助配位子が知られている[187]．
　(3.90)～(3.92)式に代表例を示す[188~190]．それぞれ，ヒドロキシシクロペンタジエニル配位子，アミン－アミド配位子，PNPピンサー型配位子が，ノンイノセント配位子として機能する．反応式の左に示す錯体 A_{H2}～C_{H2} は，金属と配位子上に太字で示した水素原子をもち，前者はヒドリド（H^-）として，後者はプロトン（H^+）として働く．そのため，カルボニル化合物などの分極した水素受容体（X）と反応して水素化生成物（XH_2）を与えるとともに，脱水素型錯体 A～C に変化する．錯体 A～C と水素供与体（YH_2）との反応により錯体 A_{H2}～C_{H2} が再生すると，水素化触媒サイクルが成立する．水素ガスやアルコールが水素供与体（YH_2）に利用される．また，(3.91)式のアミン－アミド配位子にキラリティーを導入し，高効率な不斉水素化触媒が開発されている[189]．

$$(3.90)$$

130   3. 有機遷移金属錯体の反応

$$\text{(3.91)}$$

$$\text{(3.92)}$$

(3.90)式の錯体 **A** は，開発者の名前を冠して Shvo の触媒（Shvo's catalyst）とよばれている[191]．Shvo 型鉄触媒を用いたベンズアルデヒドの水素化機構について詳細な錯体化学的検討が行われ，図 3.30 に示す触媒サイクルが提案された[192]．まず，水素付加型の錯体 **I** にベンズアルデヒドが水素結合を介して会合し，錯体 **II** が形成される．ヒドリド配位子がカルボニル炭素に付加し，錯体 **III** が生成する．続いて，錯体 **III** の空配位座に水素分子が配位して活性化され（錯体 **IV**），錯体 **V** となる．最後に錯体 **V** からベンジルアルコールが遊離する．

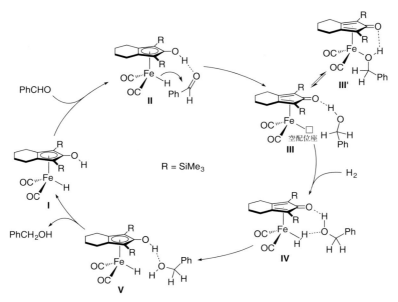

図 3.30 Shvo 型鉄触媒を用いたベンズアルデヒドの水素化機構

2.3.4項で述べたように，分子状水素錯体 **IV** では，中心金属への σ 供与によって電子密度の低下した η^2-H_2 配位子が酸性を帯び，一方の水素が近傍の塩基性点にプロトンとして転移する．(3.93)式に示すように，錯体 **IV** のシクロペンタジエノン配位子は，芳香族性をもつシクロペンタジエニル配位子の構造寄与を有している．この極限構造では，中心金属がカチオン性を，配位子上の酸素がアニオン性を帯びるので，酸-塩基協同作用，すなわち，金属-配位子協同作用による η^2-H_2 配位子のヘテロリシスがより効果的に促進される．

$$\left[\begin{array}{c} \text{IV構造} \end{array} \right] \longleftrightarrow \left[\begin{array}{c} \text{共鳴構造} \end{array} \right] \longrightarrow \mathbf{V} \quad (3.93)$$

(3.92)式に示したピリジンを母核とする PNP ピンサー配位子においても，ベンジル位水素の脱プロトン化によって生成する脱芳香族化ピリジン配位子に興味深い構造寄与が現れる［(3.94)式］．脱プロトン化されたベンジル位炭素とリン原子との結合距離（1.74～1.76 Å）は，通常の炭素-リン単結合（1.84 Å）に比べてはるかに短く，リンイリドに典型的な値である．すなわち，(3.94)式の右に示すメタラホスホラスイリド構造の寄与が支配的であり，そのため PNP ピンサー配位子は強塩基性を示す．

$$\text{(構造式)} \longleftrightarrow \text{(構造式)} \quad (3.94)$$

ノンイノセント配位子の脱プロトン化によって生じる強い塩基性点をもつ補助配位子を用いて水素分子やアルコールにとどまらず，さまざまな反応基質を活性化できる可能性がある[187]．この場合，中心金属の Lewis 酸性を向上するのが効果的である．たとえば，遷移金属に対して強い π 受容性を示すホスファアルケンを導入した PNP ピンサーイリジウム錯体を用いて，酸性度のきわめて低いアンモニアの N-H 結合 (pK_a = 41) を室温で瞬時に活性化することができる［(3.95)式］[193]．

$$\text{(Ir錯体)} \xrightarrow[-\text{KCl}]{+\text{NH}_3} \text{(Ir-NH}_2\text{錯体)} \quad (3.95)$$

引用文献

1) J. S. Wood, *Prog. Inorg. Chem.*, **16**, 227 (1972).
2) G. K. Anderson and R. J. Cross, *Chem. Soc. Rev.*, **9**, 185 (1980).
3) F. Basolo and R. G. Pearson, *Prog. Inorg. Chem.*, **4**, 381 (1962).
4) T. G. Appleton, H. C. Clark and L. E. Manzer, *Coord. Chem. Rev.*, **10**, 335 (1973).
5) B. J. Coe and S. J. Glenwright, *Coord. Chem. Rev.*, **203**, 5 (2000).
6) T. Sagawa, Y. Asano and F. Ozawa, *Organometallics*, **21**, 5879 (2002).
7) R. Romeo, G. D'Amico, E. Sicilia, N. Russo and S. Rizzato, *J. Am. Chem. Soc.*, **129**, 5744 (2007).
8) K. Osakada, in *Current Methods in Inorganic Chemistry* (H. Kurosawa and A. Yamamoto Eds.), Vol. 3, p. 233, Elsevier (2003).
9) D. V. Partyka, *Chem. Rev.*, **111**, 1529 (2011).
10) F. Ozawa, K. Kurihara, M. Fujimori, T. Hidaka, T. Toyoshima and A. Yamamoto, *Organometallics*, **8**, 180 (1989).
11) P. Espinet and A. M. Echavarren, *Angew. Chem. Int. Ed.*, **43**, 4704 (2004).
12) A. Nova, G. Ujaque, F. Maseras, A. Lledós and P. Espinet, *J. Am. Chem. Soc.*, **128**, 14571 (2006).
13) A. Ariafard, Z. Lin and I. J. S. Fairlamb, *Organometallics*, **25**, 5788 (2006).
14) N. Miyaura, *J. Organomet. Chem.*, **653**, 54 (2002).
15) Y. Yamamoto, M. Takizawa, X.-Q. Yu and N. Miyaura, *Angew. Chem. Int. Ed.*, **47**, 928 (2008).
16) M. Butters, J. N. Harvey, J. Jover, A. J. J. Lennox, G. C. Lloyd-Jones and P. M. Murray, *Angew. Chem. Int. Ed.*, **49**, 5156 (2010).
17) B. P. Carrow and J. F. Hartwig, *J. Am. Chem. Soc.*, **133**, 2116 (2011).
18) A. J. J. Lennox and G. C. Lloyd-Jones, *Angew. Chem. Int. Ed.*, **52**, 7362 (2013).
19) T. Hayashi, M. Takahashi, Y. Takaya and M. Ogasawara, *J. Am. Chem. Soc.*, **124**, 5052 (2002).
20) M. Sumimoto, N. Iwane, T. Takahama and S. Sakaki, *J. Am. Chem. Soc.*, **126**, 10457 (2004).
21) A. Sugiyama, Y. Ohnishi, M. Nakaoka, Y. Nakao, H. Sato, S. Sakaki, Y. Nakao and T. Hiyama, *J. Am. Chem. Soc.*, **130**, 12975 (2008).
22) 野依良治, 柴崎正勝, 鈴木啓介, 玉尾皓平, 中筋一弘, 奈良坂紘一編集, 大学院講義有機化学 I 分子構造と反応・有機金属化学, 第8章, 東京化学同人 (1999).
23) L. Vaska, *Acc. Chem. Res.*, **1**, 335 (1968).
24) S. Obara, K. Kitaura and K. Morokuma, *J. Am. Chem. Soc.*, **106**, 1482 (1984).
25) M. Hackett, J. A. Ibers and G. M. Whitesides, *J. Am. Chem. Soc.*, **110**, 1436 (1988).
26) M. Hackett, J. A. Ibers and G. M. Whitesides, *J. Am. Chem. Soc.*, **110**, 1449 (1988).
27) M. L. H. Green, *Pure Appl. Chem.*, **50**, 27 (1978).
28) R. A. Periana and R. G. Bergman, *J. Am. Chem. Soc.*, **106**, 7272 (1984).
29) 榊 茂好, 有機合成化学協会誌, **58**, 1189 (2000).
30) S. Sakaki and T. Kikuno, *Inorg. Chem.*, **36**, 226 (1997).
31) Q. Cui, D. G. Musaev and K. Morokuma, *Organometallics*, **16**, 1355 (1997).
32) J. K. Stille and K. S. Y. Lau, *Acc. Chem. Res.*, **10**, 434 (1978).
33) L. M. Rendina and R. J. Puddephatt, *Chem. Rev.*, **97**, 1735 (1997).
34) W. H. Thompson and C. T. Sears, Jr., *Inorg. Chem.*, **16**, 769 (1977).
35) A. J. Canty, *Dalton. Trans.*, 10409 (2009).
36) T. W. Lyons and M. S. Sanford, *Chem. Rev.*, **110**, 1147 (2010).
37) A. J. Canty, J. Patel, T. Rodemann, J. H. Ryan, B. W. Skelton and A. H. White, *Organometallics*, **23**, 3466 (2004).
38) T. Yamamoto, M. Akimoto, O. Saito and A. Yamamoto, *Organometallics*, **5**, 1559 (1986).
39) J. F. Fauvarque, F. Pflüger and M. Troupel, *J. Organomet. Chem.*, **208**, 419 (1981).
40) C. Amatore and F. Pflüger, *Organometallics*, **9**, 2276 (1990).
41) M. Portnoy and D. Milstein, *Organometallics*, **12**, 1665 (1993).
42) H. M. Senn and T. Ziegler, *Organometallics*, **23**, 2980 (2004).

43) K. Tamao, K. Sumitani and M. Kumada, *J. Am. Chem. Soc.*, **94**, 4374 (1972).
44) B. Lin, L. Liu, Y. Fu, S. Luo, Q. Chen and Q. Guo, *Organometallics*, **23**, 2114 (2004).
45) F. Barrios-Landeros, B. P. Carrow and J. F. Hartwig, *J. Am. Chem. Soc.*, **131**, 8141 (2009).
46) A. F. Littke and G. C. Fu, *Angew. Chem. Int. Ed.*, **41**, 4176 (2002).
47) D. S. Surry and S. L. Buchwald, *Angew. Chem. Int. Ed.*, **47**, 6338 (2008).
48) G. C. Fortman and S. P. Nolan, *Chem. Soc. Rev.*, **40**, 5151 (2011).
49) F. Ozawa, in *Current Methods in Inorganic Chemistry* (H. Kurosawa and A. Yamamoto Eds.), Vol. 3, p. 477, Elsevier (2003).
50) M. J. Calhorda, J. M. Brown and N. A. Cooley, *Organometallics*, **10**, 1431 (1991).
51) J. F. Hartwig, *Inorg. Chem.*, **46**, 1936 (2007).
52) M. K. Loar and J. K. Stille, *J. Am. Chem. Soc.*, **103**, 4174 (1981).
53) J. M. Brown and N. A. Cooley, *Organometallics*, **9**, 353 (1990).
54) J. Huang, C. M. Haar, S. P. Nolan, J. E. Marcone and K. G. Moloy, *Organometallics*, **18**, 297 (1999).
55) J. E. Marcone and K. G. Moloy, *J. Am. Chem. Soc.*, **120**, 8527 (1998).
56) T. Hayashi, M. Konishi, Y. Kobori, M. Kumada, T. Higuchi and K. Hirotsu, *J. Am. Chem. Soc.*, **106**, 158 (1984).
57) P. W. N. M. van Leeuwen, P. C. J. Kamer, J. N. H. Reek and P. Dierkes, *Chem. Rev.*, **100**, 2741 (2000).
58) M. Lersch and M. Tilset, *Chem. Rev.*, **105**, 2471 (2005).
59) N. D. Ball, J. W. Kampf and M. S. Sanford, *J. Am. Chem. Soc.*, **132**, 2878 (2010).
60) A. Pedersen and M. Tilset, *Organometallics*, **12**, 56 (1993).
61) S. A. Macgregor, *Chem. Soc. Rev.*, **36**, 67 (2007).
62) K.-C. Kong and C.-H. Cheng, *J. Am. Chem. Soc.*, **113**, 6313 (1991).
63) F. E. Goodson, T. I. Wallow and B. M. Novak, *J. Am. Chem. Soc.*, **119**, 12441 (1997).
64) C.-C. Huang, J.-P. Duan, M.-Y. Wu, F.-L. Liao, S.-L. Wang and C.-H. Cheng, *Organometallics*, **17**, 676 (1998).
65) S. A. Macgregor, D. C. Roe, W. J. Marshall, K. M. Bloch, V. I. Bakhmutov and V. V. Grushin, *J. Am. Chem. Soc.*, **127**, 15304 (2005).
66) M. Wakioka and F. Ozawa, *Organometallics*, **29**, 5570 (2010).
67) F. Ozawa, A. Kubo and T. Hayashi, *Chem. Lett.*, 2177 (1992).
68) C. Amatore, A. Jutand and M. A. M'Barkl, *Organometallics*, **11**, 3009 (1992).
69) T. Mandai, T. Matsumoto and J. Tsuji, *Tetrahedron Lett.*, **34**, 2513 (1993).
70) H. Kurosawa, in *Current Methods in Inorganic Chemistry* (H. Kurosawa and A. Yamamoto Eds.), Vol. 3, p. 411, Elsevier (2003).
71) M. Rosenblum, *Acc. Chem. Res.*, **7**, 122 (1974).
72) T. Hayashi, M. Konishi and M. Kumada, *J. Chem. Soc., Chem. Commun.*, 107 (1984).
73) F. W. Benfield, B. R. Francis, M. L. H. Green, N.-T. Luong-Thi, G. Moser, J. S. Poland and D. M. Roe, *J. Less-Common Metals*, **36**, 187 (1974).
74) A. Aranyos, K. J. Szabó, A. M. Castaño and J. E. Bäckvall, *Organometallics*, **16**, 1058 (1997).
75) H. Kurosawa, K. Shiba, K. Hirako and I. Ikeda, *Inorg. Chim. Acta*, **250**, 149 (1996).
76) K. Onitsuka, H. Okuda and H. Sasai, *Angew. Chem. Int. Ed.*, **47**, 1454 (2008).
77) Z. Lin, *Coord. Chem. Rev.*, **251**, 2280 (2007).
78) D. Balcells, E. Clot and O. Eisenstein, *Chem. Rev.*, **110**, 749 (2010).
79) M. E. Thompson, S. M. Baxter, A. R. Bulls, B. J. Burger, M. C. Nolan, B. D. Santarsiero, W. P. Schaefer and J. E. Bercaw, *J. Am. Chem. Soc.*, **109**, 203 (1987).
80) T. Ziegler, E. Folga and A. Berces, *J. Am. Chem. Soc.*, **115**, 636 (1993).
81) C. M. Fendrick and T. J. Marks, *J. Am. Chem. Soc.*, **108**, 425 (1986).
82) Y. Boutadla, D. L. Davies, S. A. Macgregor and A. I. Poblador-Bahamonde, *Dalton Trans.*, 5820 (2009).

83) W. H. Lam, G. C. Jia, Z. Y. Lin, C. P. Lau and O. Eisenstein, *Chem. Eur. J.*, **9**, 2775 (2003).
84) C. W. Fung, M. Khorramdel-Vahed, R. J. Ranson and R. M. G. Roberts, *J. Chem. Soc., Perkin Trans. 2*, 267 (1980).
85) I. Omae, *Coord. Chem. Rev.*, **248**, 995 (2004).
86) M. Albrecht, *Chem. Rev.*, **110**, 576 (2010).
87) A. D. Ryabov, I. K. Sakodinskaya and A. K. Yatsimirsky, *J. Chem. Soc., Dalton Trans.*, 2629 (1985).
88) L. Ackermann, R. Vicente, H. K. Potukuchi and V. Pirovano, *Org. Lett.*, **12**, 5032 (2010).
89) W. A. Herrmann, C. Brossmer, C.-P. Reisinger, T. H. Riermeier, K. Öfele and M. Beller, *Chem. Eur. J.*, **3**, 1357 (1997).
90) J. Dupont, C. S. Consorti and J. Spencer, *Chem. Rev.*, **105**, 2527 (2005).
91) B. Biswas, M. Sumitomo and S. Sakaki, *Organometallics*, **19**, 3895 (2000).
92) M. Lafrance, C. N. Rowley, T. K. Woo and K. Fagnou, *J. Am. Chem. Soc.*, **128**, 8754 (2006).
93) D. Lapointe and K. Fagnou, *Chem. Lett.*, **39**, 1118 (2010).
94) L. Ackermann, *Chem. Rev.*, **111**, 1315 (2011).
95) D. L. Davies, S. M. A. Donald and S. A. Macgregor, *J. Am. Chem. Soc.*, **127**, 13754 (2005).
96) M. Wakioka, Y. Nakamura, Y. Hihara, F. Ozawa and S. Sakaki, *Organometallics*, **32**, 4423 (2013).
97) F. Calderazzo, *Angew. Chem. Int. Ed.*, **16**, 299 (1977).
98) J. M. Manriquez, D. R. McAlister, R. D. Sanner and J. E. Bercaw, *J. Am. Chem. Soc.*, **100**, 2716 (1978).
99) F. Ozawa and A. Yamamoto, *Chem. Lett.*, 289 (1981).
100) J. N. Cawse, R. A. Fiato and R. L. Pruetto, *J. Organomet. Chem.*, **172**, 405 (1979).
101) C. P. Horwitz and D. F. Shriver, *Adv. Organomet. Chem.*, **23**, 219 (1984).
102) D. Egglestone, M. C. Baird, C. J. L. Lock and G. Turner, *J. Chem. Soc., Dalton Trans.*, 1576 (1977).
103) P. J. Fagan, K. J. Moloy and T. J. Marks, *J. Am. Chem. Soc.*, **103**, 6959 (1981).
104) F. Ozawa, T. Sugimoto, T. Yamamoto and A. Yamamoto, *Organometallics*, **3**, 692 (1984).
105) J. T. Chen and A. Sen, *J. Am. Chem. Soc.*, **106**, 1506 (1984).
106) J. B. Sheridan, S.-H. Han and G. L. Geoffrey, *J. Am. Chem. Soc.*, **109**, 8097 (1987).
107) C. P. Casey and S. M. Neumann, *J. Am. Chem. Soc.*, **98**, 5395 (1976).
108) L. Huang, F. Ozawa, K. Osakada and A. Yamamoto, *J. Organomet. Chem.*, **383**, 587 (1990).
109) P. C. Ford and A. Rokichi, *Adv. Organomet. Chem.*, **28**, 139 (1987).
110) H. des Abbayes and J.-Y. Salaün, *Dalton Trans.*, 1041 (2003).
111) F. Ozawa, H. Soyama, H. Yanagihara, I. Aoyama, H. Takino, K. Izawa, T. Yamamoto and A. Yamamoto, *J. Am. Chem. Soc.*, **107**, 3235 (1985).
112) F. Ozawa, N. Kawasaki, T. Yamamoto and A. Yamamoto, *Organometallics*, **6**, 1640 (1987).
113) 小澤文幸, 触媒, **32**, 475 (1990).
114) P. Espinet and A. C. Albéniz, in *Current Methods in Inorganic Chemistry* (H. Kurosawa and A. Yamamoto Eds.), Vol. 3, p. 293 (2003).
115) N. M. Doherty and J. E. Bercaw, *J. Am. Chem. Soc.*, **107**, 2670 (1985).
116) J. X. McDermott, J. F. White and G. M. Whitesides, *J. Am. Chem. Soc.*, **98**, 6521 (1976).
117) P. L. Watson and G. W. Parshall, *Acc. Chem. Res.*, **18**, 51 (1985).
118) J. S. Brumbaugh, R. R. Whittle, M. Parvez and A. Sen, *Organometallics*, **9**, 1735 (1990).
119) F. Ozawa, T. Hayashi, H. Koide and A. Yamamoto, *J. Chem. Soc., Chem. Commun.*, 1469 (1991).
120) M. Brookhart, F. C. Rix, J. M. DeSimone and J. C. Barborak, *J. Am. Chem. Soc.*, **114**, 5894 (1992).
121) M. Brookhart, M. I. Wagner, G. G. A. Balavoine and H. A. Haddou, *J. Am. Chem. Soc.*, **116**, 3641 (1994).
122) K. Nozaki, N. Sato and H. Takaya, *J. Am. Chem. Soc.*, **117**, 9911 (1995).
123) S. D. Ittel, L. K. Johnson and M. Brookhart, *Chem. Rev.*, **100**, 1169 (2000).

124) A. Nakamura, S. Ito and K. Nozaki, *Chem. Rev.*, **109**, 5215 (2009).
125) F. Ozawa, A. Kubo and T. Hayashi, *J. Am. Chem. Soc.*, **113**, 1417 (1991).
126) M. Shibasaki, E. M. Vogl and T. Ohshima, *Adv. Synth. Catal.*, **346**, 1533 (2004).
127) D. McCartney and P. J. Guiry, *Chem. Soc. Rev.*, **40**, 5122 (2011).
128) R. F. Jordan, C. S. Bajgur, R. Willett and B. Scott, *J. Am. Chem. Soc.*, **108**, 7410 (1986).
129) E. Y. Chen and T. J. Marks, *Chem. Rev.*, **100**, 1391 (2000).
130) W. Kaminsky and M. Arndt, *Adv. Polym. Sci.*, **127**, 143 (1997).
131) H. G. Alt and A. Köppl, *Chem. Rev.*, **100**, 1205 (2000).
132) V. C. Gibson and S. K. Spitzmesser, *Chem. Rev.*, **103**, 283 (2003).
133) P. Wuchera, L. Caporasob, P. Roeslea, F. Ragoneb, L. Cavallob, S. Meckinga and I. Göttker-Schnetmann, *PNAS*, **108**, 8955 (2011).
134) M. Beller, J. Seayad, A. Tillack and H. Jiao, *Angew. Chem. Int. Ed.*, **43**, 3368 (2004).
135) C. P. Casey, G. T. Whiteker, M. G. Melville, L. M. Petrovich, J. A. Gavney, Jr. and D. R. Powell, *J. Am. Chem. Soc.*, **114**, 5535 (1992).
136) J. M. Brown and A. G. Kent, *J. Chem. Soc., Perkin Trans. 2*, 1597 (1987).
137) P. Lennon, A. M. Rosan and M. Rosenblum, *J. Am. Chem. Soc.*, **99**, 8426 (1977).
138) D. L. Reger and P. J. McElligott, *J. Am. Chem. Soc.*, **102**, 5923 (1980).
139) 辻 二郎, 有機合成のための遷移金属触媒反応, 東京化学同人 (2008).
140) D. J. Evans and L. A. P. Kane-Maguire, *J. Organomet. Chem.*, **312**, C24 (1986).
141) R. Jira, *Angew. Chem. Int. Ed.*, **48**, 9034 (2009).
142) V. Imandi, S. Kunnikuruvan and N. N. Nair, *Chem. Eur. J.*, **19**, 4724 (2013).
143) J.-L. Hérisson and Y. Chauvin, *Makromol. Chem.*, **141**, 161 (1971).
144) Y. Chauvin, *Angew. Chem. Int. Ed.*, **45**, 3740 (2006).
145) G. Natta, G. Dall'Asta and G. Mazzanti, *Angew. Chem. Int. Ed.*, **3**, 723 (1964).
146) B. L. Banks and G. C. Bailey, *Ind. Eng. Chem. Prod. Res. Dev.*, **3**, 170 (1964).
147) R. R. Schrock, *Angew. Chem. Int. Ed.*, **45**, 3748 (2006).
148) R. H. Grubbs, *Angew. Chem. Int. Ed.*, **45**, 3760 (2006).
149) R. H. Grubbs, A. G. Wenzel, D. J. O'Leary and E. Khosravi (Eds.), *Handbook of Metathesis*, Vol. 1–3, 2nd Edition, Wiley-VCH (2015).
150) F. N. Tebbe, G. W. Parshall and G. S. Reddy, *J. Am. Chem. Soc.*, **100**, 3611 (1978).
151) D. A. Straus and R. H. Grubbs, *Organometallics*, **1**, 1658 (1982).
152) R. R. Schrock, J. S. Murdzek, G. C. Bazan, J. Robbins, M. Dimare and M. O'Regan, *J. Am. Chem. Soc.*, **112**, 3875 (1990).
153) A. H. Hoveyda, S. J. Malcolmson, S. J. Meek and A. R. Zhugralin, *Angew. Chem. Int. Ed.*, **49**, 34 (2010).
154) P. Schwab, R. H. Grubbs and J. W. Ziller, *J. Am. Chem. Soc.*, **118**, 100 (1996).
155) M. Scholl, S. Ding, C. W. Lee and R. H. Grubbs, *Org. Lett.*, **1**, 953 (1999).
156) T. M. Trnka, J. P. Morgan, M. S. Sanford, T. E. Wilhelm, M. Scholl, T.-L. Choi, S. Ding, M. W. Day and R. H. Grubbs, *J. Am. Chem. Soc.*, **125**, 2546 (2003).
157) S. B. Garber, J. S. Kingsbury, B. L. Gray and A. H. Hoveyda, *J. Am. Chem. Soc.*, **122**, 8168 (2000).
158) J. S. Kingsbury and A. H. Hoveyda, *J. Am. Chem. Soc.*, **127**, 4510 (2005).
159) R. H. Grubbs (Ed.), *Handbook of Metathesis*, Vol. 1, Wiley-VCH (2003).
160) M. S. Sanford, M. Ulman and R. H. Grubbs, *J. Am. Chem. Soc.*, **123**, 749 (2001).
161) M. S. Sanford, J. A. Love and R. H. Grubbs, *J. Am. Chem. Soc.*, **123**, 6543 (2001).
162) J. A. Love, M. S. Sanford, M. W. Day and R. H. Grubbs, *J. Am. Chem. Soc.*, **125**, 10103 (2003).
163) P. E. Romero and W. E. Piers, *J. Am. Chem. Soc.*, **127**, 5032 (2005).
164) A. G. Wenzel, G. Blake, D. G. VanderVelde and R. H. Grubbs, *J. Am. Chem. Soc.*, **133**, 6429 (2011).
165) S. J. Meek, R. V. O'Brien, J. Llaveria, R. R. Schrock and A. H. Hoveyda, *Nature*, **471**, 461 (2011).

166) M. B. Herbert, V. M. Marx, R. L. Pederson and R. H. Grubbs, *Angew. Chem. Int. Ed.*, **52**, 310 (2013).
167) S. Shahane, C. Bruneau and C. Fischmeister, *ChemCatChem*, **5**, 3436 (2013).
168) K. H. Dötz and J. Stendel, Jr., *Chem. Rev.*, **109**, 3227 (2009).
169) C. P. Casey, S. W. Polichnowski, A. J. Shusterman and C. R. Jones, *J. Am. Chem. Soc.*, **101**, 7282 (1979).
170) M. Brookhart and Y. Liu, *J. Am. Chem. Soc.*, **113**, 939 (1991).
171) C. Bruneau and P. H. Dixneuf, *Angew. Chem. Int. Ed.*, **45**, 2176 (2006).
172) Y. Wakatsuki, Z. Hou and M. Tokunaga, *Chem. Rec.*, **3**, 144 (2003).
173) G. J. Baird, S. G. Davies, R. H. Jones, K. Prout and P. Warner, *J. Chem. Soc., Chem. Commun.*, 745 (1984).
174) M. Tokunaga, T. Suzuki, N. Koga, T. Fukushima, A. Horiuchi and Y. Wakatsuki, *J. Am. Chem. Soc.*, **123**, 11917 (2001).
175) S. A. Cohen, P. R. Auburn and J. E. Bercaw, *J. Am. Chem. Soc.*, **105**, 1136 (1983).
176) S. A. Cohen and J. E. Bercaw, *Organometallics*, **4**, 1006 (1985).
177) S. C. Berk, R. B. Grossman and S. L. Buchwald, *J. Am. Chem. Soc.*, **115**, 4912 (1993).
178) U. M. Dzhemilev and O. S. Vostrikova, *J. Organomet. Chem.*, **285**, 43 (1985).
179) U. M. Dzhemilev, O. S. Vostrikova and G. A. Tolstikov, *J. Organomet. Chem.*, **304**, 17 (1986).
180) Y. Hoshimoto, M. Ohashi and S. Ogoshi, *Acc. Chem. Res.*, **48**, 1746 (2015).
181) M. Ohashi, Y. Hoshimoto and S. Ogoshi, *Dalton Trans.*, **44**, 12060 (2015).
182) S. Ogoshi, K. Tonomori, M. Oka and H. Kurosawa, *J. Am. Chem. Soc.*, **128**, 7077 (2006).
183) Y. Wakatsuki and H. Yamazaki, *J. Chem. Soc., Dalton Trans.*, 1278 (1978).
184) P. Hong and H. Yamazaki, *Synthesis*, 50 (1977).
185) J. A. Varela and C. Saa, *Chem. Rev.*, **103**, 3787 (2003).
186) Y. Wakatsuki, O. Nomura, K. Kitaura, K. Morokuma and H. Yamazaki, *J. Am. Chem. Soc.*, **105**, 1907 (1983).
187) V. T. Annibale and D. Song, *RSC Adv.*, **3**, 11432 (2013).
188) B. L. Conley, M. K. Pennington-Boggio, E. Boz and T. J. Williams, *Chem. Rev.*, **110**, 2294 (2010).
189) T. Ikariya, K. Murata and R. Noyori, *Org. Biomol. Chem.*, **4**, 393 (2006).
190) C. Gunanathan and D. Milstein, *Chem. Rev.*, **114**, 12024 (2014).
191) Y. Shvo, D. Czarkie and Y. Rahamim, *J. Am. Chem. Soc.*, **108**, 7400 (1986).
192) C. P. Casey and H. Guan, *J. Am. Chem. Soc.*, **131**, 2499 (2009).
193) Y.-H. Chang, Y. Nakajima, H. Tanaka, K. Yoshizawa and F. Ozawa, *J. Am. Chem. Soc.*, **135**, 11791 (2013).

4
遷移金属錯体を用いる有機合成反応

　遷移金属原子は配位子とともに錯体を形成し，反応基質との電子の授受や立体的な相互作用を通して還元，酸化，カップリング反応などを促進する．配位子や条件を精査して，ほしいものだけを合成できると好ましい．Wilkinson 錯体が発見されて 50 年が過ぎてもなお，均一系の遷移金属錯体を用いる触媒反応は，効率性に加え社会的要請である環境調和性を求めて研究が盛んであり，有機合成に役立つ新しい反応の発見や改良が続いている．ここでは，反応形式に分けていくつかの例を紹介する．

4.1　ヒドリド錯体の関与する合成反応

　金属ヒドリド種（M–H）は，アルケンやケトンの水素化反応のみならず，さまざまな金属触媒反応の活性種として重要な役割を果たしている．金属ヒドリド種の水素原子は，水素分子，主要族元素のヒドリド種，あるいは有機基質の C–H などに由来し，ヒドリド源に応じて多彩な触媒サイクルを構築することができる．

4.1.1　水素化反応

　均一系水素化触媒の代表格に，ロジウム錯体である Wilkinson 錯体 $RhCl(PPh_3)_3$ がある．プロトン性のメタノール，エタノールをはじめ，非プロトン性のトルエンや塩化メチレンを溶媒に用いることができ，基質のさまざまな官能基を変化させることなくアルケン部分を水素化できる．アセチレンの還元やニトロアルケンからニトロアルカンへの還元も可能である．一方，一酸化炭素やチオールの存在で不活性化される．水素圧は，常圧から高圧まで基質にあわせて選ぶことができる．立体障害の影響を受けやすいので多置換のアルケンは水素化されない場合がある［(4.1)式][1a]．また，水酸基のキレーションを受ける場合は，立体制御された還元が進行する［(4.2)式][1b]．

$$\text{(4.1)}$$

$$\text{(4.2)}$$

dppb = 1,4-bis(diphenylphosphino)butane

　Wilkinson錯体からホスフィンが一つ解離し，水素分子が酸化的付加したジヒドリド種が活性種と考えられており（ジヒドリド機構），アルケンの配位とRh–H結合への挿入，還元的脱離の過程を経て水素化が進む．ジホスフィン配位子も有効に働き，光学活性ビスホスフィンを用いた不斉水素化反応への展開が可能となった．

　多置換アルケンの水素化に有効な触媒として，Crabtreeのイリジウム錯体 $[\text{Ir(COD)(PCy}_3\text{)(Py)}]^+$ がある[2]．Wilkinson錯体と比べて末端オレフィンでは約10倍，シクロヘキセンでは約6倍の水素化速度を示す．これは，溶液中で価電子数12の高度に配位不飽和な $[\text{Ir(PCy}_3\text{)(Py)}]^+$ を生成し，立体障害をもつアルケンでも配位しやすくなるためと考えられている．四置換アルケンの還元にも適用できるが，酸素原子や窒素原子を有する配位性の極性溶媒で触媒作用が阻害される．一方，水酸基やカルボニル基，アミド基を有する反応基質では，配位によって水素化を受けるアルケンのプロキラル面が制御されるため，立体選択的な水素化が可能である［(4.3)式］．

Cy = cyclohexyl

$$\text{(4.3)}$$

　Wilkinson錯体による水素化ではロジウム–ジヒドリド錯体を活性種とし，アルケンの配位，挿入，還元的脱離を経由して水素化物が生成すると考えられている（図

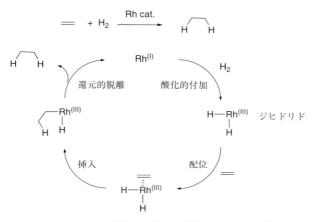

図 4.1 Wilkinson 錯体による水素化経路：ジヒドリド機構

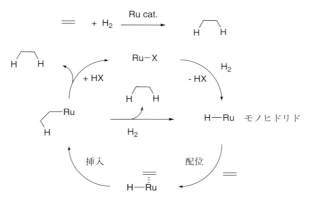

図 4.2 ルテニウム触媒による水素化機構：モノヒドリド機構

4.1)．一方，ルテニウム錯体ではモノヒドリド錯体が鍵となってアルケンやケトンの水素化が進行すると説明されている（図 4.2）．$RhH(CO)(PPh_3)_3$ のようなモノヒドリド錯体を触媒に用いると水素化と同時にアルケンの異性化が進行することも知られている．

ケトンを水素化する触媒の代表として，ルテニウム-ジアミン錯体が挙げられる [(4.4)式][3]．2-プロパノールを溶媒として，塩基存在下，水素圧 8 気圧の条件で，触媒回転数（turnover number：TON）は 2 万回に達する．この触媒系は，芳香族ケトンのみならず脂肪族ケトンにも適用でき，分子内のアルケンやアルキン官能基に対しては不活性であるため，選択的な水素化反応としてきわめて実用性が高い．

$$\text{R} \diagdown \hspace{-0.5em} \bigcirc \hspace{-1em} - \hspace{-0.5em} \overset{O}{\underset{||}{C}} \hspace{-0.5em} - \hspace{-0.5em} \bigcirc \hspace{-0.5em} \xrightarrow[\substack{^iPrOH \\ ^tBuOK \\ 28\text{-}35\ ^\circ\text{C},\ 6\text{-}48\ h}]{\substack{H_2\ (8\ atm) \\ Ru\ cat.}} \text{R} \diagdown \hspace{-0.5em} \bigcirc \hspace{-1em} - \hspace{-0.5em} \overset{OH}{\underset{|}{CH}} \hspace{-0.5em} - \hspace{-0.5em} \bigcirc \quad (4.4)$$

R = H, CH$_3$, F, Cl, CF$_3$, 99-100%

Ru cat. = RuCl$_2$[(4-tol)$_3$P]$_2$[NH$_2$(CH$_2$)$_2$NH$_2$]

　ルテニウム触媒をもう一例紹介する．1985 年，Shvo らは，シクロペンタジエニルルテニウム二量体（**Ru-1**）の合成と触媒作用について報告した［(4.5)式］[4]．この錯体を触媒前駆体として，ケトン，アルデヒドに加え，アルケンやアルキン類を圧力 500 psi，温度 145 ℃で水素化することができる．錯体 **Ru-1** は溶液中で単量体であるヒドロキシシクロペンタジエン錯体 **Ru-2** とシクロペンタジエノン錯体 **Ru-3** に解離する．前者は，ヒドリド（Ru–H）とプロトン（O–H）を同時に不飽和基質に供与して還元触媒として作用し，後者はルテニウム空配座（□）にヒドリドを，またカルボニル基にプロトンをそれぞれ受け入れて酸化作用を示す．この酸化還元能を利用して多くの触媒反応が開発された[5,6]．特に，Bäckvall らの，Shvo 触媒による二級アルコールのラセミ化反応と酵素反応とを組み合わせた速度論的光学分割[7a]，一級アミンの速度論的分割[7b]，2-プロパノールを水素供給源とするイミンの還元[7c] が注目に値する．

Ru-1 　　　　　Ru-2 　　　　Ru-3　　(4.5)

Shvo触媒前駆体

　Shvo 錯体の Ru を Fe に置き換えた錯体は 1960 年代には合成されていたが，1990 年代になって Knölker らや Pearson らによって詳しく研究された[8]．1999 年，Knölker らは，（ヒドロキシシクロペンタジエニル）（ヒドリド）鉄(II)錯体（**Fe-1**）の構造を明らかにした[9]．さらに 2007 年になって，Casey らにより，このヒドリド鉄錯体が還元触媒として作用することが明らかにされた［(4.6)式］[10,11]．ヒドリド触媒 **Fe-1** によりケトン類が穏和な条件でアルコールに還元される．触媒はシクロペンタジエノン錯体 **Fe-2** となり，続いて水素と反応して **Fe-1** が再生し触媒サイクルが完結する．この触媒反応の応用例として，アルデヒドやケトンとアミンとの脱水縮合反応と，イミンの還元を連続的に組み合わせた，新たな置換アミン合成法が Renaud らによって報告された[12]．

2008 年に Morris らは，光学活性なジイミノジホスフィン四座 PNNP 型配位子とその鉄錯体 **Fe-6** の合成に成功した [(4.7)式][13a]．錯体 **Fe-6** はケトンの水素移動型還元反応に高い触媒活性を示した．反応条件の最適化によって PhCOMe の還元の触媒回転頻度（turnover frequency：TOF）は 2000 h^{-1} に達した[13b]．また，Ph–CO–^{t}Bu の還元において 96% ee のエナンチオ選択性が得られた．さらに，PNNP 型錯体 **Fe-7** を用いたケトンの水素移動型還元において，常温で TOF 4900 h^{-1} の触媒活性と，最高 99% ee のエナンチオ選択性が得られた[14]．Morris らは，アミン（イミン）ジホスフィン鉄錯体 **Fe-8** の合成にも成功し，ケトンおよびイミンの水素移動型不斉還元反応において 99% ee の選択性を達成した[15]．反応系に生成するヒドリド種（Fe–H）とプロトン種（N–H）が還元に関与する Shvo 型錯体と同様の触媒機構が提案されている[16]．

一方，2000 年代に入り鉄触媒によるアルケン類の水素化についての研究も進んだ．従来，鉄触媒による水素化には高温高圧が必要であったが，Peters らや Chirik らの研究により，以下に示す鉄錯体 **Fe-3**，**Fe-4**，**Fe-5** などを用いると，常温，1〜4 気圧の穏和な条件でアルケンの水素化が進行することが見出された[17]．

[PhB(CH$_2$P^{i}Pr$_2$)$_3$](Fe-CH$_2$Ph)

Fe-3

Fe-4

Fe-5

Ar = 2,6-^{i}Pr$_2$C$_6$H$_3$

2011年,Milsteinらは,PNPピンサー型ヒドリド錯体 **Fe-9** が,ケトン類の水素化に高い触媒活性を示すことを報告した.触媒 0.05 mol%,水素圧 4.1 気圧,室温の穏やかな条件でアセトフェノンが高収率(94%),高 TON(1880)で還元された[(4.8)式][18a].さらに,ボロヒドリド鉄(II)錯体 **Fe-10** を用いると塩基の添加なしに,同様の高活性が得られた[18b].多数のケトン基質に対して活性であり,2-アセチルピリジンで 99% 収率,TON 1980 が達成された.理論計算をもとに,遷移状態 **TS** においてケトンへの配位エタノールからのプロトン移動と,PNP 配位子からの水素移動を経て還元が進行する機構が提案された.水素移動後に脱芳香族化したピンサー錯体 **A** は,水素付加とアルコール脱離,プロトン化過程を経てもとのピリジン骨格を有するピンサー錯体へもどる[19].

(4.8)

Fe-9 0.05 mol%
^{t}BuOK 0.1 mol%
21.5 h, r.t.
94%, TON 1880

Fe-10 0.05 mol%
no base
21 h, 26 °C
89%, TON 1780

近年,鉄触媒を用いる還元反応が多く開発され環境に調和した新たな研究の方向性が強く示されている.不斉鉄触媒へ展開した例については,第 5 章で紹介する.

4.1.2 ヒドロシリル化反応

アルケン類のヒドロシリル化は,H$_2$PtCl$_4$・6H$_2$O(Speier 触媒),Karstedt 触媒,酸化白金,ロジウム錯体,パラジウム錯体などを触媒として用いて行うことができる[(4.9)式].特に,末端官能基を有するアルケンへの付加によるシランカップリング

剤や電子材料原料の合成に有用である．多くの場合，付加の位置選択性が問題となってくる．

$$R\diagup\!\!\!\diagup \xrightarrow[\substack{\text{cat.} = \\ \text{H}_2\text{PtCl}_6,\ \text{PtO}_2, \\ \text{Rh}(\text{Ph}_3\text{P})_3\text{Cl etc.}}]{(\text{EtO})_2\text{MeSiH}} R\diagdown\!\!\!\diagdown\text{SiMe(EtO)}_2 \qquad \text{Karstedt's catalyst} \qquad (4.9)$$

アルキン類への付加反応では，立体化学を制御できることが明らかになっている．たとえば，ロジウム触媒ではシランの導入順序や温度条件を変えること[(4.10), (4.11)式][20,21)]，ルテニウム触媒では配位子の変化によって，生成するアルケンの $E:Z$ 比を劇的に制御することができる[(4.12)式][22)]．これらは，機能性材料としてのアルケン類の合成に役立つものである．

$$\text{H-SiMe}_2\text{OSiMe}_3 + \text{Ph}-\!\!\!\equiv\!\!\!- \xrightarrow[\substack{\text{Rh}(\text{Ph}_3\text{P})_3\text{Cl} \\ 0.1\ \text{mol\%} \\ \text{NaI 5 mol\%}}]{0°C\sim rt,\ 2\ h} \text{Ph}\diagdown\!\!\!=\!\!\!\diagup\text{SiMe}_2\text{OSiMe}_3 \quad 100\%\ E:Z = 1:>99 \qquad (4.10)$$

$$\text{Ph}-\!\!\!\equiv\!\!\!- + \text{H-SiMe}_2\text{OSiMe}_3 \xrightarrow[\substack{\text{Rh}(\text{Ph}_3\text{P})_3\text{Cl} \\ 0.1\ \text{mol\%}}]{60°C,\ 1h} \text{Ph}\diagup\!\!\!=\!\!\!\diagdown\text{SiMe}_2\text{OSiMe}_3 \quad 100\%\ E:Z = 100:0 \qquad (4.11)$$

$$\text{Ph}-\!\!\!\equiv\!\!\!- + \text{H-SiMe}_2\text{Ph} \begin{cases} \xrightarrow{\text{cat. RuHCl(CO)(PPh}_3)_3} \text{Ph}\diagup\!\!\!=\!\!\!\diagdown\text{SiMe}_2\text{Ph} \quad 94\%\ E:Z = 99:1 \\ \xrightarrow{\text{cat. Ru(SiMe}_2\text{Ph)Cl(CO)(PPh}_3)_2} \text{Ph}\diagdown\!\!\!=\!\!\!\diagup\text{SiMe}_2\text{OSiMe}_3 \quad 98\%\ E:Z = 2:98 \end{cases} \qquad (4.12)$$

ケトン類のヒドロシリル化は Wilkinson 錯体を触媒として進行する．生成物は加水分解により二級アルコールを与える．α,β-共役ケトン類の還元においては，Et$_3$SiH や Ph$_2$SiH$_2$ を選択することにより，1,2-還元と1,4-還元（共役還元）を選択的に行うことができる[(4.13)式][23)]．

$$(4.13)$$

cat. = Rh(Ph$_3$P)$_3$Cl

cat. 0.1 mol%, Et$_3$SiH 1.2 eq, 50°C, 2 h → 96%

cat. 0.1 mol%, Ph$_2$SiH$_2$ 1.2 eq, r.t., 30 min → 97%

ケトン類のヒドロシリル化に触媒活性をもつ金属錯体には,ロジウム,チタン,銅錯体などが知られていたが,ルテニウム錯体も活性であることが示された.トリルテニウムカルボニルクラスター錯体 **A** を触媒,ヒドロシラン類をヒドリド供与体として,エステル,カルボン酸,アミド類を 20 °C で還元することができる [(4.14)式][24].ヒドリド源として,安価なポリメチルヒドロシロキサン (PMHS) も利用でき,反応後にルテニウム触媒をシロキサン残渣に包接された生成物とともに回収できる実用的な方法である.

$$\text{PMHS} = \text{TMS-O-[Si(Me)(H)-O]}_n\text{-TMS}$$

(4.14)

X = OMe, NMe$_2$
A 1 mol%, HSiMe$_2$Et (2.5-4.0 eq), 1,4-Dioxane, 20 °C, 0.5 h, then H$_3$O$^+$
Y = OH 97%
Y = NMe$_2$ 100%

最近,ヒドロシラン類と鉄触媒を用いたケトン,アミド[25],エステル[26] などの還元反応が数多く報告されている.たとえば,Fe$_3$(CO)$_{12}$ や Fe(CO)$_5$ とテトラメチルジシロキサン (TMDS) あるいはポリメチルヒドロシロキサン (PMHS) を組み合わせ 100 °C でアミドがアミンに還元される [(4.15)~(4.17)式][25].光照射下で反応を行うと常温で還元が進行する[25a].

(4.15) Fe$_3$(CO)$_{12}$ 10 mol%, TMDS 4.4 eq, toluene, 100 °C, 24 h — 85%
hv, r.t., 9 h, 73%

(4.16) Fe$_3$(CO)$_{12}$ 4 mol%, PMHS 4 eq, n-Bu$_2$O, 100 °C, 24 h — 93%

(4.17) Fe-NHC 1 mol%, Et$_2$SiH$_2$ 1.1 eq, toluene, r.t., hv, 2 h — 95%
R = Mes, Fe-NHC

また,カルボン酸をチオエステルに変換し,Pd/C を触媒としてトリエチルシラン

で還元する方法が開発されている [(4.18)式][27]．この還元法は，簡便で，かつアセタール，ベンジルエーテル，アルケンなどの官能基があっても反応に影響しないので，多官能性の化合物の多段合成に応用された．

$$(4.18)$$

カルボン酸を触媒的に還元してアルデヒドを得ることができる．酸ハロゲン化物の場合は，パラジウム触媒で水素化する Rosenmund 還元が知られているが，カルボン酸をいったん酸無水物に誘導化すると，Pd(0)錯体を用いて水素化できアルデヒドを収率よく得ることができる [(4.19)式][28]．この反応は，芳香族のみならず脂肪族カルボン酸にも適用できる．

$$(4.19)$$

4.1.3 ヒドロホルミル化反応

アルケン類のヒドロホルミル化（オキソ法）は，一酸化炭素と水素分子を用いてアルケン部位に水素とホルミル基を付加させる炭素鎖伸長反応として工業的に重要な触媒反応である．1938 年に Roelen（Ruhr Chemie 社）によって発見された．当初，ジコバルトオクタカルボニル錯体 $Co_2(CO)_8$ が触媒として用いられていたが，末端アルケンから得られるアルデヒド生成物の直鎖：分岐の選択性（n/i 比ともよばれる）について改良の余地があった．工業原料としては高い直鎖選択性が要求されるため，高価ではあるが選択性のよいロジウム系錯体触媒が開発されてきた．嵩高く，配位挟角（∠P–Rh–P）の大きい配位子がよい直鎖選択性を与える．たとえば，計算による配位挟角 111.7° の Xantphos と $Rh(H)(CO)(PPh_3)_3$ の配位子交換反応によって

Rh(H)(CO)(Xantphos)(PPh$_3$) が容易に生成することが分かっているが,この触媒系を用いた 1-オクテンのヒドロホルミル化では,40 ℃で直鎖アルデヒドが 98% を超える選択性で得られる [(4.20)式][29]. TOF は 80 ℃で 800 h^{-1} となる.このとき,アルケンの水素化や異性化は起こらない.一方,配位狭角 131.1° の DBFphos を用いると直鎖アルデヒドの選択性が 71〜76% に低下し,TOF も 40 ℃で 1.9 h^{-1} に,80 ℃でも 125 h^{-1} に低下する.スチレンを原料にした場合は,直鎖選択性は 40〜70% に低下する.さらに直鎖選択性を追求した嵩高いホスファイト系配位子や,操作性を重要視したスルホン酸基を有する水溶性配位子が開発されている.

$$n\text{-}C_6H_{13}\text{-CH=CH}_2 \xrightarrow[\substack{\text{CO 5 atm}\\ \text{H}_2\ 5\ \text{atm}\\ \text{toluene, 40°C}}]{\substack{\text{Rh(acac)(CO)}_2\\ 0.0015\ \text{mol\%}\\ \text{Xantphos 2.2 eq}}} n\text{-}C_6H_{13}\text{-CH}_2\text{CH}_2\text{-CHO} \quad (4.20)$$

at 40°C: tof 10 h^{-1}/Rh, %n 98.3
at 80°C: tof 800 h^{-1}/Rh, %n 97.7

Xantphos   DBFphos

　工業的には,プロピレンのヒドロホルミル化による直鎖ブタナール製造が大きな位置を占めている.ブタナールは,アルドール縮合と続く水素化で 2-エチルヘキサノールに変換して可塑剤であるフタル酸 2-エチルヘキシルの製造に利用される.

4.1.4　ヒドロカルボキシル化反応

　アルケンを原料とする長鎖の脂肪族カルボン酸の合成は,工業的プロセスとして重要な課題である.前項のヒドロホルミル化を利用すれば,次にカルボン酸への酸化工程を経なければならない.ヒドロホルミル化は,安価な合成ガス(CO と H$_2$ の混合物)を利用できるので有利ではあるが,さらにエステルへ誘導化するには,もう 1 段階の工程を必要とする.ここで,アルケンを原料にして求核剤と一酸化炭素を利用し 3 成分を一挙にカップリングさせることができればエステルやアミドに導くことができる.これは,Reppe 反応としてよく知られた反応であり,アルキン,一酸化炭素と水からアクリル酸を合成するプロセスとして有名である.この反応には,Ni(CO)$_4$ が触媒として用いられていたが強い毒性のため,パラジウム触媒やコバルト触媒にとって代わられている.1-ヘプテンからメチルオクタノエートの生成反応について示した [(4.21)式][30,31].このヒドロエステル化の反応機構は,ヒドリド機構とアルコ

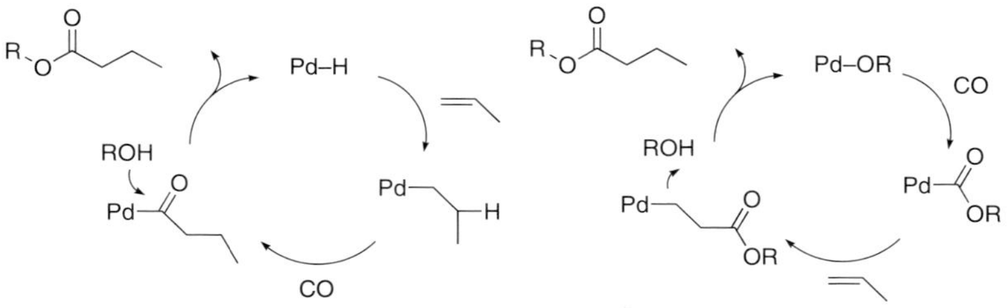
R
O
O
Pd–H
ROH
Pd
O
Pd
H
CO
R
O
O
Pd–OR
CO
ROH
Pd
O
OR
Pd
O
OR

図 4.3 ヒドロエステル化の反応機構

キシ機構の二通りが想定されている（図 4.3）．ヒドリド機構では，Pd–H 種へのアルケンの挿入と CO 挿入が起こり，最後にアシルパラジウム錯体にアルコールが求核攻撃して生成物が脱離し，Pd–H 種が再生する（図 4.3 左）．一方，アルコキシ機構では，アルコキソ種 Pd–OR に一酸化炭素とアルケンが段階的に挿入し，最後にアルコールによるプロトン化により生成物が生じ，Pd–OR 種が再生する（図 4.3 右）．配位子の選択によって，分岐型生成物を選択的に合成できる．ナプロキセン誘導体の合成例を示した［(4.22)式］．その他，ギ酸エステルを Pd(0)触媒あるいは Pd(II)触媒で直接付加させる反応もある．また，一酸化炭素とアルコールを用い，Pd(II)触媒を塩化第二銅で再酸化する系や，酸性条件でベンゾキノンで再酸化する系など，さまざまな条件でアルコキシカルボニル化が達成されている．

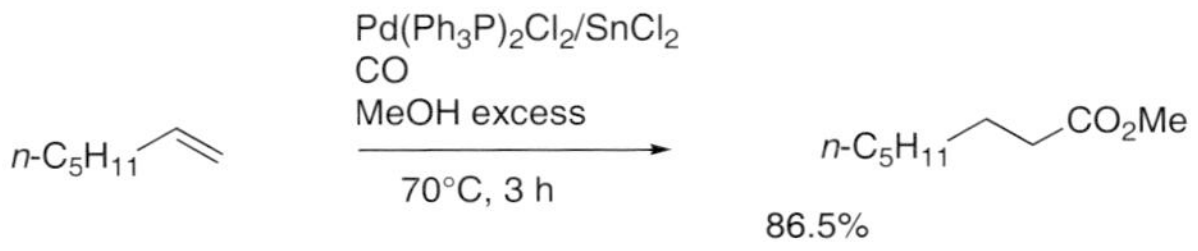
Pd(Ph3P)2Cl2/SnCl2
CO
MeOH excess
n-C5H11
70°C, 3 h
n-C5H11
CO2Me
86.5%

(4.21)

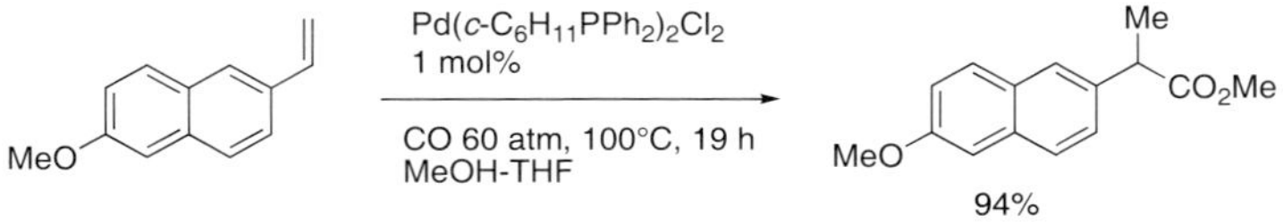
Pd(c-C6H11PPh2)2Cl2
1 mol%
CO 60 atm, 100°C, 19 h
MeOH-THF
MeO
Me
CO2Me
MeO
94%

(4.22)

4.1.5 ヒドロビニル化反応

ヒドリドニッケル種（Ni–H）触媒が生成する反応系では，エチレンとスチレン誘導体のカップリングが可能である．Ni–H 種は，たとえば π-アリルニッケル錯体 $[Ni(\eta^3\text{-allyl})(\mu\text{-Br})]_2$ と PPh_3 に，エチレン雰囲気下で，Lewis 酸あるいは銀塩などを作用させ，反応系中で生成することができる［(4.23)式］[32]．Ni–H 種にスチレン誘導体が挿入し，分岐型アルキル錯体が形成される（図 4.4）．次に，エチレンが配位，挿入し，β-水素脱離を経てヒドロビニル化が完了する．

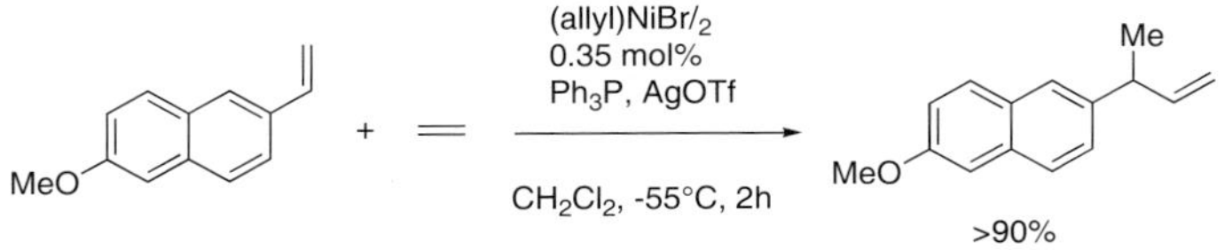

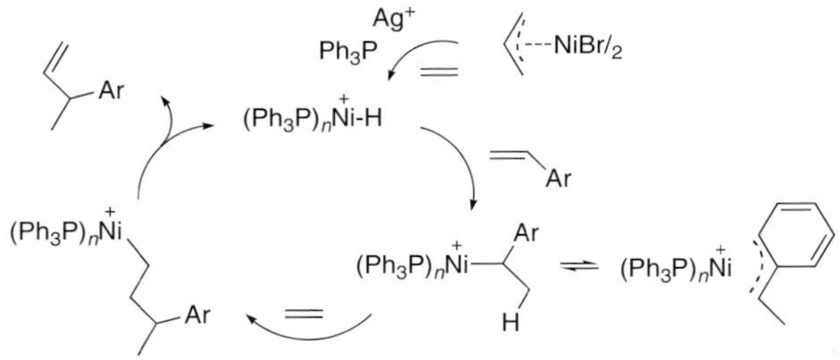

図4.4 ヒドロビニル化の機構

4.2 アリール錯体, アルケニル錯体の関与する合成反応

4.2.1 溝呂木-Heck反応

1970年代はじめ, 溝呂木らとHeckらは独立に, パラジウム触媒を用いてアルケン類にハロゲン化アリールやハロゲン化アルケニルを反応させ, アルケンの水素原子をアリール基やアルケニル基で置換できることを見つけた [(4.24)式]. エステル, エーテル, ニトリルなど幅広い置換基を有するアルケンに適用可能であり, 一置換および二置換アルケンが使える. 一方, ハロゲン化物としてはヨウ化物や臭化物がよく, トリフラートも使用できる. 塩化物は反応性が低く利用できなかったが, 嵩高く電子供与性の強いホスフィン配位子を使うことによって反応を促進することが可能となった. ハロゲン化アリール, アルケニル, ベンジルの反応は比較的容易であるが, 一級のハロゲン化アルキルは中間体であるアルキルパラジウム錯体が β-水素脱離を起こしやすく不安定なため使いにくい. 触媒前駆体として, $Pd(PPh_3)_4$, $Pd(OAc)_2$ あるいは $Pd_2(dba)_3 \cdot CHCl_3$ とホスフィン配位子との組み合わせがよく用いられる. 溶媒は幅広く選択でき, テトラヒドロフラン (THF) やアセトニトリルをはじめ, 酢酸, ジメチルホルムアミド (DMF), t-ブタノールや水系でも反応を実施できる. 反応は, K_2CO_3 や ^tBuOK, アミン類などの塩基存在下で効率的に進行する[33]. 触媒サイクルは, 下記のように Pd(0) 錯体に対するハロゲン化物の酸化的付加から始まり, アルケンの配位と挿入, β-水素脱離を経て, 生成物が脱離し, Pd(0)触媒が再生すると考えられ

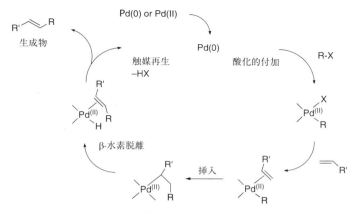

図 4.5 溝呂木–Heck 反応の機構

ている（図4.5）．1990年代には，この分子内反応が多環式アルカロイドの全合成に利用され，その合成的な有用性が示された[34]．また，のちに不斉配位子を用いて，分子内環化型の不斉反応へも展開された．

2010年，Heck は，この「有機合成におけるパラジウム触媒を用いるクロスカップリング」研究に対する貢献で，根岸，鈴木らとともにノーベル化学賞を受賞した．

$$R^1-X \ + \ \underset{R^3}{\overset{R^2}{H}}=\underset{}{\overset{}{R^4}} \xrightarrow[\text{Solvent}]{\text{Pd(0) or Pd(II)} \atop \text{Ligand Base}} \underset{R^3}{\overset{R^2}{R^1}}=\underset{}{\overset{}{R^4}} \quad (4.24)$$

X = I, Br, OTf, Cl
R^1 = aryl, alkenyl, benzyl R^2, R^3, R^4 = Aryl, alkenyl, alkyl

1983年，Spencer は，この触媒反応の溶媒や塩基などを精査し，TON 10万回を超える反応条件を提示した．配位子は P(*o*-tolyl)$_3$ が最も効果的であり，溶媒として DMF が，塩基として酢酸ナトリウムがよいとしている [(4.25)式][35]．アクリル酸エステル，アクロレイン，およびスチレンでの実施例が報告された．1995年，新たにパラダサイクル錯体 **A** がよい触媒となることが示された．塩化アリールの反応にも有効であり，4-ブロモベンズアルデヒドとアクリル酸ブチルとの反応では，ジメチルアセトアミドを溶媒として，135℃，12時間で転化率100%，TON 20万回が達成されている[36]．

$$\text{Ar} = o\text{-Tol}$$ (触媒 A)

反応式 (4.25):
- X = CHO, R = CN, 24 h, 79%
- X = CN, R = C$_6$H$_5$, 32 h, 65%
- X = NO$_2$, R = CO$_2$Et, 5 h, 81%

条件: Pd(OAc)$_2$ 0.001 mol%, P(o-Tol)$_3$ 0.004 mol%, DMF, 130 °C

有機合成への応用例を挙げる.(4.26)式の例では,有機基の違いによる臭化物の反応性の差を利用し,まずアルケニル部分を分子間反応で反応させ,続いて触媒 **A** を用いて臭化アリール部分の分子内溝呂木–Heck 反応により環化している[37].一方,(4.27)式では,分子内アルケンの位置によって速度論的に有利な五員環形成(*exo*-5-*trig* 環化)が優先し,スピロ化合物が生成する[38].

反応式 (4.26): Pd(OAc)$_2$ 10 mol%, PPh$_3$ 21 mol%, n-Bu$_4$NOAc, DMF/CH$_3$CN/H$_2$O, 60 °C, 60 h, 50%; 続いて Pd cat. A 20 mol%, n-Bu$_4$NOAc, DMF/CH$_3$CN/H$_2$O, 115 °C, 4.5 h, 99%

反応式 (4.27): Pd(OAc)$_2$ 20 mol%, PPh$_3$ 40 mol%, Et$_3$N 2 eq., DMF, 60 °C, 12 h, 80%

1999 年には,PCP 型のピンサーパラジウム錯体が触媒として高活性であることが報告された.錯体 **B** は分子間反応で 95 万回の TON を達成した[(4.28)式][39].錯体 **C** は,分子間および分子内反応に対して良好な活性を示すものの,分子内環化においてアルケン部分がジエンであると反応が進まないという特異性を示した[40].

$$\text{(4.28)}$$

4.2.2 藤原反応

1967 年,藤原と守谷は,酢酸パラジウムを触媒としてアレーン類とアルケン類を酢酸中で加熱し,直接カップリングさせることに成功した［(4.29)式］[41]．この反応は,ベンゼンのC–H結合をパラジウムで切断できることを示した画期的発見であった．Ph–Pd 種が中間体であると考えられ,これにアルケンが挿入し,β-水素脱離を経て溝呂木–Heck 反応と同様のカップリング生成物を与える．当初の反応ではパラジウムが等モル量必要であったが,後年になって酸化剤を共存させ,触媒量で実施できるようになった[42]．藤原らは,ベンゾキノンと^{t}BuO$_2$H とを組み合わせて触媒反応に成功した［(4.30)式］[43,44]．

$$\text{(4.29)}$$

$$\text{(4.30)}$$

4.2.3 村井反応

1993 年,村井らはルテニウム錯体によりアセトフェノンのオルト位水素を活性化させ,アルケンと触媒的にカップリングさせることに成功した［(4.31)式］[45~47]．それまで,芳香族C–H結合を切断しオルトメタル化する反応は,化学量論的な錯体形

成について報告されていた．また，一酸化炭素やアルケンの挿入反応の例もいくつか知られていたが，反応の選択性や収率に難点があった．村井反応の触媒としては $RuH_2(CO)(PPh_3)_3$ あるいは $Ru(CO)_2(PPh_3)_3$ がよい．また，反応基質として種々の置換アルケンが使用できるが，トリエトキシビニルシランが収率もよく好んで利用されている．一方，芳香族基質としては，ルテニウムへの配位性基となるカルボニル基をもつケトンが好ましく，またエステル［(4.32)式］[48]，アルデヒド[49]，ニトリル[50]，イミンなど，配位性置換基を有するものなら幅広く利用できる．

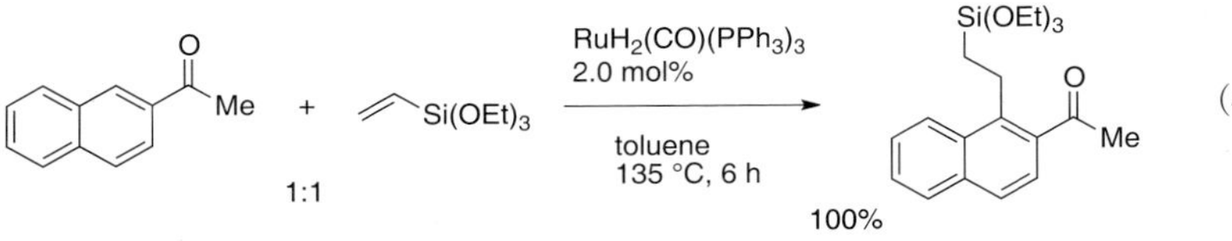

$$\text{(4.31)}$$

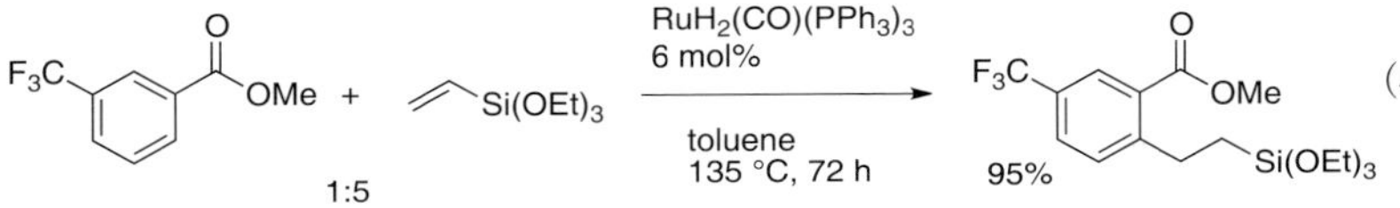

$$\text{(4.32)}$$

重水素ラベルを用いた反応機構の研究により，C–H 結合切断によるアリールルテニウム錯体の生成とそれに続くアルケンの挿入は，速い平衡反応であることが分かった．これをもとに，ヒドリド種にアルケンが挿入した中間体 **A** からの還元的脱離が触媒反応の律速段階であると結論された（図 4.6）．また，アルケン挿入の位置異性体である **B** からの還元的脱離が，**A** からの脱離に比べて遅く，これが挿入反応の高い位置選択性の要因であると考察された．

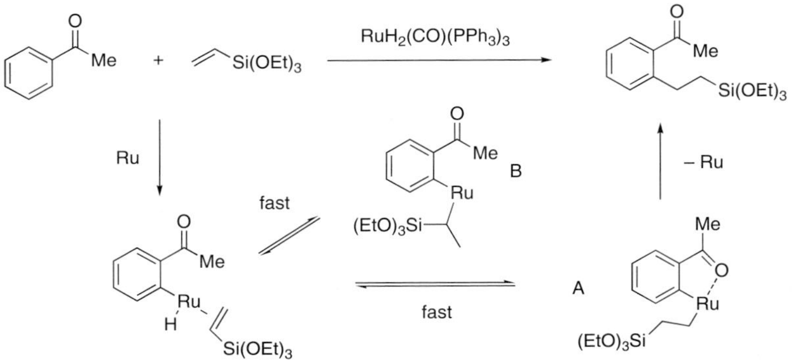

図 4.6　村井反応の機構

4.2.4 芳香族 C–H 結合の直接アシル化

ルテニウムカルボニル錯体を用いて芳香族炭化水素の C–H 結合を直接切断し，カルボニル化とアルケン挿入を行うことができる [(4.33), (4.34)式]．これらの反応以前にも，アレーン類のカルボニル化とそれに続くアルケン挿入による3成分カップリング型の芳香族アシル化は報告されていたが，収率が高くはなかった．イミダゾール基，ピリジル基，オキサゾリニル基などのヘテロ環を配向基として用いると，ベンゼン環の直接アシル化が良好な収率で進行する[51,52]．

$$
\text{(Bn,Me-ベンズイミダゾール-H)} + CO + \overset{t}{=}\!Bu \xrightarrow[\text{toluene, 160 °C, 20 h}]{\text{Ru}_3(\text{CO})_{12}\; 4\,\text{mol\%}} \text{(アシル化体, 69\%)} \tag{4.33}
$$

5 atm

$$
\text{(o-メチル-オキサゾリン-H)} + CO + =\!= \xrightarrow[\text{toluene, 160 °C, 20 h}]{\text{Ru}_3(\text{CO})_{12}\; 2.5\,\text{mol\%}} \text{(アシル化体, 98\%)} \tag{4.34}
$$

20 atm　7 atm

4.2.5 芳香族ハロゲン化物のカルボニル化

ハロゲン化アリールおよびハロゲン化アルケニルを，ヒドリド，水，アルコール，アミンなどの求核剤の存在下で一酸化炭素と反応させ，アルデヒド，カルボン酸，エステル，アミドなどに変換することができる [(4.35)式][53]．パラジウム触媒による反応では，Pd(0) 錯体に対して有機ハロゲン化物が酸化的付加し，続いて Pd–C 結合に一酸化炭素が挿入する．生成したアシルパラジウム中間体に求核剤が攻撃し，カルボニル化合物を与える．一酸化炭素が2分子挿入した化合物が生成することもある．触媒前駆体として，Pd(II) 錯体である $PdCl_2(PPh_3)_2$, $PdCl_2(PhCN)_2$ や $Pd(OAc)_2/PPh_3$, Pd(0) 錯体である $Pd(PPh_3)_4$ を用いることができる．反応によりハロゲン化水素が副生するので塩基の添加が必要である．塩化アリール類の反応は遅い．ハロゲン化ヘテロアレーン類も使用できる．天然化合物合成を目的とした分子内環化反応への応用例も多く見受けられる．

$$
R\text{–}X + CO + Y\text{–}H \xrightarrow[\text{base}]{\text{Pd cat.}} R\text{–}C(=O)\text{–}Y \tag{4.35}
$$

R = aryl, alkenyl　Y = H, H_2O, ROH, RNH_2, R_2NH etc.
X = Cl, Br, I, and OTf

以下に代表的な反応例を示す．(4.36)式は臭化物のホルミル化である[54]．(4.37)式のエステル化ではdppfを配位子として塩化物の変換に成功している[55]．さらに，アミド化[56]と，ダブルカルボニル化によるα-ケトアミドの合成[57]を例示する［(4.38)，(4.39)式］．

$$\text{3-BrPy} + \text{CO} + \text{H}_2 \xrightarrow[\text{145°C}]{\text{PdBr}_2(\text{PPh}_3)_2, \text{Et}_3\text{N}} \text{2-CHO-Py} \quad (4.36)$$
(1:1), 80 atm, cat. 1.5 mol%, 80%

$$\text{2-Cl-Py} + \text{CO} + n\text{-BuOH} \xrightarrow[\text{130°C}]{\text{PdCl}_2(\text{PhCN})_2, \text{dppf, Et}_3\text{N}} \text{2-CO}_2n\text{-Bu-Py} \quad (4.37)$$
25 atm, cat. 0.5–0.005 mol%, 95%

$$\text{PhBr} + \text{CO} + \text{PhNH}_2 \xrightarrow[\text{100 °C, 3.5 h}]{\text{PdBrPh(PPh}_3)_2, \text{Bu}_3\text{N}} \text{PhCONHPh} \quad (4.38)$$
1 atm, cat. 1.5 mol%, 94%

$$\text{PhI} + \text{CO} + \text{Et}_2\text{NH} \xrightarrow[\text{80 °C, 1 h}]{\text{PdCl}_2(\text{PMePh}_2)_2} \text{PhCOCONEt}_2 \quad (4.39)$$
50 bar, cat. 0.9 mol%, 91%

4.3　クロスカップリング反応

　化学量論量の金属銅を用いて2分子のハロゲン化アリールからハロゲン原子を引き抜き，還元的に炭素‒炭素結合を形成するカップリング反応は，Ullmann反応として知られている[58]．この反応は高温を要し，多くの場合に収率も低い．これを，一方のハロゲン化物を金属化合物（有機金属反応剤）に変換して求核剤とし，触媒量の遷移金属錯体を用いて比較的穏やかな条件で高収率，高選択的に行う方法が考え出され，クロスカップリング反応として発展してきた．触媒に使う金属は，ニッケル，パラジウムが主である．銅をはじめ，ルテニウム，コバルト，クロム，ロジウムも活性があることが報告され，最近では鉄触媒にも注目が集まっている［(4.40)式］．医薬品や生理活性天然有機化合物，機能性材料の合成に，一般性と信頼性の高い反応として利用されている[59]．2010年，「有機合成におけるパラジウム触媒を用いるクロスカップリング」研究に対する貢献により，根岸と鈴木がHeckとともにノーベル化学賞を受賞した．

4.3 クロスカップリング反応

$$R^1\text{-}X \quad + \quad R^2\text{-}m \quad \xrightarrow{\text{Metal cat.}} \quad R^1\text{--}R^2 \tag{4.40}$$

Metal = Pd, Ni, Cu, Fe, etc.
R^1 = alkyl, alkenyl, aryl etc.
X = halogen, OTs etc.
R^2-m = R^2MgX, R^2BX_2/OH-, R^2ZnX, R^2SnX_3 etc.

図 4.7 に，パラジウム触媒と Grignard 反応剤を用いるクロスカップリングの触媒サイクルを示す．まず，低酸化状態の Pd(0) 錯体（PdL_n）に有機ハロゲン化物（R^1–X）が酸化的付加し，続いて $Pd(R^1)(X)L_n$ 錯体と Grignard 反応剤（R^2MgX）がトランスメタル化を起こして $Pd(R^1)(R^2)L_n$ 錯体が生成する．最後に R^1 と R^2 が金属上から還元的脱離すると考えられている．

実際の反応では，金属錯体や反応基質の種類，さらには反応条件に大きく左右されて反応機構が変化するので，それほど単純ではない．たとえば，パラジウム触媒反応の多くは Pd(0)/Pd(II) サイクルによって説明されるが，R^1–X としてヨージナン [$R^1I(Y)X$] などの 3 価のヨウ素化合物を用いた反応では Pd(II)/Pd(IV) サイクルが形成されるものと考えられている（3.3.3 項）．また，ニッケル触媒や鉄触媒を用いた反応では電子移動を伴うラジカル機構が提案されている．

R^1–X の酸化的付加の過程は，ホスフィン配位子の電子的影響や立体的影響を受ける．たとえば，P^tBu_3 のように嵩高く電子供与性の強い配位子は，配位不飽和な金属錯体をつくり出して R^1–X の配位を容易にし，金属中心の電子密度を高めて酸化的付加を促進する（3.3.4 項）．また，求核性の低い有機ホウ素や有機ケイ素反応剤では，塩基の共存によってこれを活性化し，トランスメタル化過程を円滑に進行させることができる（3.2.2 項）．

さらに，R^1 基と R^2 基が金属中心から還元的脱離するためには，両者が互いにシス

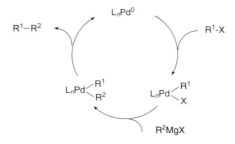

図 4.7 Grignard 反応剤を用いるクロスカップリングの触媒サイクル

位に存在する必要があり（3.4.1項），これを促進するため二座キレート配位のジホスフィン類が効果的な配位子として働く場合がある．(4.41)式に，ハロゲン化アルケニルと Grignard 反応剤とのニッケル触媒クロスカップリングに及ぼすホスフィン配位子の効果を示した．ニッケルと六員環キレートを形成し，配位挟角の比較的大きな dppp が最も高い触媒活性を誘起する（3.4.3項）．

$$\underset{X}{\diagup\!\!\!\diagdown} + R^2\text{-Mg-X} \xrightarrow[\text{ligand}]{Ni^{II}Cl_2(L_2)} \underset{R^2}{\diagup\!\!\!\diagdown} \qquad (4.41)$$

活性小　$Ni(PR_3)_2Cl_2 < Ni(dppb)Cl_2 < Ni(dppe)Cl_2 < Ni(dppp)Cl_2$　活性大

4.3.1　有機マグネシウム反応剤：熊田−玉尾−Corriu 型

1971年，Kochi・田村らは，Grignard 反応剤とハロゲン化アルキルとのカップリング反応に銅塩や銀塩の効果をみとめ，反応機構を提唱した．また同時に，触媒量の塩化鉄がアルキル Grignard 反応剤とハロゲン化アルケニルのカップリング反応に有効であることを報告した[60]．ハロゲン化アルキルではクロスカップリング生成物が得られないことも報告している．この発見は，先駆的な研究報告として注目すべきものである．

1972年，熊田・玉尾らと Corriu らは独立に，ハロゲン化アリールおよびハロゲン化アルケニルと Grignard 反応剤とをニッケルホスフィン錯体を触媒としてカップリングさせることに成功した[61]．二級のアルキル Grignard 反応剤との反応では一級のアルキル基への異性化やアルケンの副生が起きることがある．パラジウム触媒に，配位子として配位挟角が 99° と大きな 1,1′-ジフェニルホスフィノフェロセン（dppf）を組み合わせると還元的脱離が促進され，二級アルキルへの異性化が相対的に抑制されて収率が向上する［(4.42)式］[62]．

PP =	sec-	n-
dppf	93%	0%
dppb	53%	25%
dppp	76%	6%

(cat. $PdCl_2(PP)$ 1 mol%, Et_2O, 0℃ ~ r.t., 3.5 h ~ 24 h, sec-BuMgCl + BrCH=CHPh 1:1.5)

(4.42)

Grignard 反応剤の代わりに，有機リチウム反応剤を用いてパラジウム触媒と組み合わせることもできる（村橋型といわれる）．アリール Grignard 反応剤とアリール

ハロゲン化物の組み合わせは，ニッケルでもパラジウムでも良好にカップリング反応が進行する [(4.43), (4.44)式][63]．

$$
\text{PhMgBr} + \text{TfO-C}_6\text{H}_4\text{-Ph} \xrightarrow[\text{Et}_2\text{O, 30 °C}]{\substack{\text{PdCl}_2(\text{L}) \\ 5 \text{ mol\%} \\ \text{LiBr 1 eq} \\ 3 \text{ h}}} \text{Ph-C}_6\text{H}_4\text{-Ph} \quad 95\% \tag{4.43}
$$

$$
L = \text{CH}_2\text{CH(NMe}_2\text{)CH}_2\text{PPh}_2
$$

$$
\text{(Z)-PhCH=CHBr} + \text{R-Li} \xrightarrow[\text{benzene, r.f., 2 h}]{\text{Pd(PPh}_3)_4 \ 5 \text{ mol\%}} \text{(Z)-PhCH=CHR} \tag{4.44}
$$

1:1

R = MeLi 90%
R = n-BuLi 62%
R = 2-Furyl 85%

一級および二級のハロゲン化アルキルは，アルキル錯体中間体からβ-水素脱離が起こりやすくクロスカップリング反応への適用が難しかったが，神戸らにより，ニッケル触媒を用いて収率よくカップリングさせることが可能になった[64]．1,3-ブタジエンの添加が重要であり，ビス(π-アリル)ニッケル錯体の生成が鍵となると考えられている（図4.8）．トランスメタル化の過程でGrignard反応剤もしくは有機亜鉛反応剤からアルキル基が移動する際，アリル配位子が $\pi \rightleftarrows \sigma$（$\eta^3 \rightleftarrows \eta^1$）と配位様式を変化することで，Ni(II) の16電子平面四角形構造が維持され，β-水素脱離が抑制されているものと考えられる．なお，ハロゲン化アルキルの反応過程は不明であるが，ラジカル機構は否定されている．この研究により，Grignardクロスカップリング反応の弱点の一つが解決された．

一方，中村ら，林ら，Fürstner らはそれぞれ独立に鉄触媒を用いる Grignard クロ

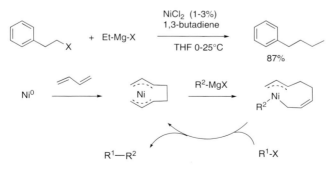

図4.8　π-アリルニッケル錯体によるクロスカップリング反応

スカップリング反応を開発した．塩化鉄(III)や酢酸鉄(III)と N, N, N', N'-テトラメチルエチレンジアミン（TMEDA）を組み合わせた触媒，あるいはアニオン性の $[Li(TMED)]_2[Fe(C_2H_4)_4]$ を触媒に用いて，一級および二級のハロゲン化アルキルとアリール Grignard 反応剤のカップリングが収率よく進行する［(4.45), (4.46) 式］[65,66]．(4.45)式の反応では，Grignard 反応剤をゆっくりと滴下する方法がとられ，ハロゲン化アルキルのエステルやケトン官能基が反応後も維持される．

$$\text{EtO-CO-(CH}_2)_4\text{-I} + \text{4-MeOPh-MgBr} \xrightarrow[\text{THF, 0°C}]{\text{FeCl}_3 \text{ 5 mol\%} \atop \text{TMEDA 1.2 eq}} \text{EtO-CO-(CH}_2)_4\text{-Ph-4-OMe} \quad (4.45)$$

1.2 eq, 88%

$$\text{Cy-Br} + \text{4-MeOPh-MgBr} \xrightarrow[\text{THF, -20°C}]{[Li(TMEDA)_2][Fe(C_2H_4)_4] \atop 5 \text{ mol\%}} \text{Cy-Ph-4-OMe} \quad (4.46)$$

95%

鉄触媒では，Bedford らによって，t-ブチルイミダゾリニウム塩から得られる NHC 配位子が効果的であることが示された［(4.47)式］[67]．$FeCl_3+NHC\cdot HCl$ から生成する Fe(III)錯体が還元されて低酸化状態の鉄錯体が生成し，この錯体が活性種となり1電子移動型の酸化的付加とトランスメタル化，アリール鉄錯体とアルキルラジカルとの反応を経由してカップリング生成物を与える機構が提案された．

$$\text{Cy-Br} + \text{Me-C}_6\text{H}_4\text{-MgBr} \xrightarrow[\text{Et}_2\text{O, rt, 30 min}]{\text{FeCl}_3 \text{ 5 mol\%} \atop \text{Imidazolinium Cl 10 mol\%}} \text{Cy-C}_6\text{H}_4\text{-Me} \quad (4.47)$$

2 eq, 97%
with complex A (5 mol%) 94%

Complex A
Ar = 2,6-^{i}Pr$_2$C$_6$H$_3$

NHC 配位子の有効性を示す結果は，Deng らによる Fe-NHC 二量化錯体を触媒とする一級のフッ化アルキルとアリール Grignard 反応剤とのカップリングにおいて見出されている[68]．また，中村らにより，工業的に豊富で安価ではあるが通常は反応性の低い一級，二級，三級の塩化アルキルとアリール Grignard 反応剤とのカップリングが，$FeCl_3$/NHC 触媒を用いることによって高収率で達成された[69]．この反応では，アニオン性の $[FeAr_3(NHC)]^-$ 中間体が生成し，R–X との1電子移動反応によって

発生するR・ラジカルとAr–Feとの再結合でクロスカップリング反応が進行する機構が提案された[70]．Fe–NHC触媒とアルキルGrignard反応剤を用いる反応系では，求電子基質にスルファメート（R–OSO$_2$NMe$_2$），カーバメート（R–OCONEt$_2$），トシラート（R–OTs）などを用いることも可能である[71]．

フッ化鉄とNHC配位子とを触媒として組み合わせた，ハロゲン化アリールやハロゲン化ヘテロアリールとアリールGrignard反応剤とのカップリングでは，ホモカップリング体の生成が抑制され，非対称ビアリールが選択性よく得られる［(4.48)式］[71]．大量スケールでの合成に適した方法といえる．鉄触媒は塩化アリールとの反応に，コバルト触媒はハロゲン化ヘテロアリールとの反応に，それぞれ有効に働く傾向がある．また，ニッケル触媒は，臭化アリールや嵩高い求電子基質の反応に良好な結果を与える．DFT計算をもとに，[MgCl][M(Ph)F$_2$]（M = Fe, Co, Ni）型アート錯体が鍵中間体となり，PhClと酸化的付加する過程が提案されている．Knochelらが，鉄触媒によるC(sp^2)–C(sp^2)クロスカップリングの進展についてまとめている[72]．

$$(4.48)$$

Cárdenasらは，Fe(OAc)$_2$とIMes・HClから調製したFe–NHC触媒を用いて，きわめて難しい課題であるアルキル–アルキル型（C(sp^3)–C(sp^3)結合形成）のクロスカップリングに挑戦し，ヨウ化アルキルとアルキルGrignard反応剤を室温で反応させ，短時間で良好な収率で生成物を得ている［(4.49)式］[73a]．さらに，シクロプロピルメチルラジカルの生成に基づく開環反応が観測されたこととEPR実験から，Fe(I)錯体と1電子移動を経由する触媒サイクルを提案している．また，ホモカップリング体の生成の減少は，トリアルキル鉄種の生成が抑制されるためとしている．

Bedfordは，環境調和性の高い鉄触媒の重要性を指摘し，これまでに提唱された反応機構についてまとめている[74]．

$$\text{Cyclohexyl-I} + \text{BrMg-CH}_2\text{CH}_2\text{-(1,3-dioxane)} \xrightarrow[\text{THF, r.t., 20 ,im}]{\substack{\text{Fe(OAc)}_2\ 2.5\ \text{mol\%} \\ \text{IMes·HCl}\ 6\ \text{mol\%}}} \text{Cyclohexyl-CH}_2\text{CH}_2\text{-(1,3-dioxane)} \quad 88\% \tag{4.49}$$

IMes·HCl

ニッケル触媒では，Shi らがベンジル位選択的に C(sp^3)–O 結合を切断し，アルキル化することに成功した［(4.50)式］[75]．メチルベンジルエーテルとアルキル Grignard 反応剤とのクロスカップリングとして興味深い．

$$\text{X-C}_6\text{H}_4\text{-C}_6\text{H}_4\text{-CH}_2\text{OMe} + \text{MeMgBr} \xrightarrow[\substack{\text{toluene, 80 °C} \\ 10\ \text{h}}]{\substack{\text{NiCl}_2(\text{dppf}) \\ 2\ \text{mol\%} \\ \text{dppf 2 mol\%}}} \text{X-C}_6\text{H}_4\text{-C}_6\text{H}_4\text{-CH}_2\text{Me} \tag{4.50}$$

X = F　92%
X = OMe　89%

一方，コバルト触媒は，C(sp^2)–C(sp^2) カップリングに有効であり，パラジウムやニッケル触媒に比べて β-水素脱離を起こしにくいのでハロゲン化アルキルへの適用にも期待ができる．Grignard 反応剤との組み合わせにより C(sp^3)–C(sp^3) のカップリングにまで適用範囲が広げられている[76]．

塩化コバルトとジアミン配位子を組み合わせた触媒が，一級と二級のハロゲン化アルキルとアリール Grignard 反応剤とのカップリングに有効であることが示された［(4.51)式］[77]．ハロゲン化物では臭化物よりヨウ化物の反応性がやや高い．また，ハロゲン化物の酸化的付加反応がラジカル機構で起こることが確かめられた．同様の組み合わせのクロスカップリングは，Co(acac)$_3$ (5 mol%) と TMEDA (5 mol%) の触媒でも実施できることが報告された[78]．ω-ブロモヘキサノエートを反応基質として，臭素位のみを化学選択的にアリール化する反応が高収率で進行する．二級アルキル臭化物のカップリングの例を示す［(4.52)式］．さらに，一級と二級のハロゲン化アルキルとアルキル Grignard 反応剤とのカップリングが，塩化コバルトに，ヨウ化リチウムと TMEDA を用いる触媒系（CoCl$_2$/2LiI/4TMEDA）により良好な収率で進行する[79]．反応は化学選択的であり，ケトン，エステル，ニトリル部位は反応しない．

$$\text{Cy-Br} + \text{Ph-MgBr} \xrightarrow[\text{THF, rt, 15 min}]{\text{CoCl}_2\ 5\ \text{mol\%} \atop \text{diamine 6 mol\%}} \text{Cy-Ph} \quad\quad \text{diamine} = \text{(1,2-bis(dimethylamino)cyclohexane)} \quad (4.51)$$

99%

$$\text{BrCH(Et)(CH}_2)_9\text{CO}_2\text{Et} + \text{Ph-MgBr} \xrightarrow[\text{THF, 0 °C, 40 min}]{\text{Co(acac)}_3\ 5\ \text{mol\%} \atop \text{TMEDA 5 mol\%}} \text{PhCH(Et)(CH}_2)_9\text{CO}_2\text{Et} \quad (4.52)$$

92%

4.3.2　有機亜鉛反応剤：根岸型

　有機亜鉛化合物は求核性が弱く，ヒドロキシ，ニトロ，アジドなどを除き，ほとんどの官能基と反応しないので汎用性が高い．したがって，パラジウムなどの金属触媒とのトランスメタル化が進行すれば，さまざまなハロゲン化炭化水素とのカップリングが可能となる［(4.53), (4.54)式］[80]．塩化アリール，塩化アルケニルも $\text{Pd}(\text{P}^t\text{Bu}_3)_2$ を触媒として効率的に根岸型カップリング反応を起こす．また，ハロゲン化アシルなども良好な収率でカップリング生成物を与える[81]．

$$\text{1-Naphthyl-Br} + \text{BrZnCH}_2\text{CO}_2\text{Et} \xrightarrow{\text{Ni(PPh}_3)_4\ \text{cat.}} \text{1-Naphthyl-CH}_2\text{CO}_2\text{Et} \quad (4.53)$$

69%

$$\text{R-CH}_2\text{CH}_2\text{I} \xrightarrow{^t\text{BuLi then ZnBr}_2} \text{BrCH=CH-CH}_2\text{CH}_2\text{-C(CH}_3)\text{=CH-CH}_2\text{OBn} \xrightarrow{\text{PdCl}_2(\text{dppf})} \text{coupled product} \quad (4.54)$$

50%

　注目すべきは，有機亜鉛化合物とニッケル触媒を用いると $C(sp^3)$–$C(sp^3)$ クロスカップリングが可能になることである．分子内にオレフィン部分があるとカップリングが進行する［(4.55)式］[82]．また，p-トリフルオロスチレン $p\text{-CF}_3\text{C}_6\text{H}_4\text{CH=CH}_2$ の添加によって触媒反応が容易に進行することが知られている［(4.56)式］[83]．

$$\text{CH}_2\text{=CH-CH(}n\text{-Bu)-CH}_2\text{-Br} + \text{Et}_2\text{Zn} \xrightarrow[\text{LiI, THF}]{\text{Ni(acac)}_2\ 7.5\ \text{mol\%}} \text{CH}_2\text{=CH-CH(}n\text{-Bu)-CH}_2\text{-Et} \quad (4.55)$$

82%

$$\text{PhCO(CH}_2)_3\text{I} + \text{3-NC-C}_6\text{H}_4\text{CH}_2\text{ZnBr} \xrightarrow[\substack{p\text{-CF}_3\text{PhCH=CH}_2 \\ (20\text{ mol\%}) \\ \text{THF, NMP}}]{\text{Ni(acac)}_2\ 10\ \text{mol\%}} \text{PhCO(CH}_2)_4\text{-3-C}_6\text{H}_4\text{CN} \quad 74\% \tag{4.56}$$

Grignard 反応剤とコバルト塩を反応させるとホモカップリングが起こる.一方,N-メチルピロリジノン（NMP）を溶媒とし,コバルト触媒を用いて,ヨウ化アルキルと Et_2Zn から調製した有機亜鉛反応剤と塩化アシルとのクロスカップリングを起こすことができる［(4.57)式］[84].

$$\text{PivO(CH}_2)_4\text{I} \xrightarrow[\substack{\text{2) CoBr}_2,\ \text{Et}_2\text{O, NMP} \\ \text{3) } n\text{-C}_7\text{H}_{15}\text{-COCl}}]{\text{1) ZnEt}_2} \text{PivO(CH}_2)_4\text{CO-}n\text{-C}_7\text{H}_{15} \quad 78\% \tag{4.57}$$

生理活性物質合成への利用例を挙げる［(4.58)式］[85].有機亜鉛反応剤とパラジウム触媒を用いたアルケニル化反応については総説が出されている[86].

$$\tag{4.58}$$

2003 年,Fu らにより,一級のアルキル臭化物と一級のアルキル亜鉛とのアルキル-アルキルカップリングが,$Pd_2(dba)_3$ と $PCyp_3$（Cyp = シクロペンチル）を触媒,NMI（N-メチルイミダゾール）を添加剤とする反応系で達成された[87].また,$Ni(cod)_2$ と s-Bu-Pybox を触媒,DMA（N,N-ジメチルアセトアミド）を添加剤として,ハロゲン化アルキルを用いたアルキル-アルキルカップリングが報告された[88].窒素系三座配位子である s-Bu-Pybox が良好な収率を与えたのに対して,嵩高い P^tBu_3 では低収率であった.

有機亜鉛反応剤を用いた反応への鉄触媒の利用が進められている.中村らはTMEDA を添加剤に用いて,塩化亜鉛と 2 当量の PhMgBr から得られる Ph_2Zn と臭化アルキルあるいはヨウ化アルキルとのカップリングに成功した[89].臭化シクロヘプチルと Ph_2Zn との反応も,$FeCl_3$（5 mol%）と TMEDA（1.5 当量）を用いて,THF中 50 ℃,30 分で完結し,フェニルシクロヘプタンが 96% の収率で得られた.マグネシウム塩の共存が必要であり,反応は,エステルやニトリルなど種々の極性官能基を

損なうことなく進行する［(4.59)式］[89]．アルケニル亜鉛を求核剤に用いてハロゲン化アルキルとのカップリングにも展開されている［(4.60)式］[90]．

$$\text{EtO}\underset{5}{\overset{\text{O}}{\diagup}}\text{Br} + \text{Ph}_2\text{Zn} \xrightarrow[\text{THF, 50 °C}]{\text{FeCl}_3\ 5\ \text{mol\%}\atop\text{TMEDA 1.5 eq}} \text{EtO}\underset{5}{\overset{\text{O}}{\diagup}}\text{Ph} \quad (4.59)$$
1.5 eq, 0.5 h, 99%

$$\text{(4.60 式)} \quad 87\%$$

コバルト触媒について，Knochel らは，TMP$_2$Zn 種を用いた新たな C–H 亜鉛化法（zincation）を開発し，ジアリール亜鉛とヨウ化アルキルとのカップリングに成功した［(4.61)式］[91]．

$$\text{(4.61 式)} \quad 94\%$$

TMP = 2,2,6,6-tetramethylpiperidyl

4.3.3　有機ホウ素反応剤：鈴木–宮浦型

1979 年，鈴木・宮浦らは，パラジウム触媒を用いてアルケニルホウ素とハロゲン化アリールとのカップリングに成功した［(4.62)式］．その後，アルケニルホウ素に限らず，アリール基やアルキル基をもつ種々の有機ホウ素反応剤と有機ハロゲン化物との組み合わせにより，さまざまな種類の有機基をクロスカップリングできるようになった．アルキルおよびアルケニルホウ素反応剤は，アルケンやアルキン骨格への H–B 結合の付加反応（ヒドロホウ素化：hydroboration）によって合成でき，単離することなく触媒反応に使用できる．アリールホウ素反応剤も，アリール金属化合物とのトランスメタル化や，ジボロンとハロゲン化アリールとの触媒的クロスカップリング反応によって容易に合成できる．有機ホウ素化合物は毒性が少なく水に対して安定で使いやすい．また，B–C 結合の分極が小さく有機基の求核性が低いため官能基許容性が高い．そのため，工業的な利用が進み，アリール–アリールカップリングは医薬品合成に国内外の企業で利用されている．また，OLED などの電子発光材料の製造に使用されている[92]．

$$R^1-X \ + \ R^2-B\diagup \quad \xrightarrow[\text{base, ligand}]{\text{Pd cat.}} \quad R^1-R^2 \ + \ X-B\diagup \qquad (4.62)$$

R^2 = alkyl, alkenyl, aryl, etc.
X = halogen, tosylate, OTf, phosphate, etc.

触媒は,Pd(PPh$_3$)$_4$,Pd$_2$(dba)$_3$·CHCl$_3$,PdCl$_2$(PR$_3$)$_2$,Pd(OAc)$_2$などのパラジウム化合物に補助配位子を組み合わせて調製される.鈴木-宮浦型反応の発見当初から困難であったアルキルボランの反応には,PdCl$_2$(dppf) が有効に働く[(4.63),(4.64)式][93].

$$\text{PhI} \ + \ B\text{-}n\text{-}C_8H_{17} \quad \xrightarrow[\substack{\text{THF} \\ \text{aq. NaOH} \\ \text{r.f.}}]{\text{PdCl}_2\text{(dppf) 3 mol\%}} \quad \text{Ph-}n\text{-}C_8H_{17} \quad 99\% \qquad (4.63)$$

$$\text{4-BrC}_6\text{H}_4\text{C(O)Me} \ + \ B\text{-(CH}_2)_{10}\text{CN} \quad \xrightarrow[\substack{\text{DMF-THF} \\ \text{K}_2\text{CO}_3\text{, 50 °C} \\ \text{over night}}]{\text{PdCl}_2\text{(dppf) 3 mol\%}} \quad \text{4-MeC(O)C}_6\text{H}_4\text{(CH}_2)_{10}\text{CN} \quad 98\% \qquad (4.64)$$

B-R-9-BBN = *B-a*lkyl-borabicyclo[3.3.1]nonane

補助配位子としては,PPh$_3$やdppfに加えて,嵩高いアルキル基を有するP^{t}Bu$_3$やPCy$_3$などのトリアルキルホスフィンや,ビフェニルホスフィン(Buchwald配位子)が高い触媒活性を発現する.P^{t}Bu$_3$は電子供与性と電子求引性のいずれの置換基をもつアリール基にも有効であり,かつ立体障害をもつハロゲン化アリールにも効果的である[(4.65)式][94].また,Buchwald配位子(SPhosやXPhos)も嵩高い置換基をもつ塩化アリールの反応に有効である[(4.66),(4.67)式][95].特に,XPhosはPd(OAc)$_2$と組み合わせると,1 mol%以下の触媒量でも室温で容易にカップリング反応を起こすことができる.電子豊富な塩化アリールの反応にも有効であり,たとえば,2-クロロトルエンと2,6-ジメチルフェニルボロン酸から,2,2′,6-トリメチルビフェニルを94%の収率で合成できる.

$$\text{4-X-C}_6\text{H}_4\text{Cl} \ + \ \text{2-MeC}_6\text{H}_4\text{B(OH)}_2 \quad \xrightarrow[\substack{\text{KF 3.3 eq} \\ \text{THF}}]{\substack{\text{Pd}_2\text{(dba)}_3 \text{ 0.5 mol\%} \\ \text{P}^t\text{Bu}_3 \text{ 1 mol\%}}} \quad \text{4-X-C}_6\text{H}_4\text{-2-MeC}_6\text{H}_4 \qquad (4.65)$$

X = MeC(=O) (r.t.) 99%
X = MeO (70 °C)   88%

4.3 クロスカップリング反応

(4.66)

(4.67)

ホウ素側に嵩高いアリール基を有する場合には,ボロン酸エステルを用いると効果的である[96].ホウ素側に塩基に弱いエステルを有する場合は,溶媒にDMFを用いて極性を上げ,弱塩基を選ぶことにより高収率で得ることができる[97].

パラジウム触媒の代わりにニッケル触媒も利用できる[(4.68),(4.69)式][98,99]. Ni(II)錯体は還元されにくいので,ZnやBuLiなどの還元剤を添加して触媒活性種であるNi(0)錯体に変換する必要がある.ニッケル錯体は酸化的付加に高い活性を示し(3.3.4項),塩化アリールを基質に用いることができるので興味深い.

(4.68)

(4.69)

有機ホウ素反応剤の求核性は低いが,塩基を共存させるとトランスメタル化反応を起こすようになる(3.2.2項)[(4.70),(4.71)式].また,アニオン性の有機ボレー

トをあらかじめ調製して反応に使用する方法も有効である．トリフルオロボレートを用いる系では，パラジウムは補助配位子なしに触媒として機能する．その際には，メタノールやジオキサンを溶媒としてボレートの溶解性を確保する [(4.72)式][100]．

$$
\begin{array}{c}
\text{Ph} \\ \diagdown \\ \text{Br}
\end{array}
+ \; n\text{-}C_4H_9\diagdown\text{B}\diagup^{\text{O}}_{\text{O}}\hspace{-2pt}\bigg\langle \xrightarrow[\substack{\text{NaOEt, C}_6\text{H}_6 \\ \text{r.f.}}]{\text{Pd(PPh}_3)_4} \begin{array}{c}\text{Ph}\\\diagdown\diagup\diagdown\diagup n\text{-}C_4H_9\\ 86\%\end{array} \quad (4.70)
$$

$$
\text{CH}_3\text{CO-C}_6\text{H}_4\text{-Br} + \text{Ph-B(OH)}_2 \xrightarrow[\substack{\text{CsF, DME}\\100°\text{C}}]{\text{Pd(PPh}_3)_4} \text{CH}_3\text{CO-C}_6\text{H}_4\text{-Ph} \quad 85\% \quad (4.71)
$$

$$
\text{EtO}_2\text{C-C}_6\text{H}_4\text{-N}_2\text{BF}_4 + \text{CH}_2\text{=CH-BF}_3\text{K} \xrightarrow[\substack{\text{Dioxane}\\20\,°\text{C, 1 h}}]{\text{Pd(OAc)}_2\ 5\text{ mol\%}} \text{EtO}_2\text{C-C}_6\text{H}_4\text{-CH=CH}_2 \quad 65\% \quad (4.72)
$$

鈴木-宮浦型カップリング反応の実用的な利用例として，シロールとチオフェンの交互共重合体の合成を示す [(4.73)式][101]．

$$
(4.73)
$$

(silole-thiophene copolymer synthesis; Pd$_2$(dba)$_3$ 5 mol%, PPh$_3$ 20 mol%, Na$_2$CO$_3$, THF-H$_2$O, reflux, 72 h; 98%)

3d 金属の触媒への利用としては，2004 年に Fu らが，Ni(cod)$_2$ とバソフェナントロリン配位子を組み合わせた触媒を用いて，アリールおよびアルケニルボロン酸と二級の臭化アルキルあるいはヨウ化アルキルとの反応に成功している [(4.74)式][102]．反応には，過剰量の ^{t}BuOK の添加が必要である．

$$
\text{Me}_3\text{C-I} + (\text{HO})_2\text{B-C}_6\text{H}_4\text{-SMe} \xrightarrow[\substack{\text{KO}^t\text{Bu 1.6 eq}\\ s\text{-BuOH}\\60\,°\text{C, 5 h}}]{\substack{\text{Ni(cod)}_2\ 4\text{ mol\%}\\\text{bp 8 mol\%}}} \text{Me}_3\text{C-CH}_2\text{-C}_6\text{H}_4\text{-SMe} \quad 75\% \quad (4.74)
$$

bathophenanthroline (bp)

また 2010 年,中村らは,はじめて鉄触媒によるハロゲン化アルキルとアリールボロン酸とのカップリングに成功した [(4.75)式][103].この反応では,ボロン酸エステルを前もってアルキルリチウムでボレートにしておく必要がある.基質のエステル基やニトリル基は反応しない.クロスカップリング反応には,嵩高い五員環キレートホスフィン配位子と $MgBr_2$ の添加が必要である.

$$
NC-(CH_2)_5-Br + \text{(ボレート 2 eq)} \xrightarrow[\text{THF, 40 °C, 3 h}]{\text{Cat.B 3 mol\%} \\ MgBr_2 \text{ 20 mol\%}} NC-(CH_2)_5-\text{(インドール)} \quad 96\% \tag{4.75}
$$

Cat. A Ar = 3,5-$^tBu_2C_6H_3$ $FeCl_2$(3,5-$^tBu_2$-SciOPP)
Cat. B Ar = 3,5-$(SiMe_3)_2C_6H_3$ $FeCl_2$(3,5-TMS$_2$-SciOPP)

中村らはハロゲン化アルキルとアルキルボロン酸とのアルキル-アルキル型カップリングにも取り組み,$Fe(acac)_3$ と Xantphos から調製された触媒が高活性を示すことを見出した [(4.76)式][104a].トランスメタル化剤としてトリアルキルボランとアルキル Grignard 反応剤から調製されるテトラアルキルボレートのマグネシウム塩が利用されている点に注目できる.トリアルキルボランは,末端オレフィンと $BH_3 \cdot SMe_2$ の反応からも供給できるので,長鎖の脂肪酸誘導体の合成へと展開されている.また,アルケニルボロン酸を用いて,ハロゲン化アルキルとのカップリングによるオレフィン合成が可能となった[104b].

$$
\text{(Br-アルキル-CN)} + [n\text{-}Bu_3B\text{-}R][MgCl] \xrightarrow[\text{THF, 25 °C, 6 h}]{Fe(acac)_3 \text{ 3 mol\%} \\ \text{Xantphos 6 mol\%}} \text{(}n\text{-Bu-アルキル-CN)} \tag{4.76}
$$

R = ^{i}Pr 82%
R = n-Bu 85

Fu らは,$NiCl_2 \cdot$glyme(glyme = 1,2-ジメトキシエタン)とジアミン配位子を用い,活性化されていない二級のハロゲン化アルキルとアルキルボランとのアルキル-アルキル型カップリングに成功した [(4.77)式][105a].一級のハロゲン化アルキルも反応する.

$$\text{Cy-Br} + \underset{1.8\ \text{eq}}{\text{EtO}\underset{\text{Me Me}}{\overset{\text{O}}{\diagdown}}\text{9-BBN}} \xrightarrow[\substack{t\text{BuOK 1.2 eq} \\ t\text{BuOH 2.0 eq} \\ \text{dioxane, r.t., 24 h}}]{\substack{\text{NiCl}_2\cdot\text{glyme 6\%} \\ \text{diamine 8\%}}} \underset{96\%}{\text{EtO}\underset{\text{Me Me}}{\overset{\text{O}}{\diagdown}}\text{Cy}} \quad (4.77)$$

9-BBN = B（9-ボラビシクロ[3.3.1]ノナン）

diamine = (1R,2R)-N,N,N',N'-テトラメチル-1,2-シクロヘキサンジアミン

以上のように，鈴木-宮浦型カップリングは，有機ホウ素反応剤の安定性，低毒性，調製の容易さなどの利点を有し，工業的にも有用な反応として医薬，農薬，ファインケミカルス製造に利用されている[106]．反応の高い官能基許容性とも相まって，天然有機化合物の多段階合成においても，信頼のおける炭素-炭素結合形成反応の一つとして定着している[107]．また，低毒性の鉄触媒を天然物合成に利用する研究も進んでいる[107c]．

4.3.4　有機スズ反応剤：小杉-右田-Stille 型

1977 年に小杉・右田ら，1978 年に Stille らによってパラジウム触媒を用いた有機スズ化合物と有機ハロゲン化物のクロスカップリング反応が報告された［(4.78)式］．酸素や湿気にも影響されず，有機スズ化合物の求核性の低さによりケトン，エステル，エーテル，アミドなどの官能基も変化させずに反応が行える．また，有機スズ化合物は，有機リチウム反応剤とハロゲン化スズとの反応や，パラジウム触媒によるハロゲン化アリールとヘキサブチルジスタンナンとのカップリングにより容易に合成できる利点がある．その一方で，有機スズ化合物は強い毒性をもつので大規模な合成には向いていない．

$$R^1\text{-}X \ + \ R^2\text{-Sn-Bu}_3 \xrightarrow{\text{Pd cat.}} R^1\text{-}R^2 \ + \ X\text{-Sn-Bu}_3 \quad (4.78)$$

R^1 = alkyl, alkenyl, aryl
R^2 = alkyl, alkenyl, aryl, etc.
X = halogen, tosylate, OTf, etc.

アリール-アリール，アリール-アルケニル，アルケニル-アルケニルいずれの組み合わせでもカップリングが可能である．また，補助配位子を選択すれば，立体的に込みあった塩化アリールでも反応が進行する［(4.79)式］．フッ化物イオンの存在下に，P^tBu_2Me や P^tBu_3 を配位子に用いると，ハロゲン化アルキルのアルケニル化やアルキル化も可能である[108]．ピリジンやイミダゾールのスズ誘導体も難なく使えるので，複雑な生理活性物質の全合成にも適している［(4.80)式］[109]．

[式 (4.79) の反応スキーム]

[式 (4.80) の反応スキーム]

4.3.5 有機ケイ素反応剤：檜山型

1982年，熊田・玉尾らは，ペンタフルオロシリケート $R-SiF_5^{2-}$ がパラジウム触媒の存在下にヨウ化アリールとカップリングすることを示した．有機ケイ素反応剤のクロスカップリングでは，$[(Et_2N)_3S]^+[Me_3SiF_2]^-$（TASF）や Bu_4NF（TBAF）などのフッ化物イオンを添加してトランスメタル化反応を促進する（3.2.2項）[(4.81)式][110]．アルケニルケイ素化合物はアルキンのヒドロシリル化によって合成できるので便利である[111]．ニッケル触媒を用いた反応では，臭化アルキルと $ArSiF_3$ のカップリングも報告されている[112]．生理活性物質 NK-104 の合成では，ピリジン骨格へアルケニル部位が収率よく導入されている [(4.82)式][113]．

[式 (4.81) の反応スキーム]

[式 (4.82) の反応スキーム（NK-104 の合成）]

檜山らは，フッ化物イオンを使わずにアリールシラン反応剤を活性化できるシラノールを用いる方法を見出した［(4.83)式］[114]．酸化銀や酸化銅などの塩基の共存が必要である．アルケニルシラノール，シランジオール，シラントリオールなどが使える．アリールシラノールの反応ではヨウ化物がよい収率を与える．Denmark らにより，ヘテロ環を有するシラノール誘導体を用いた臭化アリール類とのクロスカップリングによる，アリール置換ヘテロ環化合物の合成が報告されている[115]．

$$F_3C\text{-}C_6H_4\text{-}SiMe_2OH \;(1.2\;eq) + I\text{-}C_6H_4\text{-}OMe \xrightarrow[\text{THF, 60 °C, 36 h}]{\text{Pd(PPh}_3)_4\;5\;mol\%,\;Ag_2O\;1\;eq} F_3C\text{-}C_6H_4\text{-}C_6H_4\text{-}OMe \;(84\%)$$

(4.83)

2005 年，檜山らは，2-(ヒドロキシ)フェニルシラノール誘導体を用いたカップリング反応を報告した［(4.84)式］[116]．アルケニルシランとアリールシラン類が求核剤として，アリールおよびアルケニルヨウ化物が求電子基質として使用できる．副生成物の環状シリルエーテルは回収され，4 段階で，もとのシラノール誘導体へ導いて再利用できる．最近，さらにアルキルシランからのアルキル基の移動とカップリングが良好に進行することが報告された[117]．

(4.84)

reusable
1) LiAlH$_4$ 2) AcCl
3) Pt cat. 1-octyne
4) K$_2$CO$_3$, MeOH-H$_2$O

4.3.6 アセチレンとのカップリング：薗頭型

アルケニルあるいはアリールハロゲン化物と末端アセチレンとのクロスカップリング反応が，触媒量のパラジウム錯体とハロゲン化銅を組み合わせた触媒で起こる．薗頭型カップリング反応とよばれる［(4.85)式］．同じ反応は，等モル量の銅アセチリドでも進行し Stephens–Castro 反応とよばれる．パラジウム触媒反応は，反応基質にニトロ，エステル，ケトン，エーテルなどの官能基が存在しても影響を受けないので多様な置換アセチレン類の合成に利用できる．反応には，アミン塩基の共存が必要

である.求核剤として金属アセチリドを用いると室温の穏和な条件でカップリングを起こすことができる.フェニルアセチレン類やエンインの合成が容易にできるため,機能性材料や生理活性物質の合成に広く利用されてきた.多くの総説が出されている[118].近年,β-水素脱離による副反応のおそれがあるハロゲン化アルキルも基質として利用できるようになった.水中での反応例や[118d],銅を触媒的に使用する反応系[119]の利用も進んでいる.

$$R^1\text{-}X + Y\text{---}\equiv\text{---}R^2 \xrightarrow[\text{CuX, R}_3\text{N}]{\text{Pd cat.}} R^1\text{---}\equiv\text{---}R^2 \quad (4.85)$$

R^1 = alkenyl, aryl
Y = H, MgX, BR$_2$, ZnX etc.

パラジウム触媒を用いた反応例を示す[(4.86)式][120].改良型の触媒系では,溶媒や配位子の選択によって穏和な条件や低触媒量で反応させることができる[121].

$$\text{MeO}_2\text{C}\text{-}\bigcirc\text{-I} + \equiv\text{-}\bigcirc\text{-OMe} \xrightarrow[\substack{i\text{Pr}_2\text{NEt, TBAI}\\\text{DMF}\\-20°\text{C, 20 min}}]{\substack{\text{Pd}_2(\text{dba})_3\\2.5\text{ mol\%}\\\text{CuI 20 mol\%}}} \text{MeO}_2\text{C}\text{-}\bigcirc\text{-}\equiv\text{-}\bigcirc\text{-OMe}$$
100%

(4.86)

コバルト触媒系では,大嶌・依光らがCo(acac)$_3$を触媒とし,TMEDAを溶媒として用いることでMe$_3$SiC≡CMgBrと一級あるいは二級のハロゲン化アルキルのカップリングに成功している[(4.87)式][122].THFやジエチルエーテル中では反応は進行しない.Me$_3$Si基を有するGrignard反応剤が効率よく生成物を与える.

$$n\text{-C}_8\text{H}_{17}\text{-I} + \text{BrMg}\text{---}\equiv\text{---}\text{SiMe}_3 \xrightarrow[\substack{\text{TMEDA, 25 °C,}\\15\text{ min}}]{\substack{\text{Co(acac)}_3\\20\text{ mol\%}}} n\text{-C}_8\text{H}_{17}\text{---}\equiv\text{---}\text{SiMe}_3 \quad (4.87)$$
3 eq　　　　　　　　　　　　　　　　74%

鉄触媒も薗頭カップリングに触媒活性があることが見出された[123].Bolmらは,フェニルアセチレンとヨウ化フェニルを,FeCl$_3$(10 mol%),DMEDA(N,N'-ジメチルエチレンジアミン)およびCs$_2$CO$_3$(2当量)の存在下にトルエン中,135℃で120時間加熱し,95%の収率でジフェニルアセチレンを得ることに成功した[123a].同様の反応系でホスフィン配位子も有効である[123b].

一般に,薗頭型カップリングではハロゲン化アルケニルやハロゲン化アリールがハロゲン化アルキルよりも良好な収率を与える傾向がある.中村らは,嵩高いビスホスフィン配位子(SciOPP)を有する鉄錯体を用いて,これまで達成されていなかった

ハロゲン化アルキルのアルキニル化に成功した［(4.88)式］[124].

$$EtO_2C-(CH_2)_4-Br + HC\equiv C-Si^iPr_3 \xrightarrow[\text{THF, 60 °C, 2 h}]{\text{cat. A 5 mol\%}} EtO_2C-(CH_2)_4-C\equiv C-Si^iPr_3 \quad 81\% \quad (4.88)$$

Cat. A Ar = 3,5-^{t}Bu$_2$C$_6$H$_3$
FeCl$_2$(3,5-^{t}Bu$_2$-SciOPP)

4.3.7　ハロゲン化物へのヘテロ原子の導入：Buchwald–Hartwig 型

パラジウム触媒による芳香族ハロゲン化物と窒素，酸素，硫黄などのヘテロ元素求核剤とのカップリングにより，アミン，エーテル，チオエーテル類を合成することができる[125,126]．以下に，芳香族アミンの合成例を示す［(4.89), (4.90)式］．アンモニアは反応しないのでNH$_2$基を直接導入することはできないが，アンモニアとベンズアルデヒドから合成できるベンゾフェノンイミンを反応させ，加水分解することによってアニリンに導くことができる［(4.90)式］．

$$\text{2,4-Me}_2\text{C}_6\text{H}_3\text{Br} + HN\underset{}{\frown}N\text{-Me} \xrightarrow[\substack{\text{NaO}^t\text{Bu} \\ \text{toluene} \\ \text{80°C, 15 h}}]{\text{Pd}_2(\text{dba})_3\text{ 1 mol\%} \\ \text{BINAP}} \text{Ar-N}\underset{}{\frown}\text{N-Me} \quad 98\% \quad (4.89)$$

$$^t\text{Bu-C}_6\text{H}_4\text{-Br} + HN=CPh_2 \xrightarrow[\substack{\text{NaO}^i\text{Pr} \\ \text{THF, 80°C, 13 h}}]{\text{Pd}_2(\text{dba})_3\text{ 0.25 mol\%} \\ \text{BINAP 0.75 mol\%}} {}^t\text{Bu-C}_6\text{H}_4\text{-N=CPh}_2 \quad 90\%$$

$$\xrightarrow[\text{MeOH}]{\substack{\text{NH}_2\text{OH}\cdot\text{HCl} \\ \text{NaOAc}}} {}^t\text{Bu-C}_6\text{H}_4\text{-NH}_2 \quad 84\% \quad (4.90)$$

反応には嵩高い配位子である Xantphos や dppf，BINAP，ビフェニルホスフィン（Buchwald 配位子）などが好んで使われる．これは，酸化的付加と還元的脱離を促進するためと考えられている．この触媒反応は，銅触媒を用いる Ullmann 型反応の改良版とみることもでき，また，その原型には小杉・右田の研究[127]があるが，芳香族アミンをアリールハロゲン化物から容易に高収率で合成できるので，その実用的価値は高い．芳香族ポリアミンの合成にも応用されている．

反応は，ほかのクロスカップリング反応と同様の機構（図4.7）で進行するが，

4.3 クロスカップリング反応

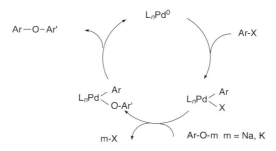

図 4.9 アルコキシドとのカップリング反応の経路

トランスメタル化に代わって，PdAr(X)L_n 錯体と RNH_2 から HX の脱離を伴い PdAr(NHR)L_n が生成する．最後に C–N 還元的脱離が起こる[128]．

同様に，フェノキシドを用いるとジアリールエーテルの合成が可能である [(4.91)，(4.92)式][129]．ハロゲン化アリールに，カルボニル基，エステル，アミド，ニトリルなどの電子求引性基や，電子供与性のアルキル基やアルコキシ基が結合していても配位子の選択によって良好な収率を確保できる．この反応でも，電子豊富で嵩高いホスフィン配位子が有効である．図 4.9 に提案されている反応機構を示す．PdAr(OAr′)L_n 錯体から C–O 還元的脱離によって触媒サイクルが完結する．

$$\text{L1: R} = {}^t\text{Bu}$$
$$\text{L2: R = 1-adamantyl}$$

(4.91)

(4.92)

4.3.8 ホウ素基の導入

鈴木-宮浦型カップリング反応の利用拡大に伴い，反応基質となるアリールボロン酸類の触媒的な合成法が開発された．ビス(ピナコラート)ジボロン $B_2(pin)_2$ とハロゲン化アリールのカップリング反応がパラジウム触媒により進行することが見出された [(4.93)式][130]．臭化アルケニルやアルケニルトリフラートもホウ素化できる

[(4.94)式][131]．さらに，ピナコラートボラン HB(pin) によっても臭化アリールやアリールトリフラートを触媒的にホウ素化できる［(4.95)式][132]．同様に，ホウ素化合物の代わりにケイ素化合物を用いるとアリールシランが合成され，檜山型カップリングの原料として使用される［(4.96)式][133]．

$$\text{MeO}_2\text{C}-\text{C}_6\text{H}_4-\text{Br} + \text{B}_2\text{pin}_2 \xrightarrow[\text{DMSO, 80 °C, 1 h}]{\text{PdCl}_2(\text{dppf}) \text{ 3 mol\%, KOAc 3 eq.}} \text{MeO}_2\text{C}-\text{C}_6\text{H}_4-\text{Bpin} \quad 86\% \quad (4.93)$$

$$\text{estrone-OTf (TBSO)} \xrightarrow[\text{KOPh, toluene, 50 °C, 16 h}]{\text{B}_2\text{pin}_2,\ \text{PdCl}_2(\text{PPh}_3)_2\ 3\ \text{mol\%},\ \text{PPh}_3\ 6\ \text{mol\%}} \text{estrone-Bpin} \quad 86\% \quad (4.94)$$

$$\text{1-Naphthyl-OTf} + \text{HBpin} \xrightarrow[\text{dioxane, 80 °C, 4 h}]{\text{PdCl}_2(\text{dppf})\ 3\ \text{mol\%},\ \text{Et}_3\text{N}\ 3\ \text{eq.}} \text{1-Naphthyl-Bpin} \quad 82\% \quad (4.95)$$

dppf = diphenylphosphinoferrocene

$$\text{PhBr} + \text{ClMe}_2\text{Si-SiMe}_2\text{Cl} \xrightarrow[\text{toluene, 140 °C, 20 h}]{\text{Pd}(\text{PPh}_3)_4\ 0.6\ \text{mol\%}} \text{Ph-SiMe}_2\text{Cl} \quad 98\% \quad (4.96)$$

イリジウム触媒を用いてアレーン類のC–H結合を直接的ホウ素化できる［(4.97)式][134]．ビピリジン配位子をもつ Ir(I) 錯体が有効であり，特に [Ir(μ-Cl)(coe)]$_2$ と dtbpy（coe＝シクロオクテン，dtbpy＝4,4'-ジ-t-ブチル-2,2'-ビピリジン）を用いると反応の誘導期もなく，室温で反応が進行する．TON は 8000 回に達する．反応途中に HB(pin) が副成するが，この化合物もホウ素源として反応活性であり，さらに過剰のアレーンと反応してホウ素化生成物に変換される．一置換アレーン誘導体ではメタ体が優先して生成する．[Ir(μ-OMe)(cod)]$_2$ と dtbpy を組み合わせた触媒はさらに活性が高く，等モル量のアレーン基質と B$_2$pin$_2$ が室温で反応する[135]．触媒活性種と想定されるイリジウム錯体が単離され，反応機構が詳しく検討されている[136]．

$$
\text{(60 eq)} \quad + \quad B_2pin_2 \quad \xrightarrow[\substack{80\ ^\circ\text{C},\ 16\ \text{h} \\ \text{without solvent}}]{\substack{1/2[\text{IrCl(cod)}]_2/\text{bpy} \\ 3\ \text{mol}\%}} \quad \text{Me-Bpin (86\%)} \quad | \quad \text{MeO-Bpin 95\% } o{:}m{:}p = 1{:}74{:}25 \tag{4.97}
$$

一置換アレーン誘導体がパラ選択的に合成できると,種々の生理活性物質の合成に利用でき有用である.イリジウム触媒の補助配位子に嵩高いホスフィンを選ぶと,メタ位への触媒の接近が妨げられ,パラ選択性が得られる場合がある[(4.98)式][137a].

$$
\text{Me}_3\text{Si-H} \quad \xrightarrow[\substack{\text{hexane, 85 }^\circ\text{C} \\ 20\ \text{h}}]{\substack{B_2pin_2\ 1\text{eq} \\ [\text{Ir(cod)OH}]_2\ 1.5\ \text{mol}\% \\ \text{Xyl-MeO-BIPHEP}\ 3.0\ \text{mol}\%}} \quad \text{Me}_3\text{Si-Bpin} \quad 94\%,\ p{:}m = 88{:}12 \tag{4.98}
$$

Xyl-MeO-BIPHEP, Ar = Xyl

ピンサー型コバルト錯体による置換アレーン誘導体のメタ選択的な C–H ホウ素化が報告された[138].フラン誘導体では 2 位,ピリジン誘導体では 4 位が選択的にホウ素化される.ニッケル触媒による N-アリールアミドの C–N 結合切断[139a] や,ロジウム触媒による 2-ピリジルエーテルの C–O 結合切断[139b] を利用してボリル基を導入する方法も開発されている.

4.3.9 直接的アリール化と関連反応

ハロゲン化アリール(Ar–X)とアリール金属反応剤(Ar′–m)とのパラジウム触媒クロスカップリング反応では,Ar–X の酸化的付加により発生した $PdAr(X)L_n$ 錯体のハロゲン原子(X)をトランスメタル化によって Ar′ 基で置換し,$PdAr(Ar')L_n$ 中間体を生成した(図 4.7).一方,アリール金属反応剤を用いることなく,パラジウム錯体による Ar′–H の C–H 結合活性化により $PdAr(Ar')L_n$ 中間体を生成し,クロスカップリング体(Ar–Ar′)に導くことができる(図 4.10)[140].直接的アリール化(direct arylation)とよばれる触媒反応で,トランスメタル化の代わりに C–H 結合活性化を利用したクロスカップリング反応ととらえることができる.反応は,多くの場合に,パラジウムカルボキシレートを活性種として進行する(3.6.2 項).配位性の配向基をもつ芳香族基質(Ar′–H)を用いて C–H 結合活性化の位置選択性を確保し,同時に反応の促進をはかることが多いが,チオフェンなどのヘテロアレーン類は配向基がなくても位置選択的な反応を起こすことが多い.ヘテロアレーン類の直接

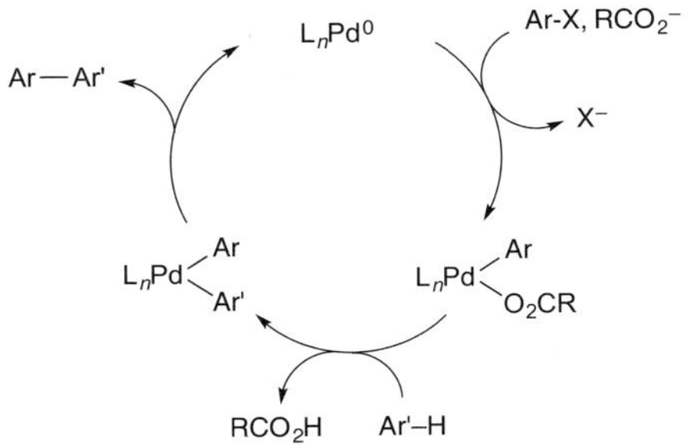

図 4.10　直接的アリール化反応の触媒サイクル

的アリール化は有機電子材料の合成に有用であり，共役系ポリマーの合成法（直接的アリール化重合：direct arylation polymerization）としても注目されている[140c)].

たとえば，フェノール誘導体を反応基質とする下記の例では，水酸基の配位によりオルト位選択的な C–H 結合活性化（オルトパラジウム化，3.6.2 項）が起こり，位置選択的に *p*-アニシル基が導入される［(4.99)，(4.100)式］[140a)].

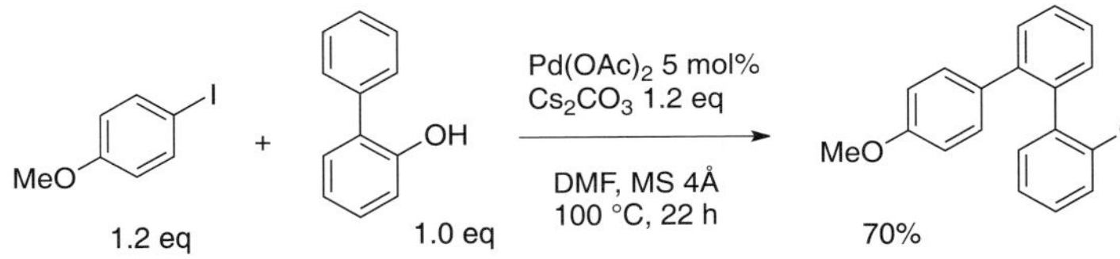

(4.99)

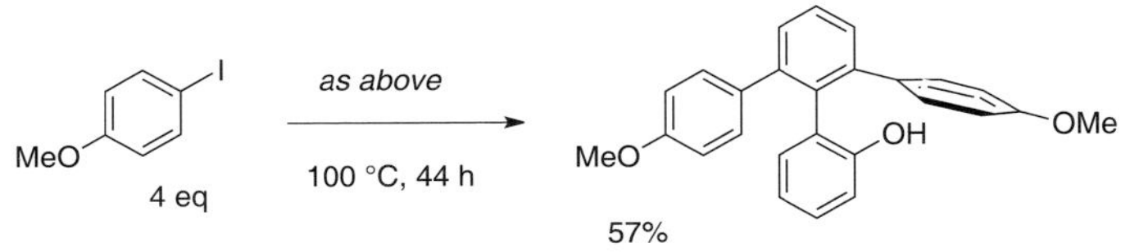

(4.100)

フェノールの代わりにベンジルアミン誘導体を用いてもオルト位選択的なアリール化が起こる［(4.101)式］[141)]．ピリジル基もよい配向基となる［(4.102)式］．後者の反応ではヨウ化アリールの代わりにアリールシランやジアリールヨードニウム塩を用いることができる[142)].

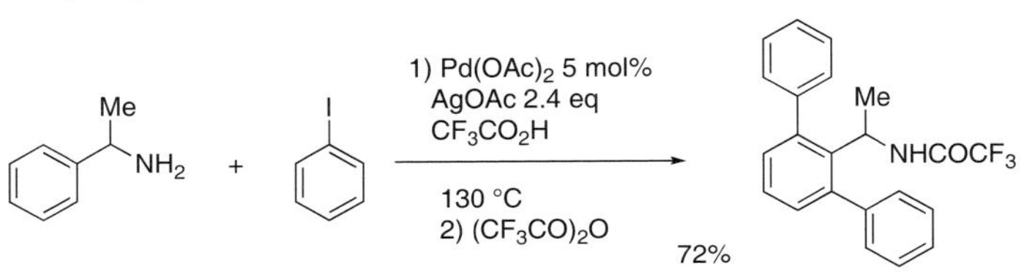

(4.101)

$$\text{(structure)} + [\text{Ph}_2\text{I}]\text{BF}_4 \xrightarrow[\text{AcOH, 100 °C}]{\text{Pd(OAc)}_2 \text{ 5 mol\%}} \text{(product)} \quad 88\% \tag{4.102}$$

ベンゼンとハロゲン化アリールとの反応にパラジウム触媒を用いて，ベンゼン環上にアリール基を直接導入することもできる[(4.103)式][143]．また，ピロール環へのフェニル基の導入や，分子内ビアリール化（カルバゾール骨格合成）への応用が可能である[(4.104),(4.105)式][144,145]．

$$\text{PhH} + \text{4-BrC}_6\text{H}_4\text{Me} \xrightarrow[\substack{\text{K}_2\text{CO}_3 \text{ 2.5 eq.}\\\text{PhH/DMA (1:1.2)}\\\text{120 °C, 1--15 h}}]{\substack{\text{Pd(OAc)}_2 \text{ 2-3 mol\%}\\\text{DavePhos 2-3 mol\%}\\{}^t\text{BuCO}_2\text{H 30 mol\%}}} \text{4-MeC}_6\text{H}_4\text{-Ph} \quad 82\% \tag{4.103}$$

DavePhos

$$\text{(N-CO}^t\text{Bu indole)-H} + \text{PhH (60 eq.)} \xrightarrow[\substack{\text{AgOAc 3 eq.}\\{}^t\text{BuCO}_2\text{H 6 eq.}\\\text{110 °C}}]{\text{Pd(TFA)}_2 \text{ 5 mol\%}} \text{2-Ph-indole-N-CO}^t\text{Bu} \tag{4.104}$$

C2 selectivity 25:1　84%

$$\text{Ph}_2\text{NH} \xrightarrow[\substack{\text{K}_2\text{CO}_3 \text{ 10 mol\%}\\{}^t\text{BuCO}_2\text{H, air}\\\text{110 °C, 14 h}}]{\text{Pd(OAc)}_2 \text{ 3 mol\%}} \text{carbazole} \quad 95\% \tag{4.105}$$

直接的アリール化は，ロジウム触媒でも進行する[(4.106),(4.107)式][146,147]．ハロゲン化アリールを用いた上記のパラジウム触媒反応とは異なり，アリールスズ化合物やフェニルボロン酸がフェニル基ソースとなっている．(4.107)式の反応では，TEMPO(2,2,6,6-テトラメチルピペリジン-N-オキシル)の添加が必要である．図4.11に示すように，TEMPOは，Ph-Rh(I)種をPh-Rh(III)種へ酸化し，ピリジル配向基によるオルト位選択的なC-H活性化を促進するものと考えられている[147]．ロジウム触媒を用いたアリール-アリールカップリング反応は，フェノールと臭化フェニル，アニソールとヨウ化フェニルとのカップリング反応などへと展開されている[148]．

$$\text{(3-Me-2-Ph-pyridine)} + \text{Ph}_4\text{Sn (1.5 eq)} \xrightarrow[\substack{\text{CHCl}_2\text{CHCl}_2\\\text{120 °C, 40 h}}]{\text{RhCl(PPh}_3)_3 \text{ 5 mol\%}} \text{(product)} \quad 78\% \tag{4.106}$$

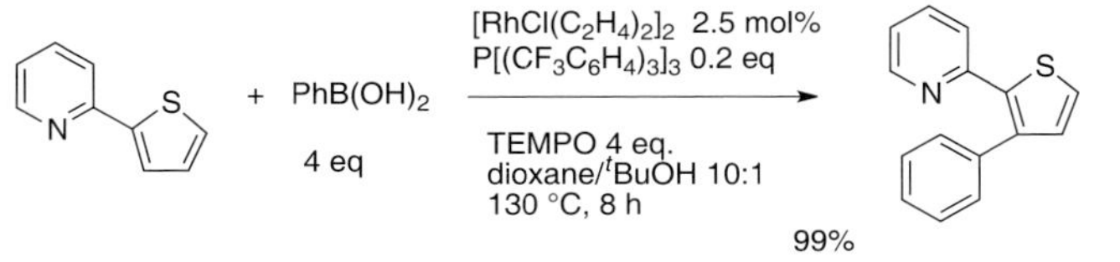

(4.107)

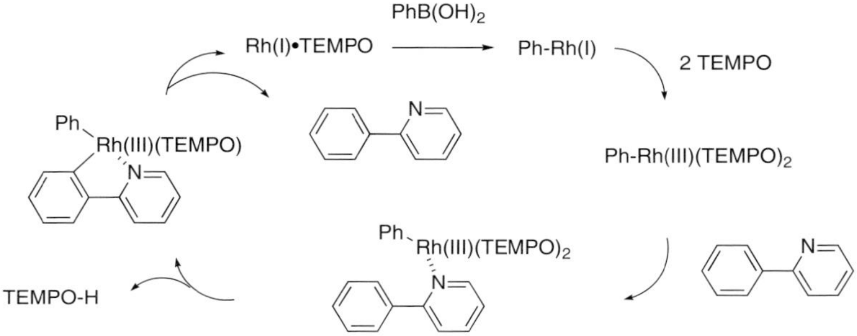

図 4.11　ロジウム触媒による直接アリール化の経路

ルテニウムヒドリド触媒を用いて,芳香族ケトン類のオルト位選択的な C–H アリール化が実現された［(4.108)式］[149]．反応は，カルボニル基を配向基とする C–H 活性化から始まり，生成した Ar–Ru–H 種の Ru–H 結合に溶媒であるケトンが挿入してアルコキソ配位子（OR）が生成する．続いて，Ru–OR とフェニルボロン酸エステルとのトランスメタル化によりフェニル基がルテニウム上に移動し，最後は還元的脱離によりカップリング体が生じる．塩基の存在下でフェニルピリジンと臭化フェニルとをカップリングさせることもできる［(4.109)式］[150]．

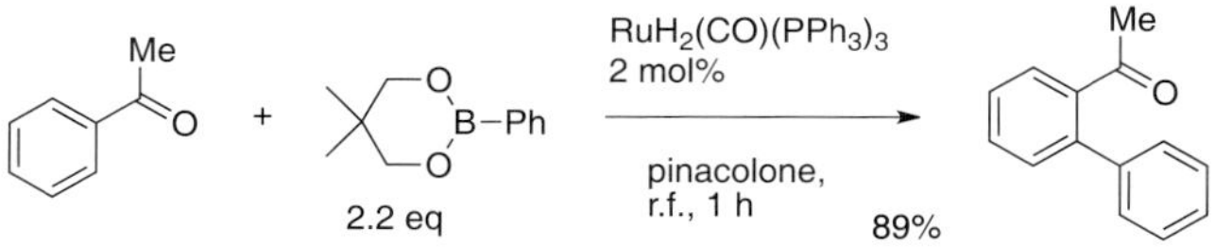

(4.108)

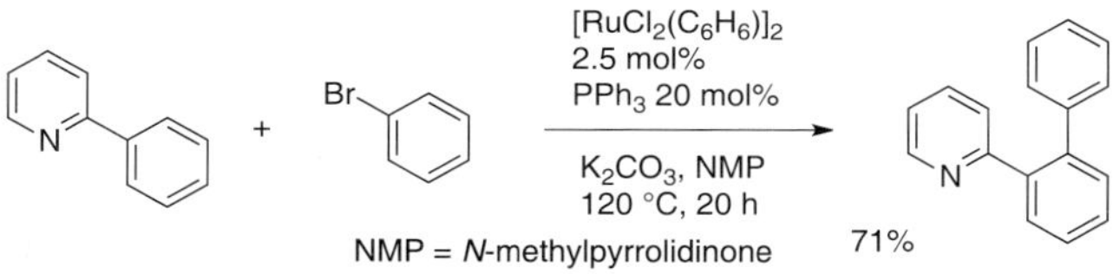

(4.109)

ニッケル触媒では，ヘテロアレーン類の直接的アリール化反応が見出されている［(4.110)式］[151]．ヘテロアレーンとして，チアゾール，ベンゾチアゾール，オキサゾール，ベンゾキサゾール，ベンズイミダゾールなどの比較的酸性度の高い C–H 基質が

利用できる．ハロゲン化アリールの代わりにピバル酸フェニル誘導体を用いることもできる[152]．アゾール骨格の2位にアリール基が導入された一連の化合物は天然有機化合物や医薬品などの合成に利用された[153, 154]．

$$\text{ベンゾチアゾール-2-H} + o\text{-MeC}_6\text{H}_4\text{-X} \xrightarrow[\text{dioxane}, 85\,°C, 36\,h]{\text{Ni(OAc)}_2\ 10\ \text{mol\%},\ \text{bipy}\ 10\ \text{mol\%},\ \text{LiO}^t\text{Bu}\ 1.5\ \text{eq}} \text{2-(}o\text{-MeC}_6\text{H}_4\text{)ベンゾチアゾール}$$

X = Br, I ; Ar = o-MeC$_6$H$_4$; X = I 90%, X = Br 82% (4.110)

ロジウム触媒を用いて，ピロールをβ位選択的にアリール化できることが見出され[(4.111)式][155]，生理活性物質の合成に応用された．

$$\text{1-Ph-ピロール} + \text{4-I-C}_6\text{H}_4\text{-Ac} \xrightarrow[\text{DME, }m\text{-Xylene}, 150\,°C, 84\,h]{\text{RhCl(CO)L}_2\ 3\ \text{mol\%},\ \text{Ag}_2\text{CO}_3\ 1\ \text{eq}} \text{3-(4-Ac-C}_6\text{H}_4\text{)-1-Ph-ピロール}$$

84%，β/α >99:1 (4.111)

三浦らは，[Cp*RhCl$_2$]$_2$錯体を触媒に用いたフェニルアゾール類のC–H結合活性化と，これに続くアルキンの付加を経由する新たなアゾール類の合成法を開発した[156]．Fagnou, Guimondらは，この反応を進展させ，N-メトキシベンゾヒドロキサム酸エステルを基質としてイソキノロン誘導体を合成した[(4.112)式][157]．同様に，[Cp*RhCl$_2$]$_2$触媒を用いたピリドン合成やイソキノリン合成が報告されている[158, 159]．

$$\text{PhC(O)NH(OMe)} + \text{PhC≡CPh} \xrightarrow[\text{MeOH, 60\,°C, 16\,h}]{\text{[Cp*RhCl}_2\text{]}_2\ 2.5\ \text{mol\%},\ \text{CsOAc}\ 30\ \text{mol\%}} \text{3,4-ジフェニルイソキノロン}$$

90% (4.112)

（中間体：2-OMe-3-OH-Rh(III)インダゾール型）

Huangらは，同じ反応がパラジウム触媒を用いて93%の収率で進行することを示した[160]．また，茶谷らは，ニッケル触媒を用いてピリジニルメチルアミド誘導体とアルキンからイリキノロン誘導体を合成した[(4.113)式][161]．

$$\text{4-CF}_3\text{-C}_6\text{H}_3\text{C(O)NHCH}_2(2\text{-Py})} + \text{PrC≡CPr (3 eq)} \xrightarrow[\text{toluene, 160\,°C, 6\,h}]{\text{Ni(cod)}_2\ 10\ \text{mol\%},\ \text{PPh}_3\ 40\ \text{mol\%}} \text{6-CF}_3\text{-2-(2-Py-CH}_2\text{)-3,4-ジプロピルイソキノロン}$$

91% (4.113)

鉄触媒による芳香化合物の C–H 結合活性化を利用したアリール化反応が報告された[162]．FeCl$_3$ あるいは Fe(acac)$_3$ を触媒とし，PhMgBr と ZnCl$_2$ から調製したフェニル亜鉛種を求核剤として，α-ベンゾキノリンや 2-フェニル置換ピリジン，ピリミジン誘導体をフェニル化できる［(4.114)式］．反応は，1,2-ジクロロ-2-メチルプロパンを触媒の再酸化剤として 0 ℃で進行する．Grignard 反応剤を直接用いる方法も報告されている[163]．

$$(4.114)$$

同様の触媒系を用いて，キノリンアミド誘導体をフェニル化できる［(4.115)式］[164]．反応は，**C-1** を中間体として進行するものと考えられている．キノリンを C–H 基質とする類似の反応が報告されている[165]．

$$(4.115)$$

ニッケル触媒を用いるとキノリンアミド誘導体のアリール化がヨウ化アリールを用いて行える［(4.116)式］[166]．

$$(4.116)$$

4.3.10 C–H 結合活性化反応の合成的応用

村井反応や直接的アリール化反応に見られる，配向基を利用した位置選択的な C–H 結合活性化反応は大きく発展し，有用化合物の全合成にも応用可能な新しい合成法として注目を浴びている．以下に，アルカンの C–H 結合活性化を鍵とした応用例を紹介する[167]．

Sames らは，メチル白金錯体を手がかりとし，エチル基の脱水素化によるエチレン錯体の形成を鍵とする抗腫瘍性アルカロイドのラジニラムの合成に成功した [(4.117)式][168,169]．

(4.117)

Yu らは，ピリジル基を配向基としてパラジウムによるメチル基選択的な C–H 結合活性化を行い，2,4,6-トリメチルボロキシンとの反応によりメチル基をエチル基に変換できることを示した [(4.118)式][170]．触媒活性種は Pd(II)錯体であり，ジアルキル錯体から還元的脱離によって生成する Pd(0)錯体から酸化剤を用いて Pd(II)錯体を再生する．この触媒系は脂肪族カルボン酸に適用され，ヒドロキサム酸骨格を配向基とするアルキル基の伸長反応に利用された[171,172]．

(4.118)

C–H 結合活性化を経由してアセトキシ基を導入することもできる [(4.119)式]．オキシム基[173]，オキサゾリン基[174]，Boc 保護のアミノ基[175]を配向基とする反応がある．

これらは，Corey らによってアミノ酸誘導体合成に[176,177]，また Chen らによってセロゲンチン C の合成に活用された [(4.120)式][178]．パラダサイクル中間体 **A** の生成が確認されている．

$$(4.119)$$

$$(4.120)$$

Fagnou らは，アルカンの分子内アリール化に成功した．カルボン酸添加剤の効果が大である．ベンゾフラン誘導体の新しい合成法へと展開された [(4.121)式][179]．

$$(4.121)$$

Baran らは，C–H 結合活性化とアリール化を二度繰り返し，特異な置換シクロブタン骨格を有するピペラボレニン B の全合成を達成した [(4.122)式][180]．C–H 結合活性化を基盤とするカップリング反応は，単に立体選択性を伴うだけでなく，種々の官能基に影響を与えずに多官能性骨格の合成を実施できる力量を備えていることが分かる．

(4.122)

Piperaborenine B

Gauntらは，ピロール環を含む生理活性分子であるラジニシンの合成において，たくみにC–H結合活性化を利用してみせた［(4.123)式］[181]．C2位がシリル化されN-Boc保護基を有するピロール環では，C3位に立体障害がありC4位が選択的にC–Hホウ素化される．鈴木カップリングとそれに続くC5位での分子内C–Hアルキル化（アルケニル化）により環化する．

(4.123)

Rhazinicine

74% over 3 steps

4.4 アリル錯体の関与する合成反応

4.4.1 辻-Trost 反応

(η^3-アリル)パラジウム錯体は,Pd(0)錯体にアリル化合物(allyl–X,X=ハロゲン,OTs,OAc,OCOOR)が酸化的付加することにより容易に生成する比較的安定な化合物である.η^3-アリル配位子は,安定型カルボアニオンやアミンなどの求核剤の攻撃を受け置換アリル化合物を与える[(4.124)式].具体例を二つ挙げる[(4.125),(4.126)式].1965年に辻らによって発見されたこの触媒反応は,炭素骨格の構築やアミンおよびエーテル類などの合成にも展開できるため,有機合成化学的に有用である.生理活性天然有機物合成への応用例も多い.また,不斉合成への展開も幅広く行われている[182].触媒前駆体として,Pd(PPh$_3$)$_4$ などの Pd(0) 錯体や,ホスフィン共存下で容易に Pd(0) 錯体に還元される Pd(OAc)$_2$(3.4.5項)が用いられる.図4.12に模式的な触媒サイクルを示す.Pd(0)錯体へのアリル化合物の酸化的付加[(3.19)式]と,それに続く η^3-アリル配位子へのカルボアニオン種の攻撃[(3.34)式]はともに S_N2 機構で進行するので,アリル位炭素の立体化学は2回反転する.すなわち,触媒サイクル全体では立体保持で反応が進行することになる.

$$R\diagdown\diagup R + \text{Nu:} \xrightarrow{Pd^{(0)} \text{ or } Pd^{(II)}} R\diagdown\diagup R \quad (4.124)$$
$$X \phantom{+ \text{Nu:} \xrightarrow{Pd^{(0)} \text{ or } Pd^{(II)}} R\diagdown\diagup}\text{Nu}$$

Nu: 安定型カルボアニオン、アミン、フェノールなど
Pd: Pd(Ph$_3$P)$_4$, Pd(OAc)$_2$, Pd(C$_3$H$_5$)Cl/$_2$

$$\diagup\diagdown_{OAc} + \text{NaCH(CO}_2\text{Me)}_2 \xrightarrow[\text{THF, reflux}]{Pd^{(0)}, Ph_3P} \diagup\diagdown_{CH(CO_2Me)_2} \quad (4.125)$$

$$(4.126)$$

窒素-炭素結合や酸素-炭素結合の形成もアミン,アミド,フェノールなどの求核剤を選ぶことにより容易に達成できる[(4.127),(4.128)式][183].分子内環化アミド化への応用例を示す[(4.129)式][184,185].

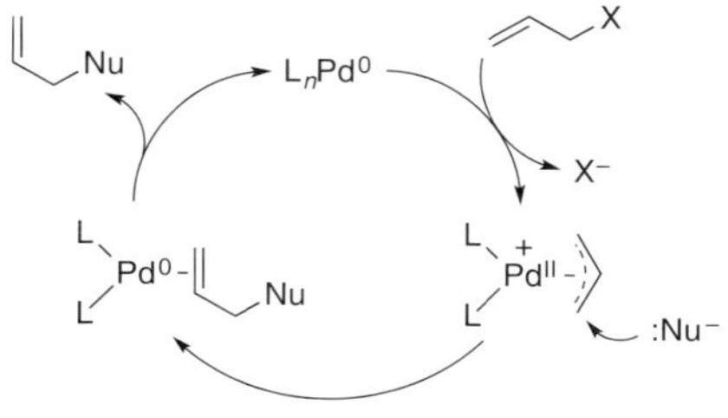

4.4 アリル錯体の関与する合成反応

図 4.12 辻–Trost 反応の触媒サイクル

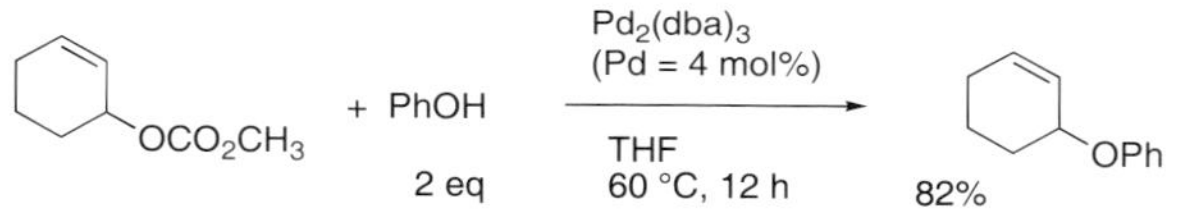

$$(4.127)$$

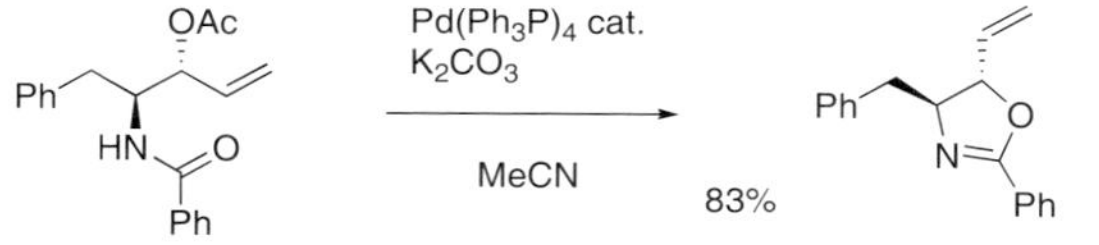

$$(4.128)$$

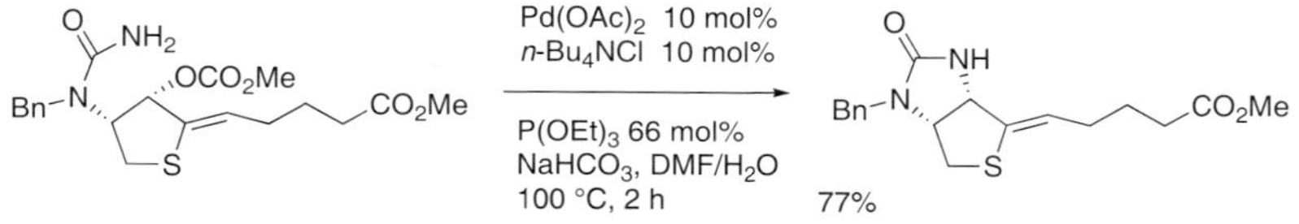

$$(4.129)$$

関連反応として，求核剤としてギ酸とトリエチルアミンを用いるとギ酸パラジウム錯体からの脱炭酸によりヒドリド中間体が生成し，アリル骨格の還元が進行する[(4.130)式][186]．置換アリル骨格の場合はより込みあった側からのヒドリドの攻撃が有利となって末端アルケンが生成しやすくなる．反応の位置選択性は配位子 L に大きく影響される．

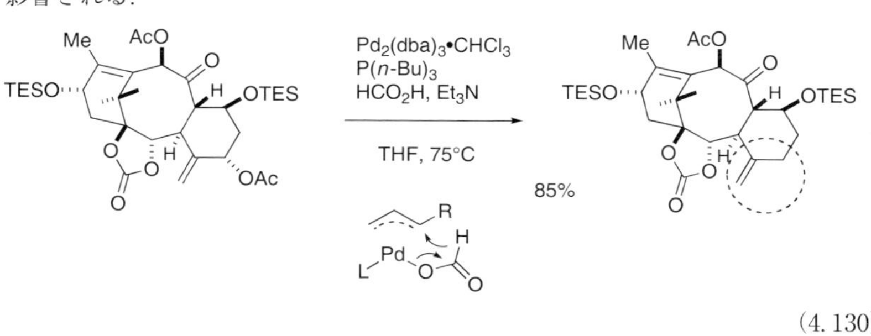

$$(4.130)$$

触媒的アリル位置換反応は，$RhH(PPh_3)_4$ や Wilkinson 錯体でも進行することが分

かっている［(4.131)式］[187〜190]．求核剤がより置換基の多い位置から攻撃した生成物が得られることが特徴である．パラジウム触媒と同様に生成物の立体は保持される［(4.132)式］[191]．さらに，フェノール類も高い位置選択性をもってアリルエーテル類に変換できることがEvansらによって見出された［(4.133)式］[192]．

$$\underset{\text{2 eq.}}{\text{Me}\underset{|}{\overset{\text{OCO}_2\text{Me}}{\text{CH}}}\text{CH=CH}_2} + \text{NaCH(COMe)}_2 \xrightarrow[\substack{\text{dioxane}\\100\,°C,\,2\,h}]{\substack{\text{RhH(PPh}_3)_4\ 5\ \text{mol\%}\\ \text{P}n\text{-Bu}_3\ 10\ \text{mol\%}}} \underset{86\%}{\text{Me}\underset{|}{\overset{\text{CH(COMe)}_2}{\text{CH}}}\text{CH=CH}_2} \quad (4.131)$$

$$\underset{\substack{\text{2 eq.}\\97\%\ ee}}{\text{Me}\underset{S}{\overset{\text{OCO}_2\text{Me}}{\diagup\!\!\diagdown}}} + \text{NaCH(CO}_2\text{Me)}_2 \xrightarrow[\substack{\text{THF}\\30\,°C,\,2.5\,h}]{\substack{\text{RhCl(PPh}_3)_3\ 5\ \text{mol\%}\\ \text{P(OMe)}_3\ 20\ \text{mol\%}}} \underset{86\%\quad 95\%ee}{\text{Me}\overset{\text{CH(CO}_2\text{Me)}_2}{\diagup\!\!\diagdown}} \quad (4.132)$$

$$\underset{\text{2 eq.}}{n\text{-Pr}\overset{\text{OCO}_2\text{Me}}{\diagup\!\!\diagdown}} + \text{PhOH} \xrightarrow[\substack{\text{THF}\\0\,°C\ \text{to r.t.,}\ 4\,h}]{\substack{\text{RhCl(PPh}_3)_3\ 9\ \text{mol\%}\\ \text{P(OMe)}_3\ 40\ \text{mol\%}}} \underset{96\%}{n\text{-Pr}\overset{\text{OPh}}{\diagup\!\!\diagdown}} + \underset{(70:1)}{n\text{-Pr}\diagdown\!\!\diagup\!\!\diagdown\text{OPh}} \quad (4.133)$$

光藤・近藤らは，ルテニウム錯体CpRuCl(cod)もアリル炭酸エステルに対するマロネートやアミン類の求核的アリル化反応の触媒として有効であることを見出した［(4.134)式］[193]．NH$_4$PF$_6$の添加により収率が向上する．また，原料の立体化学は保持される．一方，武内らにより，イリジウム錯体［Ir(μ-Cl)(cod)］$_2$とP(OPh)$_3$配位子の組み合わせも同様の求核的アリル化反応に有効であることが示された［(4.135)，(4.136)式］[194,195]．極性溶媒の使用が，(π-アリル)イリジウム中間体の生成とそれに続く求核剤の攻撃を促進する．分岐型の生成物が位置選択的な求核攻撃により生成する．

$$\text{cycloheptenyl-OCO}_2\text{Me} + \text{HN(piperidine)} \xrightarrow[\substack{\text{decane}\\100\,°C,\,24\,h}]{\substack{\text{RuCpCl(cod)}\ 5\ \text{mol\%}\\ \text{NH}_4\text{PF}_6\ 10\ \text{mol\%}}} \underset{65\%}{\text{cycloheptenyl-N(piperidine)}} \quad (4.134)$$

$$\text{Ph}\diagdown\!\!\diagup\!\!\diagdown\text{OCO}_2\text{Me} + \text{HN(piperidine)} \xrightarrow[\substack{\text{EtOH}\\50\,°C,\,3\,h}]{\substack{[\text{Ir(cod)Cl}]_2\ 2\ \text{mol\%}\\ \text{P(OPh)}_3\ 6\ \text{mol\%}}} \underset{95\%}{\text{Ph}\underset{|}{\overset{}{\text{CH}}}(\text{N-piperidine})\text{CH=CH}_2} \quad (4.135)$$

$$\text{Me}\diagdown\!\!\diagup\!\!\diagdown\!\!\diagup\!\!\diagdown\text{OAc} + \text{NaCH(CO}_2\text{Et)}_2 \xrightarrow[\substack{\text{THF}\\\text{r.t.,}\ 3\,h}]{\substack{[\text{Ir(cod)Cl}]_2\ 2\ \text{mol\%}\\ \text{P(OPh)}_3\ 8\ \text{mol\%}}} \underset{94\%}{\text{Me}\diagdown\!\!\diagup\!\!\diagdown\!\!\underset{\text{CH(CO}_2\text{Et)}_2}{\overset{}{\text{CH}}}\text{CH=CH}_2} \quad (4.136)$$

4.4.2 ジエンのオリゴメリゼーション

1967年,萩原・高橋と Smutny らは独立に,パラジウム触媒によるブタジエンの二量化により 1,3,7-オクタトリエンが生成することを報告した[(4.137),(4.138)式][196,197]. ビス(π-アリル)パラジウム中間体へのプロトン化と,それに続くアルコキシドなどの求核剤の攻撃によって付加二量化物が生成すると考えられる. 酢酸を求核剤とした反応生成物はマクロリド合成に応用されている[198].

$$\text{(4.137)}$$

$$\text{(4.138)}$$

一方,Ni(0) 触媒もブタジエンの二量化や三量化反応の触媒として作用する. この反応の二量化中間錯体は,酸化的環化により生成するビス(アリル)ニッケル錯体であり,σ と π の配位様式と還元的脱離の結合位置の違いによって,四員環,六員環,八員環の異なる環化生成物を与える. また,ホスフィン配位子を用いて単離された錯体 **A** の化学量論反応において,一酸化炭素の存在下で環化生成物が生成することが確認されている[(4.139)式][199]. Ni(0) 錯体は,Ni(II) 錯体を Et_2AlCl で還元して生成させる[(4.140)式][200].

$$\text{(4.139)}$$

$$\text{(4.140)}$$

また，等モル反応であるが，Ni(0)錯体を用いて置換ブタジエンと二酸化炭素をカップリングさせることができる[(4.141)式][201]．さらに触媒量のニッケルを用いて，1,3,8,10-テトラエンの酸化的環化と二酸化炭素によるカルボキシル化が連続的に進行する[(4.142)式][202]．この触媒反応は，光学活性ホスフィンを用いて不斉反応へ展開された[203]．

(4.141)

(4.142)

4.5 カルベン錯体の関与する合成反応

4.5.1 オレフィンメタセシス

「メタセシス（metathesis）」はギリシア語の *meta*（change）と *thesis*（position, place）に由来する術語であり，二つの物質の部分構造を交換することを意味する．1967 年に Calderon（Goodyear Tire & Rubber 社）らが，シクロアルケンの開環重合や非環状アルケンの不均化反応などの一連の反応を「オレフィンメタセシス（olefin metathesis）」と総称した[204]．2005 年，オレフィンメタセシスの反応機構を解明した Chauvin（仏国）と，高性能触媒の開発により反応の合成的価値を高めた Grubbs（米国）および Schrock（米国）がノーベル化学賞を受賞した．この触媒反応は，遷移金属カルベン錯体を活性種として進行する．触媒機構は 3.9.1 項で解説したので，ここでは有機合成への応用について述べる．

オレフィンメタセシスの反応様式は，直鎖状と環状の骨格変換とに分けて整理される（図 4.13）．有機合成への応用では，2 分子のアルケンからエチレンの脱離を伴って内部アルケンが生成するクロスメタセシス（cross metathesis：CM）と，α,ω-ジエンの分子内閉環メタセシス（ring-closing metathesis：RCM）が特に有用である．一方，環状アルケンの開環メタセシス重合（ring-opening metathesis polymerization：

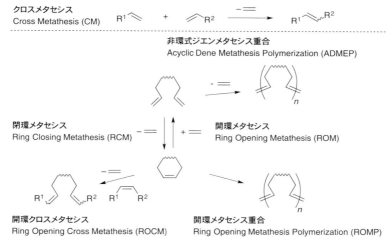

図4.13 オレフィンメタセシスの各反応様式

図4.14 オレフィンメタセシス触媒

ROMP)はポリマー合成法として有用である.

有機合成では,Schrock触媒(**Mo1**),第一世代Grubbs触媒(**Ru1**),第二世代Grubbs触媒(**Ru2**)と,それらの誘導体が触媒として利用されている(図4.14).オレフィンメタセシスではアルケン基質の配位が必要なため,いずれも配位不飽和錯体である(3.9.1項).モリブデン錯体であるSchrock触媒(14e)は活性が高く,また光学活性アルコールを用いた修飾が容易であるため,不斉触媒への応用が図られている.一方,ルテニウム錯体であるGrubbs触媒(16e)は官能基許容性に優れ,水やアルコール,カルボン酸などが存在しても触媒活性を失わない.

以下に,Grubbs触媒を用いた反応例を示す[205,206].それぞれ閉環メタセシス(RCM)[(4.143),(4.144)式]とクロスメタセシス(CM)[(4.145)式]である.

$$\text{(4.143)}$$

$$\text{(4.144)}$$

$$\text{(4.145)}$$

エンインを反応基質に用いると，オレフィンメタセシスにより環化してジエン誘導体を与える［(4.146)式］．エンインメタセシス（enyne metathesis：EYM）とよばれている[207]．

$$\text{(4.146)}$$

RCM が複雑な大環状骨格の構築に高い有用性をもつことをはじめて示したのは，Hoveyda らの生理活性物質の Sch38516 の合成である．Schrock 触媒が驚異的な収率を与えた［(4.147)式］[208]．

$$\text{(4.147)}$$

同様の手法は，平間らによって，海産物の毒成分であるシガトキシン CTX3C の全合成に用いられた．全体構造式の左セグメント構築の鍵工程として RCM が選ばれた［(4.148)式］[209]．

(the left wing fragment of CTX3C)

(4.148)

Nicolaou らのエポチロン合成では，第一世代 Grubbs 触媒が用いられている．ポリマー担持型の固相合成では，RCM と同時に環化生成物が担体から切り離される．Danishefsky や Fürstner, Sinha らも独立にこの十六員環の構築に RCM 法を利用し，それぞれ第二世代 Grubbs 触媒と Schrock 触媒を用いて環化に成功している［(4.149) 式］．天然有機物合成への展開については Prunet の総説に詳しい[210]．

(4.149)

4.5.2 ジアゾ化合物を用いる反応

 金属触媒を用いてジアゾ化合物を分解して不安定な金属カルベン錯体（$M=CR^1R^2$）（あるいはカルベノイド）を発生させ，C–H 結合への挿入や，C=C 結合への付加（アルケンのシクロプロパン化）反応に利用することができる．アルケンからシクロプロパン誘導体を合成する方法としてジヨードメタンと亜鉛-銅触媒を用いる Simmons–Smith 反応や，その変法であるジエチル亜鉛を用いる反応があるが，市販の酢酸ロジウム（$Rh_2(OAc)_4$）を用いても効率的にシクロプロパン化を行うことができる．酢酸ロジウムは空気中で安定であり，ジアゾ化合物に対

して高い活性を示す．アルケンのシクロプロパン化以外にも，分子内 C–H 挿入反応や，C–N および C–O 結合への挿入反応など多彩な変換反応が可能である[211]．

ジアゾ酢酸エチルによるスチレンのシクロプロパン化は，銅，ロジウム，ルテニウム，パラジウムなどの触媒を用いて収率よく進行するが，いずれもトランス/シス比は高くない [(4.150)式][212]．一方，第 5 章で述べるように，ビスオキサゾリンやポルフィリンを配位子とする錯体触媒を用いると 90% を超えるトランス選択性が得られる．また，ジアゾ酢酸エステルのエステル部分に ^{t}Bu，メンチル，2,6-ジ-t-ブチル-4-メチルフェニル（BHT）などの嵩高い有機基を用いることにより，トランス選択性は 98% まで向上する．

$$\text{Ph} \diagup + N_2 \diagdown CO_2Et \xrightarrow{\text{cat.}} \text{Ph} \triangleright CO_2Et + \text{Ph} \triangleright CO_2Et \quad (4.150)$$

cat.		trans : cis
Cu(OTf)$_2$	97%	65:35
Cu(acac)$_2$	71%	72:28
Rh$_2$(OAc)$_4$	93%	62:38
RuCl$_2$(PPh$_3$)$_3$	93%	56:44
PdCl$_2$(PhCN)$_2$	40%	62:38

以下に，C–H 結合への挿入，N–H 結合や C–S 結合への挿入例を挙げる [(4.151)～(4.154)式][213]．

$$\text{(4.151)}$$

$$\text{(4.152)}$$

$$\text{(4.153)}$$

$$\text{(4.154)}$$

また，抗生物質チエナマイシンの合成経路に分子内 N–H 結合挿入が用いられた例

を挙げる [(4.155)式]$^{214)}$.

$$\text{(4.155)}$$

→ Thienamycin

シクロプロパン化の機構としては，アルケンが金属への配位を伴わずにカルベン配位子を求核攻撃する外圏機構が支持されている (3.9.2 項)．一方，アルケンがカルベン錯体に配位し，付加環化によりメタラシクロブタン中間体を与える内圏機構は，活性化エネルギーが高い．

たとえば，銅触媒について Hofmann らは，イミノホスファナミド配位子を有する銅エチレン錯体 **1** とジアゾフェニル酢酸エステル **2** からカルベン錯体 **3** を合成した．カルベン配位子は PN_2Cu 平面と直交しており，スチレンとの反応によって相当するシクロプロパンを与える [(4.156)式]$^{215)}$.

$$\text{(4.156)}$$

Garcia, Salvatella らと Norrby らは，銅触媒によるシクロプロパン化反応機構を理論計算により解析し，(4.156)式の **4** に示す外圏機構の妥当性を示した$^{216)}$．反応は，カルベン配位子の CO_2Me 基とスチレンのフェニル基との立体障害を避けるため，トランス優先的に進行する．

山田らは，コバルト触媒によるシクロプロパン化の想定中間体 **5** のモデル錯体である **6** とエチレンとの反応について理論計算を行い，外圏機構の妥当性を示した$^{217)}$．遷移状態において，アルケンは $Co-CH_2$ 結合に平行に配列し，カルベン炭素を求核攻撃する．また，Snyder, Arduengo らによって関連するロジウムカルベン錯体が単離

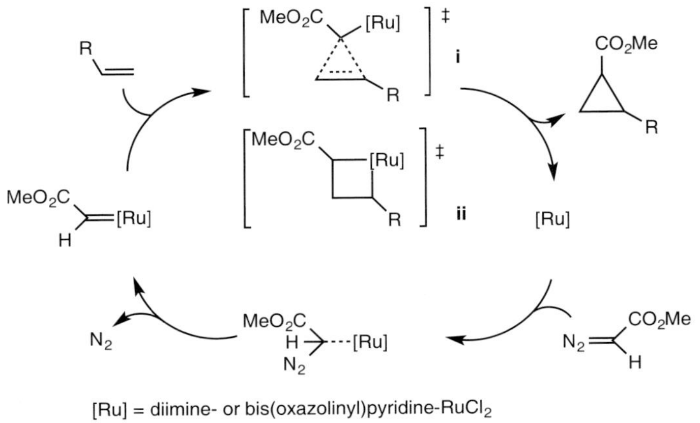

図 4.15 ルテニウム触媒によるシクロプロパン化機構

され, 構造決定されている[218].

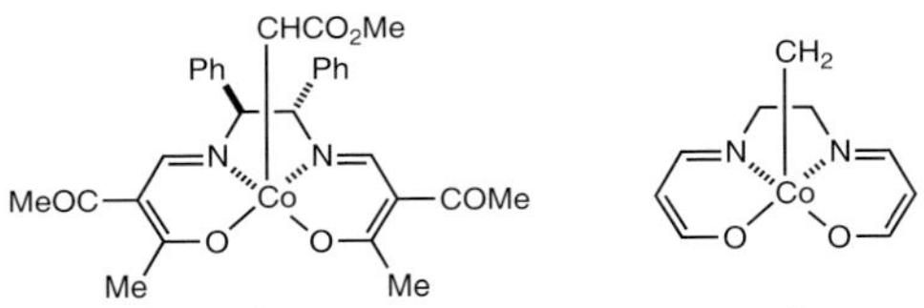

中村らは, ロジウム触媒によるメタンの C–H 結合に対するカルベン配位子の挿入反応について理論計算を行い, 挿入の活性化エネルギーが銅やルテニウム触媒に比べて低いことを示した[219]. また, García らにより, ルテニウム触媒によるシクロプロパン化の反応過程が計算され (図 4.15), カルベン錯体中間体とアルケンとの反応が, ルテナシクロブタン (ii) ではなく, カルベン炭素に対するアルケンの求核攻撃 (i) を経由して進行することが示された[220].

4.5.3 環化反応

等モル反応であるが, クロム, モリブデン, タングステンの Fischer 型カルベン錯体を用いる反応にも合成的に魅力的なものが多い. ヘテロ原子で安定化されたカルベン配位子は, 求電子的であり, さまざまな求核剤の攻撃を受けて変換反応に利用できる. アルコキシカルベン錯体とアルキンとの付加反応によりヒドロキノン誘導体が生成する. Dötz 反応 (Döz's benzannulation reaction) とよばれ, 反応によって生成す

るクロム錯体を酸化してキノン誘導体を遊離させ，単離することができる．カルベン錯体とアルキンとの付加環化によりメタラシクロブテンが生成し，一酸化炭素の挿入後に環化するものと考えられている［(4.157), (4.158)式］[221].

$$(4.157)$$

$$(4.158)$$

モリブデンカルボニル錯体を用いて，ホモプロパルギルアルコール誘導体からジヒドロフラン誘導体が合成される［(4.159)式][222]．この反応は，ビニリデン錯体（2.4.3項）を中間体とし，ビニリデンα炭素へのヒドロキシ基の分子内求核攻撃によって進行する．六員環のピラン誘導体も同様に合成できる．オルト位にビニル基をもつフェニルアセチレン誘導体とタングステン錯体から，ビニリデンタングステン錯体の生成と分子内環化を経由してナフタレン誘導体を合成することができる［(4.160)式][223]．エンジインからも，Wilkinson錯体を用いて環化芳香族化が可能である[224]．

$$(4.159)$$

$$(4.160)$$

ベンゾイルエンインをクロムあるいはタングステンカルボニル錯体の反応と反応させると，5-exo-dig 型の分子内環化が起こり，カルベン錯体が生成する［(4.162)式］．反応系中にカルベン部位を捕捉するビニルエーテル類やスチレンなどの基質を共存させるとシクロプロパン誘導体が合成できる［(4.161)式][225]．また，反応系中にアルキン類を共存させれば，6-endo-dig 型環化で生成するビニリデン錯体を捕捉してベンゼン誘導体が生成する．

(4.161)

(4.162)

タングステン錯体とベンゾフェノン誘導体の反応では，ベンゾピラニリデン錯体が単離できる [(4.163)式]．このカルベン錯体の生成後に置換アルケンを加えると，[4+2]付加環化とタングステン錯体の脱離を経由して芳香環が形成される [(4.164)式][226]．

(4.163)

(4.164)

このように，カルベン錯体やビニリデン錯体を中間体としてさまざまな環状化合物が合成できる．

4.6 メタラサイクル錯体の関与する合成反応

4.6.1 置換ベンゼン化合物の合成

アセチレンを三量化するとベンゼンができる．この反応は，約 140 kcal mol^{-1} の発熱反応であり容易に進行しそうであるが，触媒なしでは 400 ℃ 以上の加熱を必要とする[227]．1949 年，Reppe らは，ニッケル触媒を用いて，さまざまな置換アセチレンの [2+2+2] 環化三量化反応に成功した．有機合成的な観点から，ジイン類と置換アセチレンからの二環性置換ベンゼンの合成や，トリイン類の環化三量化に興味がもたれ，多くの反応例が報告されてきた．触媒としては，コバルト，ロジウム，イリジウム，ニッケル，パラジウム，ルテニウムなどが用いられてきた．また，等モル反応である

4.6 メタラサイクル錯体の関与する合成反応

が，ジルコニウムやチタンを含むメタラシクロペンタジエン類も置換ベンゼン骨格の構築に有用である．中間体は（4.165)式に示す **i** あるいは **ii** のメタラサイクル錯体と考えられ，金属によって異なるとされている．

$$(4.165)$$

（酸化的付加）　メタラサイクル（メタラシクロペンタジエン）　　　（還元的脱離）

Vollhardt らは，$CpCo(CO)_2$ 錯体を触媒に用いて，大過剰の置換アセチレンの溶液にジイン類をゆっくり滴下すると，ベンゼン誘導体が得られることを見出した[(4.166),(4.167)式][228]．なお，ジイン類と Rh(I) 錯体から合成されるメタラサイクル（ロダシクロペンタジエン）とアルキンとの等モル反応によりベンゼン誘導体が生成することは，それ以前に報告されている[229]．

$$(4.166)$$

$$(4.167)$$

さらに Vollhardt らは，末端にビニル基をもつジインとアルキンとの環化三量化によりベンゾシクロブタン **A** を生成させると，加熱条件でシクロブタンの開環と再環化が起こり，三環性化合物が生成することを見出した[(4.168)式]．反応は，o-キノジメタン **B** を経由し，熱反応で進行すると考えられている[230]．

$$(4.168)$$

Wilkinson 錯体も環化三量化の触媒として活性がある.t-ブチルアルコール,エタノール,THF などが溶媒として使用でき,0 ℃から70 ℃で反応を実施できる[(4.169)式].置換アセチレンは,アルキル基やアリール基のみならず,アルコール,エステル,エーテルなどの官能基をもつものでもよい[231].

$$(4.169)$$

N-アルキニルアミド基を有するジインと置換アセチレンからインドリン誘導体が合成できる[(4.170)式][232].ベンゾフラン環の形成や C-アリールグリコシド誘導体の合成にも応用されている[(4.171)式][233].ロジウム触媒のほか,[Ir(μ-Cl)(cod)]$_2$ と dppe から調製されるイリジウム錯体も環化三量化に高い触媒活性を示す[234].また,Pd(0)錯体も,PPh$_3$ の存在下で,ジインとアセチレンジカルボン酸エステルとの三量化や,トリインの分子内環化反応を触媒する[235].

$$(4.170)$$

$$(4.171)$$

Ni(0)錯体も環化三量化に高い触媒活性を示す.ジインとアセチレンとの付加環化によりイソインドリン誘導体が高収率で生成する[(4.172)式][236].この反応は,Ni(cod)$_2$ と光学活性ホスフィンを用いてエナンチオ選択的なイソキノリン誘導体の合成へと展開されている[237].

$$(4.172)$$

* Generated from Ni(acac)$_2$ (20 mol%) and DIBAH (2 eq to Ni), PPh$_3$ (80 mol%) at 0℃.

第一世代 Grubbs 触媒がアセチレン誘導体の三量化反応に活性であることが報告されており大変興味深い[238].この反応は,メタラシクロブタジエン錯体経由ではなく,

カルベン錯体による連続的な分子内閉環メタセシスにより進行するものと考えられている [(4.173)式].

(4.173)

山本・伊藤らにより，$[Cp^*RuCl_2]_2$ や $CpRu(cod)Cl$ を触媒として用いると，ルテナシクロペンタジエン中間体を経由してジインとアルキンやアルケンとの環化反応が進行することが見出された [(4.174)式][239]．アルキン類の環化三量化反応では，種々の置換基を有するアルキン類も室温で反応する．ロジウム，ニッケル，コバルト触媒と比較して，反応時間も短く，位置選択性にも優れている．また，ルテナシクロペンタジエン中間体の単離と構造決定に成功し，メタラシクロペンタジエン骨格にビスカルベン構造の寄与が大きいことが示された．さらに理論計算から，[2+2]型の遷移状態が，[4+2]型の遷移状態に比べて有利であるとされている [(4.175)式].

(4.174)

(4.175)

このCp*ルテニウム触媒を用いて，アルキニルボロン酸，プロパルギルアルコール，置換アルキンの異なる3種のアルキンを位置選択的に環化三量化させることができる．環化生成物は，単離することなく，鈴木–宮浦反応を組み合わせて，連続的な4成分カップリングによる置換ビフェニル誘導体の合成に利用できる [(4.176)式][240]．反応は穏和な条件で進行するので，ヨードアセチレン類を直接，環化三量化することができる [(4.177)式]．生成物は，ヨードベンゼン誘導体であり，薗頭反応や鈴木–宮浦反応を組み合わせて炭素骨格をさらに伸長することができる[241]．

$$(4.176)$$

$$(4.177)$$

次に，前期遷移金属であるジルコニウムやチタンを用いる反応について説明する．根岸反応剤と呼ばれる有機ジルコニウム種を用いると容易にジルコナシクロペンタジエン錯体が合成され [(4.178)式]，これに，等モル反応ではあるが，銅錯体やニッケル錯体を使って置換アセチレンを反応させ，環化三量体を得ることができる[(4.179)，(4.180)式]．全置換ベンゼン誘導体の合成が可能である[242,243]．

$$(4.178)$$

$$(4.179)$$

$$\text{(4.180)}$$

Ti(IV) のアルコシドを還元して生成する Ti(II) 活性種を用いて 3 種類の異なる置換アセチレンを環化できる［(4.181)式］[244]．この反応では，生成するベンジルチタン種をプロトン化しているが，酸化により水酸基が導入できる．

$$\text{(4.181)}$$

4.6.2 置換ヘテロ環化合物の合成

触媒的なアルキンの環化三量化反応において，アルキンの一つをニトリルに替えることができれば，種々の置換ピリジン誘導体を合成することができる[245,246]．1973 年，山崎・若槻らはコバルタシクロペンタジエン種を用いて，等モル反応ならびに触媒的反応によって種々の置換ニトリルからピリジン誘導体の合成に成功した．その後，Bönnemann らも精力的に合成的な応用と反応機構の研究を続けた．CpCo 種を用いてジインとニトリルから置換ピリジン誘導体が合成できる［(4.182)式］[247]．シクロペンタジエニル基とホスフィンとを架橋した配位子を有するコバルト錯体が高活性であることが示された[248]．1,3-ジインとアルキニルニトリルから，対称形の多置換ビピリジン誘導体が合成される［(4.183)式］[249]．

$$\text{(4.182)}$$

$$\text{(4.183)}$$

また，Cp*Ru(cod)Cl 錯体が 1,6-ジインと電子不足ニトリルとの環化反応のよい触媒であることが示された〔(4.184)式〕[250]．この触媒を用いて 1,6-ジインとマロノニトリルなどのジシアニド類を位置選択的に環化することができる．この反応はシアノピリジン類の合成に展開された〔(4.185)式〕[251]．

$$\text{MeO}_2\text{C-alkyne-Me} + \text{EtO}_2\text{C-CN} \xrightarrow[\text{Cl(CH}_2)_2\text{Cl},\ 60\,°C,\ 2\,h]{\text{Cp*Ru(cod)Cl}\ 5\,\text{mol\%}} \text{生成物} \quad (4.184)$$

78%
ratio of regio isomer 88:12

$$(4.185)$$

Cp*Ru(cod)Cl 10 mol%, CH$_2$(CN)$_2$ 3 eq, Cl(CH$_2$)$_2$Cl, 80 °C, 20 h, 95%

一方，チタンおよびジルコニウム錯体を用いた (4.178)～(4.180) 式の反応において，一つのアルキンをニトリルに替えるとピリジン類が合成できる．チタナシクロペンタジエン錯体に対してニトリル類が反応する機構や，アザジルコナシクロペンタジエン錯体に対して置換アセチレンが銅あるいはニッケル触媒によって環化する機構が提唱されている[252,253]．ニトリルに代えてイソシアナートを用いるとピリドン誘導体が合成される〔(4.186), (4.187)式〕[254,255]．

$$(4.186)$$

CpCo(CO)$_2$ 20 mol%, xylene, r.f., hν irradiation, 76%

$$(4.187)$$

Cp*Ru(cod)Cl 5 mol%, Cl(CH$_2$)$_2$Cl, r.f., 1 h, 87%

4.7 アルキン，アルケンの関与する合成反応

4.7.1 Pauson–Khand 反応

1973 年に Pauson と Khand らは，アルキンが架橋配位したジコバルトヘキサカルボニル錯体がノルボルナジエンと反応し，シクロペンテノン誘導体を与えることを報

告した［(4.188)式］[256]．この発見により，アルキン，アルケン，一酸化炭素の3成分を金属錯体を用いてカップリングさせ，五員環化合物を合成できることが示された．発見当初は，化学量論的な反応で収率も低く，非対称アルキンでの立体選択性がないこともあり効率的な反応とはいえなかった．その後，添加物による反応促進や触媒系への改良がなされ，今日では有機合成に有用な反応となっている．

$$(4.188)$$

この反応は，1981年にSchoreらが，アルキンの位置選択性の問題のない反応基質として直鎖状の1,6-エンインを選び，分子内反応へ応用したのが一つの転機となり[257]，一挙に二環性化合物を得る方法として注目された［(4.189)式］．反応では，まずアルキン架橋配位コバルト錯体 $Co_2(\mu\text{-Alkyne})(CO)_6$ が生成し，続いてアルケンが付加すると考えられている[258]．

$$(4.189)$$

1990年代の前半には，コバルト以外の金属錯体も分子間や分子内Pauson–Khand反応に活性をもつことが明らかになった．たとえば，$Ni(cod)_2$，$Fe(CO)_5$，$Mo(CO)_6$，$W(CO)_5$，$Cp_2Ti(PMe_3)_2$ などの錯体について活性が報告されている[259]．しかしながら，安価なコバルト錯体を用いる反応の合成的有用性は依然として高い．

コバルト錯体によるPauson–Khand反応では，錯体触媒がオリゴマーや $Co_4(CO)_{12}$ などの不活性クラスターとなって失活すると考えられるため，添加物によってこれを阻止して活性を上げるさまざまな工夫がなされた．そのなかでも簡便なものとして，アルキン錯体を形成させた後に，N-メチルモルホリンN-オキシド（NMO）やトリメチルアミンN-オキシド（TMANO）を添加する方法が見出された（表4.1）[260～262]．これにより，コバルト錯体から一酸化炭素の解離を促し，アルケンの配位が容易となることで反応が加速され，室温短時間で高収率の環化生成物が得られるようになった．ほかには，ジメチルスルホキシド（DMSO）の添加も効果的である[263]．

さて，一酸化炭素雰囲気下では，触媒量のコバルト錯体でPauson–Khand反応が進行する．最初にRautenstrauchらが，100気圧の加圧下で200回以上のTONを得ている[264]．1994年には，Jeongらが3 mol%の $Co_2(CO)_8$ に10 mol%の $[P(OPh)_3]$ を用い，一酸化炭素3気圧の条件で，82%収率で環化生成物を得ることに成功した［(4.190)式］[265]．インデニルコバルト錯体を用いると分子間反応も触媒量で進行す

表 4.1 添加物によって促進された Pauson–Khand 反応の例

触媒，反応条件	基質	生成物	収率	文献
1. $Co_2(CO)_8$ (1 eq), CH_2Cl_2 2. NMO (6 eq), r.t., 8～16 h			92%	260)
			98%	260)
			72%	262)
1. $Co_2(CO)_8$ (1 eq), CH_2Cl_2 2. TMANO (3 eq), O_2 r.t., 2～3 h			90%	261)
			80% exo : endo = 83 : 17	261)
			99%	261)

ることが分かった[266]．超臨界一酸化炭素中でも効率よく反応が進行する[267]．また，Bu_3PS などのホスフィンスルフィドの添加による促進効果や，メチリデンコバルト錯体が活性であることも注目される[268,269]．

$$(4.190)$$

反応条件	収率
$Co_2(CO)_8$ (3 mol%), $P(OPh)_3$ (10 mol%) CO (3 atm), DME, 120°C, 48 h	82%
$Co_2(CO)_8$ (2.5 mol%), P(CO) 112 atm at 37°C, 90°C, 24 h	82%
$Co_2(CO)_8$ (3 mol%), Bu_3PS (18 mol%) CO (1 atm), C_6H_6, 70°C, 5 h	90%
$Co_3(CO)_9(\mu^3\text{-CH})$ (1 mol%) CO (1 atm), toluene, 120°C, 7 h	78%

ルテニウム錯体や[270]，ロジウム錯体を触媒とした Pauson–Khand 反応も報告されている．ルテニウム錯体としては $Ru_3(CO)_{12}$ が用いられ，反応温度（140～160℃）と一酸化炭素圧（10～15気圧）がやや高めではあるが最高で89%の良好な収率を与えている．一方，ロジウム錯体としては $[RhCl(CO)_2]_2$（1～5 mol%）が用いられ，一酸化炭素1気圧，110～130℃，9～24時間の反応で90%を超える収率を与えてい

る[271]．

このように触媒系が確立してくるとさらに改良が加えられ，一酸化炭素の代わりにアルデヒドをカルボニル源とする触媒系が開発された[(4.191)式][272]．まず，アルデヒド（C_6F_5CHO）が低酸化状態のロジウムに酸化的付加して$Rh(H)(COC_6F_5)$錯体が生成する．この錯体は脱カルボニル化により$Rh(H)(CO)(C_6F_5)$錯体となり，C_6F_5Hが還元的脱離して$Rh(CO)$種が生成し，Pauson–Khand反応に使われる．

$$\text{TsN}-\text{CH}_2\text{CH}=\text{CH}_2,\ \text{C}\equiv\text{C-Ph} + C_6F_5CHO \xrightarrow[\text{xylene, 130°C, 60h}]{[RhCl(COD)]_2\ 5\ mol\%,\ dppe\ 11\ mol\%} \text{TsN-bicyclic product (Ph, O)} \quad 97\% \tag{4.191}$$

エンインのオレフィン部をアルデヒドに変えた反応基質を用い，一酸化炭素加圧下でルテニウム触媒を用いると，酸素原子を五員環部にもつ化合物に変換できる[(4.192)式]．ヘテロPauson–Khand反応とよばれている[273]．

$$\text{substrate} \xrightarrow[\text{toluene, 160°C, 20 h}]{Ru_3(CO)_{12}\ 2\ mol\%,\ CO\ (10\ atm)} \text{product} \quad 89\% \tag{4.192}$$

このように発展してきたPauson–Khand反応は，多くの複雑な骨格を有する天然有機化合物の全合成にも応用されてきた[259]．例を以下に二つ挙げる．(4.193)式では，アルカロイドの一種であるマグレラニンの合成過程で，TMANOを用いる活性化（表4.1）を用いて分子内反応を進行させ，三環性骨格の構築に成功している[274]．また，(4.194)式では，同じくアルカロイドの一種である13-デオキシセラチン合成の中間体合成の段階で利用されている[275]．さらに最近では，不斉反応へと展開されている．

$$\text{substrate} \xrightarrow[]{1)\ Co_2(CO)_8\ THF;\ 2)\ TMANO,\ r.t.,\ 1\ h} \text{product} \quad 70\% \tag{4.193}$$

$$\text{substrate} \xrightarrow[]{1)\ Co_2(CO)_8;\ 2)\ NMO\cdot H_2O,\ CH_2Cl_2/THF} \text{product} \quad 89\% \tag{4.194}$$

4.7.2 Wacker法関連の合成反応

Wacker法（Wacker酸化：Wacker oxidation）は，エチレンを酸化してアセトア

ルデヒドを得る工業的方法である [(4.195)式].この過程でパラジウム錯体は等モル量消費されるが,塩化第二銅を用いて再酸化し,触媒的に利用されている.再酸化の過程で塩化第二銅は塩化第一銅に還元されるが,酸性水溶液中で酸素酸化されて塩化第二銅に再生される (3.8.2項).

Wacker 法の反応原理は種々のアルケンの酸化にも利用され,特に小スケールの合成では,塩化第二銅の代わりにベンゾキノンが使用されることも多い.溶媒には,水を含んだ極性溶媒が好んで使われる.アルケン基質のうち,一置換アルケンは速やかに酸化されメチルケトン類に変換されるが,内部アルケンはほとんど酸化されない.例として,2,2-ジメチル-4-ペンタナールの酸化 [(4.196)式] を挙げる[276].辻らによって報告されたこの反応は,実験室において大きなスケールでも実施できる.

$$H_2C=CH_2 + PdCl_2 + H_2O \xrightarrow[\text{solvent}]{\text{oxidant} \atop CuCl, O_2} H_3C-CHO + Pd(0) + 2\,HCl \quad (4.195)$$

$$\text{(4.196)}$$

[構造式: アルケン-CHO (185.6 g) → PdCl₂ ca. 0.4 mol%, CuCl 20 mol%, O₂ bubbled, DMF:H₂O 7:3, r.t., 60 h → ケト-CHO (165.1 g, 78%)]

この反応は,その簡便で種々の官能基に影響を及ぼさない特徴から,末端アルケンのメチルケトン類への変換法として天然物化合物の合成にも数多く利用された.末端アルケンは「マスクされたメチルケトン」として,必要なときに酸化してメチルケトン骨格へと誘導化される.たとえば,抗ウイルス活性を有する海産天然化合物の (−)-ヘノキサゾール A の合成では中間体の末端のみが酸化され,内部アルケンは影響を受けずに保持されている [(4.197)式][277].

[構造式: PdCl₂ 10 mol%, Cu(OAc)₂ 20 mol%, O₂, DMF:H₂O 7:1, r.t., 19.5 h, 77%]

pmb = *p*-methoxybenzyl

$$\text{(4.197)}$$

Wacker 酸化は複雑かつ多官能性のタキソイドの反応にも適用され,反応系中で生成するメチルケトン部と分子内のケトンがアルドール縮合を起こして環化生成物に至る経路が示された [(4.198)式][278].

4.7 アルキン,アルケンの関与する合成反応

(4.198)

ヒドロペルオキシドの共存下では,β位の酸化を行うことができる.以下に,フローラス二相系で穏和な条件で酸化した例を示す〔(4.199),(4.200)式〕.これらの反応系では,一置換スチレンや一置換アルケンのメチルケトンへの変換が効率よく起こり,さらにスチルベンの酸化が進行する[279].

(4.199)

(4.200)

Wacker 酸化では,水が求核剤として働くが(3.8.2項),水の代わりにアルコールやフェノールを用いることができる.この反応は,分子間反応では位置選択性が悪くいろいろな生成物を与えるので合成的には利用しにくい.しかし,分子内環化ではパラジウム触媒の選択により五員環や六員環化合物を選択的に合成することができる.以下に,フェノール誘導体から分子内環化により六員環骨格が生成する例を示す〔(4.201)式〕[280].塩化パラジウムと窒素系不斉配位子 Boxax を用いた反応では五員環の生成が顕著であり,エナンチオ選択性もきわめて高い〔(4.202)式〕[281].

(4.201)

(4.202)

4.7.3 アレーン錯体を用いる合成

　置換ベンゼン誘導体は，遷移金属と η^6 配位のさまざまなアレーン錯体を形成する[282]．金属への配位によってベンゼン環は電子的な影響を受け，(1) ベンゼン環に直接結合した水素は強塩基で引き抜ける［(4.203)式][283]，(2) ベンゼン環が直接求核攻撃を受けやすくなる，(3) ベンゼン環側鎖での反応性が変化する，などの効果が現れる．ベンジル位のカチオンが安定化されるので，ベンジル位での求核置換反応が容易に起こる[284]．(4.204)式の例では，クロチルシランの攻撃が立体反転で起こっている．1,3-ジチアンからの求核攻撃も容易である．最後にヨウ素で酸化して，クロムトリカルボニル部分を脱離させている．

(4.203)

(4.204)

　以上，遷移金属錯体を用いる有機合成反応を紹介してきた．1970年代に発見された触媒反応が40年たった今でも改良された反応として活用されており，近年特に注目

引 用 文 献 209

を浴びた水素化，クロスカップリング，C–H 結合活性化，オレフィンメタセシスなどの反応が力量ある有機合成の手法として大きく発展している．最近では，鉄などの安価で低毒性の金属の使用や，省エネルギーで廃棄物が少ない環境調和型の反応の開発がグリーンサステイナブルケミストリーの観点から進められている[285]．新規な配位子の設計と錯体触媒の固定化による反応開発や，フローマイクロリアクターを用いる触媒合成プロセス開発など，実用性を重視した取り組みにも期待がもたれている[286, 287]．特に，鈴木–宮浦カップリングや薗頭カップリングなどのクロスカップリングを利用した研究が多く報告されているが，ここでは参考文献を挙げるにとどめる．

引用文献

1) (a) J. M. Brown and L. W. Piszkiewicz, *J. Org. Chem.*, **32**, 2013 (1967)；(b) J. M. Brown, P. L. Evans and A. P. James, *Org. Synth.*, **68**, 64 (1990).
2) (a) R. H. Crabtree, *Acc. Chem. Res.*, **12**, 331 (1979)；(b) A. G. Schultz and P. J. McCloskey, *J. Org. Chem.*, **50**, 5907 (1985)；(c) R. H. Crabtree and M. W. Davis, *Organometallics*, **2**, 681 (1983).
3) (a) T. Ohkuma, M. Koizumi, H. Ikehira, T. Yokozawa and R. Noyori, *Org. Lett.*, **2**, 659 (2000)；総説：(b) R. Noyori and T. Ohkuma, *Angew. Chem. Int. Ed.*, **40**, 40 (2001).
4) (a) Y. Blum, D. Czarkie, Y. Rahamim and Y. Shvo, *Organometallics*, **4**, 1459 (1985)；(b) Y. Shvo, D. Czarkie and Y. Rahamim, *J. Am. Chem. Soc.*, **108**, 7400 (1986).
5) B. L. Conley, M. K. Pennington-Boggio, E. Boz and T. J. Williams, *Chem. Rev.*, **110**, 2294 (2010).
6) O. Pàmies and J.-E. Bäckvall, *Chem. Rev.*, **103**, 3247 (2003).
7) (a) O. Pàmies and J.-E. Bäckvall, *J. Org. Chem.*, **67**, 1261 (2002)；(b) J. Paetzold and J. E. Bäckvall, *J. Am. Chem. Soc.*, **127**, 17620 (2005)；(c) J. S. M. Samec and J.-E. Bäckvall, *Chem. Eur. J.*, **8**, 2955 (2002).
8) (a) H.-J. Knölker, J. Heber and C. H. Mahler, *Synlett*, 1002 (1992)；(b) A. Pearson, R. J. Shively, Jr. and R. A. Dubbert, *Organometallics*, **11**, 4096 (1992).
9) H.-J. Knölker, E. Baum, H. Goesmann and R. Klauss, *Angew. Chem. Int. Ed.*, **38**, 2064 (1999).
10) (a) C. P. Casey and H. Guan, *J. Am. Chem. Soc.*, **129**, 5816 (2007)；(b) C. P. Casey and H. Guan, *J. Am. Chem. Soc.*, **131**, 2499 (2009).
11) (a) A. Quintard and J. Rodriguez, *Angew. Chem. Int. Ed.*, **53**, 4044 (2014)；(b) R. M. Bullock, *Angew. Chem. Int. Ed.*, **46**, 7360 (2007).
12) S. Moulin, H. Dentel, A. Pagnoux-Ozherelyeva, S. Gaillard, A. Poater, L. Cavallo, J.-F. Lohier and J.-L. Renaud, *Chem. Eur. J.*, **19**, 17881 (2013).
13) (a) C. Sui-Seng, F. Freutel, A. J. Lough and R. H. Morris, *Angew. Chem. Int. Ed.*, **47**, 940 (2008)；(b) N. Meyer, A. J. Lough and R. H. Morris, *Chem. Eur. J.*, **15**, 5605 (2009).
14) A. Mikhailine, A. J. Lough and R. H. Morris, *J. Am. Chem. Soc.*, **131**, 1394 (2009).
15) W. Zuo, A. J. Lough, Y. F. Li and R. H. Morris, *Science*, **342**, 1080 (2013).
16) (a) A. A. Mikhailine, M. I. Maishan, A. J. Lough and R. H. Morris, *J. Am. Chem. Soc.*, **134**, 12266 (2012)；(b) R. H. Morris, *Acc. Chem. Res.*, **48**, 1494 (2015).
17) (a) E. J. Daida and J. C. Peters, *Inorg. Chem.*, **43**, 7474 (2004)；(b) S. C. Bart, E. Lobkovsky and P. J. Chirik, *J. Am. Chem. Soc.*, **126**, 13794 (2004)；(c) S. C. Bart, E. J. Hawrelak, E. Lobkovsky and P. J. Chirik, *Organometallics*, **24**, 5518 (2005).
18) R. Langer, G. Leitus, Y. Ben-David and D. Milstein, *Angew. Chem. Int. Ed.*, **50**, 2120 (2011).
19) R. Langer, M. A. Iron, L. Konstantinovski, Y. Diskin-Posner, G. Leitus, Y. Ben-David and D.

Milstein, *Chem. Eur. J.*, **18**, 7196 (2012).
20) (a) A. Mori, E. Takehisa, Y. Yamamura, T. Kato, A. P. Mudalige, H. Kajiro, K. Hirabayashi, Y. Nishihara and T. Hiyama, *Organometallics*, **23**, 1755 (2004); (b) 武内 亮, 有機合成化学協会誌, **57**, 608 (1999).
21) H. Katayama, K. Taniguchi, M. Kobayashi, T. Sagawa, T. Minami and F. Ozawa, *J. Organometal. Chem.*, **645**, 192 (2002).
22) B. M. Trost and Z. T. Ball, *J. Am. Chem. Soc.*, **123**, 12726 (2001).
23) I. Ojima and T. Kogure, *Organometallics*, **1**, 1390 (1982).
24) (a) K. Matsubara, T. Iura, T. Maki and H. Nagashima, *J. Org. Chem.*, **67**, 4985 (2002); (b) Y. Motoyama, K. Mitsui, T. Ishida and H. Nagashima, *J. Am. Chem. Soc.*, **127**, 13150 (2005).
25) (a) Y. Sunada, H. Kawakami, T. Imaoka, Y. Motoyama and H. Nagashima, *Angew. Chem. Int. Ed.*, **48**, 9511 (2009); (b) S. Zhou, K. Junge, D. Addis, S. Das and M. Beller, *Angew. Chem. Int. Ed.*, **48**, 9507 (2009).
26) (a) H. Li, L. C. M. Castro, J. Zheng, T. Roisnel, V. Dorcet, J.-B. Sortais and C. Darcel, *Angew. Chem. Int. Ed.*, **52**, 8045 (2013); (b) S. Das, Y. Li, K. Junge and M. Beller, *Chem. Commun.*, **48**, 10742 (2012).
27) (a) T. Fukuyama and H. Tokuyama, *Aldrichimica Acta*, **37**, 87 (2004); (b) Y. Kanda and T. Fukuyama, *J. Am. Chem. Soc.*, **115**, 8451 (1993).
28) K. Nagayama, I. Shimizu and A. Yamamoto, *Bull. Chem. Soc. Jpn.*, **74**, 1803 (2001).
29) M. Kranenburg, Y. E. M. van der Burgt, P. C. J. Kamer, P. W. N. M. van Leeuwen, K. Goubitz and J. Fraanje, *Organometallics*, **14**, 3081 (1995).
30) G. Kiss, *Chem. Rev.*, **101**, 3435 (2001).
31) T. Hiyama, N. Wakasa and T. Kusumoto, *Synlett*, 569 (1991).
32) N. Nomura, J. Jin, H. Park and T. V. RajanBabu, *J. Am. Chem. Soc.*, **120**, 459 (1998).
33) I. P. Beletskaya and A. V. Cheprakov, *Chem. Rev.*, **100**, 3009 (2000).
34) K. C. Nicolaou and E. J. Sorensen, *Classics in Total Synthesis*, Chapter 31, p. 565, VCH, New York (1996).
35) A. Spencer, *J. Organomet. Chem.*, **258**, 101 (1983).
36) W. A. Herrmann, C. Brossmer, K. Öfele, C.-P. Reisinger, T. Priermeier, M. Beller and H. Fischer, *Angew. Chem. Int. Ed. Engl.*, **34**, 1844 (1995).
37) L. F. Tietze, T. Nöbel and M. Spescha, *Angew. Chem. Int. Ed. Engl.*, **35**, 2259 (1996).
38) T. Okita and M. Isobe, *Tetrahedron*, **50**, 11143 (1994).
39) F. Miyazaki, K. Yamaguchi and M. Sibasaki, *Tetrahedron Lett.*, **40**, 7379 (1999).
40) K. Kiewel, Y. Liu, D. E. Bergbreiter and G. A. Sulikowski, *Tetrahedron Lett.*, **40**, 8495 (1999).
41) (a) I. Moritani and Y. Fujiwara, *Tetrahedron Lett.*, 1119 (1967); (b) Y. Fujiwara, I. Moritani, S. Danno and S. Teranishi, *J. Am. Chem. Soc.*, **91**, 7166 (1969).
42) C. Jia, T. Kitamura and Y. Fujiwara, *Acc. Chem. Res.*, **34**, 633 (2001).
43) C. Jia, W. Lu, T. Kitamura and Y. Fujiwara, *Org. Lett.*, **1**, 2097 (1999).
44) C. Jia, D. Piao, J. Oyamada, W. Lu, T. Kitamura and Y. Fujiwara, *Science*, **287**, 1992 (2000).
45) S. Murai, F. Kakiuchi, S. Sekine, Y. Tanaka, A. Kamatani, M. Sonoda and N. Chatani, *Nature*, **366**, 529 (1993).
46) F. Kakiuchi and S. Murai, *Acc. Chem. Res.*, **35**, 826 (2002).
47) F. Kakiuchi and N. Chatani, *Adv. Synth. Catal.*, **345**, 1077 (2003).
48) M. Sonoda, F. Kakiuchi, A. Kamatani, N. Chatani and S. Murai, *Chem. Lett.*, 109 (1996).
49) F. Kakiuchi, M. Sonoda, T. Tsujimoto, N. Chatani and S. Murai, *Chem. Lett.*, 1083 (1999).
50) F. Kakiuchi, M. Yamauchi, N. Chatani and S. Murai, *Chem. Lett.*, 111 (1996).
51) T. Fukuyama, N. Chatani, J. Tatsumi, F. Kakiuchi and S. Murai, *J. Am. Chem. Soc.*, **120**, 11522 (1998).
52) Y. Ie, N. Chatani, T. Ogo, D. R. Marshall, T. Fukuyama, F. Kakiuchi and S. Murai, *J. Org.*

Chem., **65**, 1475 (2000).
53) J. Tsuji, *Palladium Reagents and Catalysis*, Chapter 3.5, pp.265–288, John Wiley & Sons, New York (2004).
54) A. Schoenberg and R. F. Heck, *J. Am. Chem. Soc.*, **96**, 7761 (1974).
55) M. Beller, W. Mägerlein, A. F. Indolese and C. Fischer, *Synthesis*, 1098 (2001).
56) A. Schoenberg and R. F. Heck, *J. Org. Chem.*, **39**, 3327 (1974).
57) F. Ozawa, H. Soyama, H. Yanagihara, I. Aoyama, H. Takino, K. Izawa, T. Yamamoto and A. Yamamoto, *J. Am. Chem. Soc.*, **107**, 3235 (1985).
58) L. Kürti and B. Czakó, *Strategic Applications of Named Reactions in Organic Synthesis*, p.464, Elsevier (2005).
59) (a) F. Diederich and P. J. Stang (Eds.), *Metal-Catalyzed Cross-Coupling Reactions*, Wiley–VCH (1998); (b) A. de Meijere and F. Diederich (Eds.), *Metal-Catalyzed Cross-Coupling Reactions I and II*, Wiley–VCH (2004); (c) N. Miyaura (Ed.), *Topics in Current Chemistry*, Vol.219, Springer (2002); (d) 日本経済新聞, 2009年8月16日.
60) M. Tamura and J. Kochi, *J. Am. Chem. Soc.*, **93**, 1487 (1971); 1483 (1971); 1485 (1971).
61) T. Hayashi, M. Konishi and M. Kumada, *Tetrahedron Lett.*, **20**, 1871 (1979).
62) T. Hayashi, M. Konishi, Y. Kobori, M. Kumada, T. Higuchi and K. Hirotsu, *J. Am. Chem. Soc.*, **106**, 158 (1984).
63) (a) T. Kamikawa and T. Hayashi, *Synlett*, 163 (1997); (b) S.-I. Murahashi, M. Yamamura, K. Yanagisawa, N. Mita and K. Kondo, *J. Org. Chem.*, **44**, 2408 (1979).
64) (a) J. Terao, H. Watanabe, A. Ikumi, H. Kuniyasu and N. Kambe, *J. Am. Chem. Soc.*, **124**, 4222 (2002); (b) J. Terao, H. Todo, H. Watanabe, A. Ikumi and N. Kambe, *Angew. Chem. Int. Ed.*, **43**, 6180 (2004).
65) (a) M. Nakamura, K. Matsuo, S. Ito and E. Nakamura, *J. Am. Chem. Soc.*, **126**, 3686 (2004); (b) T. Nagano and T. Hayashi, *Org. Lett.*, **6**, 1297 (2004); (c) R. Martin and A. Fürstner, *Angew. Chem. Int. Ed.*, **43**, 3955 (2004).
66) 総説：A. Fürstner and R. Martin, *Chem. Lett.*, **34**, 624 (2005).
67) R. B. Bedford, M. Betham, D. W. Bruce, A. A. Danopoulos, R. M. Frost and M. Hird, *J. Org. Chem.*, **71**, 1104 (2006).
68) M. Zhenbo, Q. Zhang and L. Deng, *Organometallics*, **31**, 6518 (2012).
69) S. K. Ghorai, M. Jin, T. Hatakeyama and M. Nakamura, *Org. Lett.*, **14**, 1066 (2012).
70) (a) A. L. Silberstein, S. D. Ramgren and N. K. Garg, *Org. Lett.*, **14**, 3796 (2012); (b) T. Agarwal and S. P. Cook, *Org. Lett.*, **15**, 96 (2013).
71) (a) T. Hatakeyama, S. Hashimoto, K. Ishizuka and M. Nakamura, *J. Am. Chem. Soc.*, **131**, 11949 (2009); (b) T. Hatakeyama and M. Nakamura, *J. Am. Chem. Soc.*, **129**, 9844 (2007).
72) O. M. Kuzmina, A. K. Steib, A. Moyeux, G. Cahiez and P. Knochel, *Synthesis*, **47**, 1696 (2015).
73) (a) M. Guisán-Ceinos, F. Tato, E. Bunuel, P. Calle and D. J. Cárdenas, *Chem. Sci.*, **4**, 1098 (2013); (b) K. G. Dongol, H. Koh, M. Sau and C. L. L. Chai, *Adv. Synth. Catal.*, **349**, 1015 (2007).
74) R. B. Bedford, *Acc. Chem. Res.*, **48**, 1485 (2015).
75) B.-T. Guan, S.-K. Xiang, B.-Q. Wang, Z.-P. Sun, Y. Wang, K.-Q. Zhao and Z.-J. Shi, *J. Am. Chem. Soc.*, **130**, 3268 (2008).
76) G. Cahiez and A. Moyeux, *Chem. Rev.*, **110**, 1435 (2010).
77) (a) H. Ohmiya, H. Yorimitsu and K. Oshima, *J. Am. Chem. Soc.*, **128**, 1886 (2006); (b) H. Ohmiya, K. Wakabayashi, H. Yorimitsu and K. Oshima, *Tetrahedron*, **62**, 2207 (2006).
78) G. Cahiez, C. Chaboche, C. Duplais and A. Moyeux, *Org. Lett.*, **11**, 277 (2009).
79) G. Cahiez, C. Chaboche, C. Duplais and A. Moyeux, *Adv. Synth. Catal.*, **350**, 1484 (2008).
80) A. Boulier, F. Flachsmann and P. Knochel, *Synlett*, 1438 (1998).
81) C. Dai and G. C. Fu, *J. Am. Chem. Soc.*, **123**, 2719 (2001).
82) R. Giovannini and P. Knochel, *J. Am. Chem. Soc.*, **120**, 11186 (1998).

83) A. Devasagayarai, T. Stüdemann and P. Knochel, *Angew. Chem. Int. Ed. Engl.*, **34**, 2723 (1995).
84) C. K. Reddy and P. Knochel, *Angew. Chem. Int. Ed. Engl.*, **35**, 1700 (1996).
85) T. Burckhardt, K. Harms and U. Koert, *Org. Lett.*, **14**, 4674 (2012).
86) E. Negishi, Q. Hu, Z. Huang, M. Qian and G. Wang, *Aldrichimica Acta*, **38**, 71 (2005).
87) J. Zhou and G. C. Fu, *J. Am. Chem. Soc.*, **125**, 12527 (2003).
88) J. Zhou and G. C. Fu, *J. Am. Chem. Soc.*, **125**, 14726 (2003).
89) M. Nakamura, S. Ito, K. Matsuo and E. Nakamura, *Synlett*, 1794 (2005).
90) T. Hatakeyama, N. Nakagawa and M. Nakamura, *Org. Lett.*, **11**, 4496 (2009).
91) J. M. Hammann, D. Haas and P. Knochel, *Angew. Chem. Int. Ed.*, **54**, 4478 (2015).
92) (a) A. Suzuki, *Chem. Commun.*, 4759 (2005); (b) 鈴木　章, 有機合成化学協会誌, **63**, 312 (2005).
93) N. Miyaura, T. Ishiyama, H. Sasaki, M. Ishikawa, M. Satoh and A. Suzuki, *J. Am. Chem. Soc.*, **111**, 314 (1989).
94) A. F. Littke, C. Dai and G. C. Fu, *J. Am. Chem. Soc.*, **122**, 4020 (2000).
95) (a) J. P. Wolfe, R. A. Singer, B. H. Yang and S. L. Buchwald, *J. Am. Chem. Soc.*, **121**, 9550 (1999); (b) T. E. Barder, S. D. Walker, J. R. Martinelli and S. L. Buchwald, *J. Am. Chem. Soc.*, **127**, 4685 (2005).
96) T. Watanabe, N. Miyaura and A. Suzuki, *Synlett*, 207 (1992).
97) A. Abe, N. Miyaura and A. Suzuki, *Bull. Chem. Soc. Jpn.*, **65**, 2863 (1992).
98) V. Percec and J.-Y. Bae, *J. Org. Chem.*, **60**, 1060 (1995).
99) (a) S. Saito, S. Ohtani and N. Miyaura, *J. Org. Chem.*, **62**, 8024 (1997); (b) K. Inada and N. Miyaura, *Tetrahedron*, **56**, 8657 (2000); (c) A. F. Indolese, *Tetrahedron Lett.*, **38**, 3513 (1997).
100) S. Darses and J. P. Genet, *Tetrahedron Lett.*, **38**, 4393 (1997).
101) S. Yamaguchi, T. Goto and K. Tamao, *Angew. Chem. Int. Ed.*, **39**, 1695 (2000).
102) J. Zhou and G. C. Fu, *J. Am. Chem. Soc.*, **126**, 1340 (2004).
103) T. Hatakeyama, T. Hashimoto, Y. Kondo, Y. Fujiwara, H. Seike, H. Takaya, Y. Tamada, T. Ono and M. Nakamura, *J. Am. Chem. Soc.*, **132**, 10674 (2010).
104) (a) T. Hatakeyama, T. Hashimoto, K. K. A. D. S. Kathriarachchi, T. Zenmyo, H. Seike and M. Nakamura, *Angew. Chem. Int. Ed.*, **51**, 8834 (2012); (b) T. Hashimoto, T. Hatakeyama and M. Nakamura, *J. Org. Chem.*, **77**, 1168 (2012).
105) (a) B. Saito and G. C. Fu, *J. Am. Chem. Soc.*, **129**, 96020 (2007); (b) Z. Lu, A. Wilsky and G. C. Fu, *J. Am. Chem. Soc.*, **133**, 8154 (2011).
106) (a) M. Beller and C. Torborg, *Adv. Synth. Catal.*, **351**, 3027 (2009); (b) J.-P. Corbet and G. Mignani, *Chem. Rev.*, **106**, 2651 (2006).
107) (a) M. M. Heravi and E. Hashemi, *Tetrahedron*, **68**, 9145 (2012); (b) H. Fuwa, M. Ebine and M. Sasaki, *J. Synth. Org. Chem. Jpn.*, **69**, 1251 (2011); (c) B. D. Sherry and A. Fürstner, *Acc. Chem. Res.*, **41**, 1500 (2009); (d) S. R. Chemler, D. Trauner and S. J. Danishefsky, *Angew. Chem. Int. Ed.*, **40**, 4544 (2001); (e) K. C. Nicolaou, P. G. Bulger and D. Sarlah, *Angew. Chem. Int. Ed.*, **44**, 4442 (2005).
108) A. F. Littke, L. Schwartz and G. C. Fu, *J. Am. Chem. Soc.*, **124**, 6343 (2002).
109) A. Tepin, C. Winklhofer, S. Schumann and W. Steglich, *Tetrahedron*, **54**, 1745 (1998).
110) (a) Y. Hatanaka and T. Hiyama, *J. Org. Chem.*, **53**, 918 (1988); (b) Y. Hatanaka and T. Hiyama, *J. Org. Chem.*, **54**, 268 (1989).
111) (a) A. Hosomi, S. Kohara and Y. Tominaga, *Chem. Pharm. Bull. Jpn.*, **36**, 4622 (1988); (b) T. Hiyama and E. Shirakawa, in *Topics in Current Chemistry* (N. Miyaura Ed.), Vol. 219, p. 61, Springer (2002); (c) S. Denmark and R. Sweis, *Acc. Chem. Res.*, **35**, 835 (2002).
112) D. A. Powell and G. C. Fu, *J. Am. Chem. Soc.*, **126**, 7788 (2004).
113) K. Takahashi, T. Minami, Y. Ohara and T. Hiyama, *Tetrahedron Lett.*, **34**, 8263 (1993).
114) K. Hirabayashi, A. Mori, J. Kawashima, M. Suguro, Y. Nishihara and T. Hiyama, *J. Org. Chem.*,

65, 5342 (2000).
115) (a) S. E. Denmark and J. D. Baird, *Org. Lett.*, **8**, 793 (2006); (b) S. E. Denmark and R. F. Sweis, *J. Am. Chem. Soc.*, **123**, 6439 (2001).
116) Y. Nakao, H. Imanaka, A. K. Sahoo, A. Yada and T. Hiyama, *J. Am. Chem. Soc.*, **127**, 6952 (2005).
117) Y. Nakao, M. Takeda, T. Matsumoto and T. Hiyama, *Angew. Chem. Int. Ed.*, **49**, 4447 (2010).
118) (a) H. Doucet and J.-C. Hierso, *Angew. Chem. Int. Ed.*, **46**, 834 (2007); (b) H. Plenio, *Angew. Chem. Int. Ed.*, **47**, 6954 (2008); (c) R. Chinchilla and C. Nájera, *Chem. Soc. Rev.*, **40**, 5084 (2011); (d) M. Bakherad, *Appl. Organometal. Chem.*, **27**, 125 (2013); (e) A. Mori, *J. Synth. Org. Chem. Jpn.*, **62**, 355 (2004).
119) A. M. Thomas, A. Sujatha and G. Anikumar, *RSC Adv.*, **4**, 21688 (2014).
120) K. Nakamura, H. Ohkubo and M. Yamaguchi, *Synlett*, 549 (1999).
121) (a) S. Thorand and N. Krause, *J. Org. Chem.*, **63**, 8551 (1998); (b) T. Hundertmark, A. F. Littke, S. L. Buchwald and G. C. Fu, *Org. Lett.*, **2**, 1729 (2000); (c) A. Köllhofer and H. Plenio, *Adv. Synth. Catal.*, **347**, 1295 (2005).
122) H. Ohmiya, H. Yorimitsu and K. Oshima, *Org. Lett.*, **8**, 3093 (2006).
123) (a) M. Carril, A. Correa and C. Bolm, *Angew. Chem. Int. Ed.*, **47**, 4862 (2008); (b) D. N. Sawant, P. J. Tambade, Y. S. Wagh and B. M. Bhanage, *Tetrahedron Lett.*, **51**, 2758 (2010).
124) T. Hatakeyama, Y. Okada, Y. Yoshimoto and M. Nakamura, *Angew. Chem. Int. Ed.*, **50**, 10973 (2011).
125) J. P. Wolfe, S. Wagaw and S. L. Buchwald, *J. Am. Chem. Soc.*, **118**, 7215 (1996).
126) M. S. Driver and J. F. Hartwig, *J. Am. Chem. Soc.*, **118**, 7217 (1996).
127) M. Kosugi, M. Kameyama and T. Migita, *Chem. Lett.*, 927 (1983).
128) J. P. Wolfe, J. Ahman, J. P. Sadighi, R. A. Singer and S. L. Buchwald, *Tetrahedron Lett.*, **38**, 6367 (1997).
129) A. Aranyos, D. W. Old, A. Kiyomori, J. P. Wolfe, J. P. Sadighi and S. L. Buchwald, *J. Am. Chem. Soc.*, **121**, 4369 (1999).
130) T. Ishiyama, M. Murata and N. Miyaura, *J. Org. Chem.*, **60**, 7508 (1995).
131) J. Takagi, K. Takahashi, T. Ishiyama and N. Miyaura, *J. Am. Chem. Soc.*, **124**, 8001 (2002).
132) M. Murata, T. Oyama, S. Watanabe and Y. Masuda, *J. Org. Chem.*, **65**, 164 (2000).
133) (a) H. Masumoto, S. Nagashima, K. Yoshihiro and Y. Nagai, *J. Organomet. Chem.*, **85**, C1 (1975); (b) M. Murata, K. Suzuki, S. Watanabe and Y. Masuda, *J. Org. Chem.*, **62**, 8569 (1997).
134) (a) T. Ishiyama, J. Takagi, K. Ishida, N. Miyaura, N. R. Anastasi and J. F. Hartwig, *J. Am. Chem. Soc.*, **124**, 390 (2002); (b) J.-Y. Cho, M. K. Tse, D. Hotmes, R. E. Maleczka, Jr., M. R. Smith III, *Science*, **295**, 305 (2002).
135) T. Ishiyama, J. Takagi, J. F. Hartwig and N. Miyaura, *Angew. Chem. Int. Ed.*, **41**, 3056 (2002).
136) T. M. Boller, J. M. Murphy, M. Hapke, T. Ishiyama, N. Miyaura and J. F. Hartwig, *J. Am. Chem. Soc.*, **127**, 14263 (2005).
137) (a) Y. Saito, Y. Segawa and K. Itami, *J. Am. Chem. Soc.*, **137**, 5193 (2015); (b) H. Zhang, S. Hagihara and K. Itami, *Chem. Lett.*, **44**, 779 (2015).
138) J. V. Obligacion, S. P. Semproni and P. J. Chirik, *J. Am. Chem. Soc.*, **136**, 4133 (2014).
139) (a) M. Tobisu, K. Nakamura and N. Chatani, *J. Am. Chem. Soc.*, **136**, 5587 (2014); (b) H. Kinuta, M. Tobisu and N. Chatani, *J. Am. Chem. Soc.*, **137**, 1593 (2015).
140) (a) L. Ackermann, R. Vicente and A. R. Kapdi, *Angew. Chem. Int. Ed.*, **48**, 9792 (2009); (b) L. Ackermann, *Chem. Rev.*, **111**, 1315 (2011); (c) A. E. Rudenko and B. C. Thompson, *J. Polym. Sci., Part A : Polym. Chem.*, **53**, 135 (2015).
141) (a) T. Satoh, Y. Kawamura, M. Miura and M. Nomura, *Angew. Chem. Int. Ed. Engl.*, **36**, 1740 (1997); (b) T. Satoh, J. Inoh, Y. Kawamura, M. Miura and M. Nomura, *Bull. Chem. Soc. Jpn.*, **71**, 2239 (1998).
142) (a) A. Lazareva and O. Daugulis, *Org. Lett.*, **8**, 5211 (2006); (b) D. Kalyani, N. R. Deprez, L. V.

Desai and M. S. Sanford, *J. Am. Chem. Soc.*, **127**, 7330 (2005); (c) K. L. Hull, E. L. Lanni and M. S. Sanford, *J. Am. Chem. Soc.*, **128**, 14047 (2006).
143) M. Lafrance and K. Fagnou, *J. Am. Chem. Soc.*, **128**, 16496 (2006).
144) D. R. Stuart, E. Villemure and K. Fagnou, *J. Am. Chem. Soc.*, **129**, 12072 (2007).
145) B. Liegault, D. Lee, M. P. Huestis, D. R. Stuart and K. Fagnou, *J. Org. Chem.*, **73**, 5022 (2008).
146) S. Oi, S. Fukita and Y. Inoue, *Chem. Commun.*, 2439 (1998).
147) T. Vogler and A. Studer, *Org. Lett.*, **10**, 129 (2003).
148) (a) R. B. Bedford, M. Betham, A. J. M. Caffyn, J. P. H. Charmant, L. C. Lewis-Alleyne, P. D. Long, D. Polo-Cerón and S. Prashar, *Chem. Commun.*, 990 (2008); (b) S. Yanagisawa, T. Sudo, R. Noyori and K. Itami, *J. Am. Chem. Soc.*, **128**, 11748 (2006).
149) F. Kakiuchi, Y. Matsuura, S. Kan and N. Chatani, *J. Am. Chem. Soc.*, **127**, 5936 (2005).
150) (a) S. Oi, S. Fukita, N. Hirata, N. Watanuki, S. Miyano and Y. Inoue, *Org. Lett.*, **3**, 2579 (2001); (b) S. Oi, Y. Ogino, S. Fukita and Y. Inoue, *Org. Lett.*, **4**, 1783 (2002); (c) S. Oi, E. Aizawa, Y. Ogino and Y. Inoue, *J. Org. Chem.*, **70**, 3113 (2005); (d) S. Oi, R. Funayama, T. Hattori and Y. Inoue, *Tetrahedron*, **64**, 6051 (2008).
151) (a) J. Canivet, J. Yamaguchi, I. Ban and K. Itami, *Org. Lett.*, **11**, 1733 (2009); (b) H. Hachiya, K. Hirano, T. Satoh and M. Miura, *Org. Lett.*, **11**, 1737 (2009).
152) (a) K. Muto, J. Yamaguchi and K. Itami, *J. Am. Chem. Soc.*, **134**, 169 (2012); (b) K. Muto, J. Yamaguchi, A. Lei and K. Itami, *J. Am. Chem. Soc.*, **135**, 16384 (2913).
153) (a) T. Yamamoto, K. Muto, M. Komiyama, J. Canivet, J. Yamaguchi and K. Itami, *Chem. Eur. J.*, **17**, 10113 (2011); (b) K. Meng, Y. Kamada, K. Muto, J. Yamaguchi and K. Itami, *Angew. Chem. Int. Ed.*, **52**, 10048 (2013).
154) 総説:(a) J. Yamaguchi, A. D. Yamaguchi and K. Itami, *Angew. Chem. Int. Ed.*, **51**, 8960 (2012); (b) K. Hirano and M. Miura, *J. Synth. Org. Chem. Jpn.*, **69**, 252 (2011); (c) J. Yamaguchi, K. Muto, K. Amaike, T. Yamamoto and K. Itami, *J. Synth. Org. Chem. Jpn.*, **71**, 576 (2013).
155) K. Ueda, K. Amaike, R. M. Maceiczyk, K. Itami and J. Yamaguchi, *J. Am. Chem. Soc.*, **136**, 13226 (2014).
156) (a) N. Umeda, H. Tsurugi, T. Satoh and M. Miura, *Angew. Chem. Int. Ed.*, **47**, 4019 (2008); (b) S. Mochida, N. Umeda, K. Hirano, T. Satoh and M. Miura, *Chem. Lett.*, **39**, 744 (2010).
157) (a) N. Guimond, C. Gouliaras and K. Fagnou, *J. Am. Chem. Soc.*, **132**, 6908 (2010); (b) N. Guimond, S. I. Gorelsky and K. Fagnou, *J. Am. Chem. Soc.*, **133**, 6449 (2011).
158) (a) T. K. Hyster and T. Rovis, *Chem. Sci.*, **2**, 1606 (2011); (b) T. Hyster and T. Rovis, *J. Am. Chem. Soc.*, **132**, 10565 (2010).
159) (a) S. Rakshit, C. Grohmann, T. Besset and F. Glorius, *J. Am. Chem. Soc.*, **133**, 2350 (2011); (b) H. Wang and F. Glorius, *Angew. Chem. Int. Ed.*, **51**, 7318 (2012).
160) H. Zhong, D. Yang, S. Wang and J. Huang, *Chem. Commun.*, **48**, 3236.
161) H. Shiota, Y. Ano, Y. Aihara, Y. Fukumoto and N. Chatani, *J. Am. Chem. Soc.*, **133**, 14952 (2011).
162) (a) J. Norinder, A. Matsumoto, N. Yoshikai and E. Nakamura, *J. Am. Chem. Soc.*, **130**, 5858 (2009); (b) E. Nakamura and N. Yoshikai, *J. Org. Chem.*, **75**, 6061 (2010).
163) (a) N. Yoshikai, S. Asako, T. Yamakawa, L. Ilies and E. Nakamura, *Angew. Chem. Int. Ed.*, **6**, 3059 (2011); (b) L. Ilies, M. Kobayashi, A. Matsumoto, M. Yoshikai and E. Nakamura, *Adv. Synth. Catal.*, **354**, 593 (2012).
164) R. Shang, L. Ilies, A. Matsumoto and E. Nakamura, *J. Am. Chem. Soc.*, **135**, 6030 (2013).
165) (a) L. Ilies, T. Matsubara, S. Ichikawa, S. Asako and E. Nakamura, *J. Am. Chem. Soc.*, **136**, 13126 (2014); (b) R. Shang, L. Ilies, S. Asako and E. Nakamura, *J. Am. Chem. Soc.*, **136**, 14349 (2014).
166) (a) Y, Aihara and N. Chatani, *J. Am. Chem. Soc.*, **136**, 898 (2014); (b) Y. Ano, M. Tobis and N. Chatani, *J. Am. Chem. Soc.*, **133**, 12984 (2011); (c) Y. Aihara, J. Wuelbern and N. Chatani,

Bull. Chem. Soc. Jpn., **88**, 438 (2015).
167) (a) J. A. Labinger and J. E. Bercaw, Nature, **417**, 507 (2002)；(b) R. G. Bergman, Nature, **446**, 391 (2007).
168) J. A. Johnson and D. Sames, J. Am. Chem. Soc., **122**, 6321 (2000).
169) J. A. Johnson, N. Li and D. Sames, J. Am. Chem. Soc., **124**, 6900 (2002).
170) X. Chen, C. E. Goodhye and J.-Q. Yu, J. Am. Chem. Soc., **128**, 12634 (2006).
171) (a) D.-H. Wang, M. Wasa, R. Giri and J.-Q. Yu, J. Am. Chem. Soc., **130**, 7190 (2008)；(b) R. Giri, N. Maugel, J.-J. Li, D.-H. Wang, S. P. Breazzano, J. B. Saunders and J.-Q. Yu, J. Am. Chem. Soc., **129**, 3510 (2007).
172) X. Chen, K. M. Engle, D.-H. Wang and J.-Q. Yu, Angew. Chem. Int. Ed., **48**, 5094 (2009).
173) (a) L. V. Desai, H. A. Malik and M. S. Sanford, Org. Lett., **8**, 1141 (2006)；(b) D. Kalyani and M. S. Sanford, Org. Lett., **7**, 4149 (2005).
174) R. Giri, J. Liang, K.-G. Lei, J.-J. Li, D.-H. Wang, X. Chen, I. C. Naggar, C. Guo, B. M. Foxman and J.-Q. Yu, Angew. Chem. Int. Ed., **44**, 7420 (2005).
175) D.-H. Wang, X.-S. Hao, D.-F. Wu and J.-Q. Yu, Org. Lett., **8**, 3387 (2006).
176) V. Zaitsev, D. Shabashov and O. Dauglis, J. Am. Chem. Soc., **127**, 13154 (2005).
177) B. V. S. Reddy, K. R. Reddy and E. J. Corey, Org. Lett., **8**, 3391 (2006).
178) Y. Feng and G. Chen, Angew. Chem. Int. Ed., **49**, 958 (2010).
179) M. Lafrance, S. I. Gorelsky and K. Fagnou, J. Am. Chem. Soc., **129**, 14570 (2007).
180) W. R. Gutekunst and P. S. Baran, J. Am. Chem. Soc., **133**, 19076 (2011).
181) (a) E. M. Beck, R. Hatley and M. J. Gaunt, Angew. Chem. Int. Ed., **47**, 3004 (2008)；(b) A. L. Bowie and J. D. Trauner, J. Org. Chem., **74**, 1581 (2009).
182) J. Tsuji, *Palladium Reagents and Catalysis*, Chapter 4, p. 431, John Wiley & Sons, Chichester (2004).
183) C. Goux, M. Massacret, P. Lhoste and D. Sinou, Organometallics, **14**, 4585 (1995).
184) K.-Y. Lee, Y.-H. Kim, C.-Y. Oh and W.-H. Ham, Org. Lett., **2**, 4041 (2000).
185) M. Seki, Y. Mori, M. Hatsuda and S. Yamada, J. Org. Chem., **67**, 5527 (2002).
186) T. Mukaiyama, I. Shiina, M. Satoh, K. Nishimura and K. Satoh, Chem. Lett., 223 (1996).
187) J. Tsuji, I. Minami and I. Shimizu, Tetrahedron Lett., **25**, 5157 (1984).
188) P. A. Evans (Ed.), *Modern Rhodium-Catalyzed Organic Reactions*, Chapter 10, p. 191, Wiley-VCH Verlag, Weinheim (2005).
189) R. Takeuchi and N. Kitamura, New. J. Chem., **22**, 659 (1998).
190) P. A. Evans and J. D. Nelson, Tetrahedron Lett., **39**, 1725 (1998).
191) P. A. Evans and J. D. Nelson, J. Am. Chem. Soc., **120**, 5581 (1998).
192) P. A. Evans and D. K. Leahy, J. Am. Chem. Soc., **122**, 5012 (2000).
193) Y. Morisaki, T. Kondo and T. Mitsudo, Organometallics, **18**, 4742 (1999).
194) R. Takeuchi, N. Ue, K. Tanabe, K. Yamashita and N. Shiga, J. Am. Chem. Soc., **123**, 9525 (2001).
195) R. Takeuchi and K. Tanabe, Angew. Chem. Int. Ed., **39**, 1975 (2000).
196) S. Takahashi, T. Shibano and N. Hagihara, Tetrahedron Lett., 2451 (1967).
197) E. J. Smutny, J. Am. Chem. Soc., **89**, 6793 (1967).
198) T. Takahashi, I. Minami and J. Tsuji, Tetrahedron Lett., **22**, 2651 (1981).
199) R. Benn, B. Büssemeier, S. Holle, P. W. Jolly, R. Mynott, I. Tkastchenko and G. Wilke, J. Organometal. Chem., **279**, 63 (1985).
200) A. Tenaglia, P. Brun and B. Waegell, J. Organometal. Chem., **285**, 343 (1985).
201) M. Takimoto and M. Mori, J. Am. Chem. Soc., **123**, 2895 (2001).
202) M. Takimoto and M. Mori, J. Am. Chem. Soc., **124**, 10008 (2002).
203) M. Takimoto, Y. Nakamura, K. Kimura and M. Mori, J. Am. Chem. Soc., **126**, 5956 (2004).
204) (a) N. Calderon, Acc. Chem. Res., **5**, 127 (1972)；Tetrahedron Lett., **34**, 3327 (1967)；(b) A. M. Rouhi, Chem. Eng. News, **80**(41), 29；34 (2002)；(c) T. M. Tranka and R. H. Grubbs, Acc.

205) M. Scholl, S. Ding, C. W. Lee and R. H. Grubbs, *Org. Lett.*, **1**, 953 (1999).
206) A. K. Chatterjee and R. H. Grubbs, *Org. Lett.*, **1**, 1751 (1999).
207) (a) M. Mori, N. Sakakibara and A. Kinoshita, *J. Org. Chem.*, **63**, 6082 (1998); (b) A. Kinoshita and M. Mori, *J. Org. Chem.*, **61**, 8356 (1996).
208) Z. Xu, C. W. Johannes, A. F. Houri, D. S. La, D. A. Cogan, G. E. Hofilena and A. H. Hoveyda, *J. Am. Chem. Soc.*, **119**, 10302 (1997).
209) (a) T. Oishi, Y. Nagumo and M. Hirama, *Chem. Commun.*, 1041 (1998); (b) M. Maruyama, M. Inoue, T. Oishi, H. Oguri, Y. Ogasawara, Y. Shindo and M. Hirama, *Tetrahedron*, **58**, 1835 (2002); (c) I. Masayuki and M. Hirama, *Acc. Chem. Res.*, **37**, 961 (2004); (d) M. Hirama, *Chem. Rec.*, **5**, 240 (2005).
210) (a) K. C. Nicolaou and S. A. Snyder, *Classics in Total Synthesis II*, chapter 7, p. 161, Wiley–VCH (2003); (b) J. Prunet, *Eur. J. Org. Chem.*, 3634 (2011).
211) M. P. Doyle and M. A. McKervey and T. Ye, *Modern Catalytic Methods for Organic Synthesis with Diazo Compounds*, John Wiley & Sons (1998).
212) ref. 211, p. 175. (a) M. P. Doyle, R. L. Dorow, W. E. Buhro, J. H. Griffin, W. H. Tamblyn and M. L. Trudell, *Organometallics*, **3**, 44 (1984); (b) A. Demonceau, E. Abreu Dias, C. A. Lemoine, A. W. Stumpf, A. F. Noels, C. Pietraszuk, J. Gulinski and B. Marciniec, *Tetrahedron Lett.*, **36**, 3519 (1995).
213) (a) T. Ye, M. A. McKervey, B. D. Brandes and M. P. Doyle, *Tetrahedron Lett.*, **35**, 7269 (1994); (b) M. Kennedy, M. A. McKervey, A. R. Maguire, S. M. Tuladhar and M. F. Twohig, *J. Chem. Soc., Perkin Trans. 1*, 1047 (1990); (c) G. Emmer, *Tetrahedron*, **48**, 7165 (1992); (d) G. Shi, Y. Xu and M. Xu, *Tetrahedron*, **47**, 1629 (1991).
214) (a) T. N. Salzmann, R. W. Ratcliffe, B. G. Christensen and F. A. Bouffard, *J. Am. Chem. Soc.*, **102**, 6161 (1980); (b) D. G. Melillo, I. Shinkai, T. Liu, K. Ryan and M. Sletzinger, *Tetrahedron Lett.*, **21**, 2783 (1980).
215) B. F. Straub and P. Hofmann, *Angew. Chem. Int. Ed.*, **40**, 1288 (2001).
216) (a) J. M. Fraile, J. I. García, V. Martínez-Merino, J. A. Mayoral and L. Salvatella, *J. Am. Chem. Soc.*, **123**, 7616 (2001); (b) T. Rasmussen, J. F. Jensen, N. Østergaard, D. Tenner, T. Ziegler and P.-O. Norrby, *Chem. Eur. J.*, **8**, 177 (2002).
217) (a) T. Ikeno, I. Iwakura and T. Yamada, *Bull. Chem. Soc. Jpn.*, **74**, 2151 (2001); (b) T. Ikeno, I. Iwakura and T. Yamada, *J. Am. Chem. Soc.*, **124**, 15152 (2002).
218) J. P. Snyder, A. Padwa, T. Stengel, A. J. Arduengo III, A. Jockisch and H.-J. Kim, *J. Am. Chem. Soc.*, **123**, 11318 (2001).
219) E. Nakamura, N. Yoshikari and M. Yamanaka, *J. Am. Chem. Soc.*, **124**, 7181 (2002).
220) (a) A. Cornejo, J. M. Fraile, J. I. García, M. J. Gil, V. Martínez-Merino, J. A. Mayoral and L. Salvatella, *Organometallics*, **24**, 3448 (2005); (b) A. Cornejo, J. M. Fraile, J. I. Gracía, M. J. Gil, V. Martínez-Merino and J. A. Mayoral, *Angew. Chem. Int. Ed.*, **44**, 458 (2005).
221) F. Z. Dörwald, *Metal Carbenes in Organic Synthesis*, Wiley–VCH (1999).
222) (a) F. E. McDonald, *Chem. Eur. J.*, **5**, 3103 (1999); (b) F. E. McDonald and M. M. Gleason, *J. Am. Chem. Soc.*, **118**, 6648 (1996).
223) (a) K. Maeyama and N. Iwasawa, *J. Org. Chem.*, **64**, 1344 (1999).
224) K. Ohe, M. Kojima, S. Yonehara and S. Uemura, *Angew. Chem. Int. Ed. Engl.*, **35**, 1823 (1996).
225) (a) K. Miki, T. Yokoi, F. Nishino, K. Ohe and S. Uemura, *J. Organomet. Chem.*, **645**, 228 (2002); (b) K. Miki, F. Nishino, K. Ohe and S. Uemura, *J. Am. Chem. Soc.*, **124**, 5260 (2002); (c) K. Ohe and K. Miki, 有機合成化学協会誌, **67**, 1161 (2009).
226) (a) N. Iwasawa, M. Shido, K. Maeyama and H. Kusama, *J. Am. Chem. Soc.*, **122**, 10226 (2000); (b) N. Iwasawa, M. Shido and H. Kusama, *J. Am. Chem. Soc.*, **123**, 5814 (2001).

227) (a) K. P. C. Vollhardt, *Acc. Chem. Res.*, **10**, 1 (1977); (b) K. P. C. Vollhardt, *Angew. Chem. Int. Ed. Engl.*, **23**, 539 (1984).
228) (a) R. L. Hillard III and K. P. C. Vollhardt, *Angew. Chem. Int. Ed. Engl.*, **14**, 712 (1975); (b) R. L. Hillard III and K. P. C. Vollhardt, *J. Am. Chem. Soc.*, **99**, 4058 (1977).
229) 総説：E. Müller, *Synthesis*, 761 (1974).
230) R. L. Funk and K. P. C. Vollhardt, *J. Am. Chem. Soc.*, **98**, 6755 (1976).
231) R. Grigg, R. Scott and P. Stevenson, *J. Chem. Soc., Perkin Trans. 1*, 1357 (1988).
232) B. Witulski and T. Stengel, *Angew. Chem. Int. Ed.*, **38**, 2426 (1999).
233) F. E. McDonald, H. Y. H. Zhu and C. R. Holmquist, *J. Am. Chem. Soc.*, **117**, 6605 (1995).
234) R. Takeuchi, S. Tanaka and Y. Nakaya, *Tetrahedron Lett.*, **42**, 2991 (2001).
235) Y. Yamamoto, A. Nagata and K. Itoh, *Tetrahedron Lett.*, **40**, 5035 (1999).
236) Y. Sato, T. Nishimura and M. Mori, *J. Org. Chem.*, **59**, 6133 (1994).
237) S. Saito, in *Modern Organonickel Chemistry* (Y. Tamaru Ed.), Chapter 6, pp. 171–204, Wiley–VCH, Weinheim (2005).
238) J.-U. Peters and S. Blechert, *Chem. Commun.*, 1983 (1997).
239) Y. Yamamoto, T. Arakawa, R. Ogawa and K. Itoh, *J. Am. Chem. Soc.*, **125**, 12143 (2003).
240) Y. Yamamoto, J. Ishii, H. Nishiyama and K. Itoh, *J. Am. Chem. Soc.*, **126**, 3712 (2004).
241) Y. Yamamoto, K. Hattori and H. Nishiyama, *J. Am. Chem. Soc.*, **128**, 8336 (2006).
242) T. Takahashi, Z. Xi, A. Yamazaki, Y. Liu, K. Nakajima and M. Kotora, *J. Am. Chem. Soc.*, **120**, 1672 (1998).
243) T. Takahashi, F.-Y. Tsai, Y. Ki, K. Nakajima and M. Kotora, *J. Am. Chem. Soc.*, **121**, 11093 (1999).
244) (a) D. Suzuki, H. Urabe and F. Sato, *J. Am. Chem. Soc.*, **123**, 7925 (2001); (b) R. Tanaka, Y. Nakano, D. Suzuki, H. Urabe and F. Sato, *J. Am. Chem. Soc.*, **124**, 9682 (2002).
245) J. A. Varela and C. Saá, *Chem. Rev.*, **103**, 3787 (2003).
246) N. E. Schore, *Chem. Rev.*, **88**, 1081 (1988).
247) A. Naiman and K. P. C. Vollhardt, *Angew. Chem. Int. Ed. Engl.*, **16**, 708 (1977).
248) L. Yin and H. Buntenschön, *Chem. Commun.*, 2852 (2002).
249) J. A. Varela, L. Castedo and C. Saá, *J. Am. Chem. Soc.*, **120**, 12147 (1998).
250) Y. Yamamoto, S. Okuda and K. Itoh, *Chem. Commun.*, 1102 (2001).
251) Y. Yamamoto, R. Ogawa and K. Itoh, *J. Am. Chem. Soc.*, **123**, 6189 (2001).
252) D. Suzuki, R. Tanaka, H. Urabe and F. Sato, *J. Am. Chem. Soc.*, **124**, 3518 (2002).
253) T. Takahashi, F. Tsai, Y. Li, H. Wang, Y. Kondo, M. Yamanaka, K. Nakajima and M. Kotora, *J. Am. Chem. Soc.*, **124**, 5059 (2002).
254) R. A. Earl and K. P. C. Vollhardt, *J. Org. Chem.*, **49**, 4786 (1984).
255) Y. Yamamoto, H. Takagishi and K. Itoh, *Org. Lett.*, **3**, 2117 (2001).
256) I. U. Khand, G. R. Knox, P. L. Pauson, W. E. Watts and M. I. Foreman, *J. Chem. Soc., Perkin Trans. 1*, 977 (1973).
257) N. E. Schore and M. C. Croudace, *J. Org. Chem.*, **46**, 5436 (1981).
258) P. Magnus and L. M. Principe, *Tetrahedron Lett.*, **26**, 4851 (1985).
259) 総説：M. F. Semmelhack, in *Organometallic Chemistry II* (E. W. Abel, F. G. A. Stone and G. Wilkinson Eds.), Vol. 12 (Volume Ed. L. S. Hegedus), Chapter 9, pp. 929–1070, Pergamon Press, New York (1995).
260) S. Shambayati, W. W. Crowe and S. L. Schreiber, *Tetrahedron Lett.*, **31**, 5289 (1990).
261) N. Jeong, Y. K. Chung, B. Y. Lee, S. H. Lee and S.-E. Yoo, *Synlett*, 204 (1991).
262) M. E. Kraft, R. H. Romero and I. L. Scott, *J. Org. Chem.*, **57**, 5277 (1992).
263) Y. K. Chung, B. Y. Lee, N. Jeong, M. Hudecek and P. L. Pauson, *Organometallics*, **12**, 220 (1993).
264) V. Rautenstrauch, P. Megard, J. Conesa and W. Kuster, *Angew. Chem. Int. Ed.*, **29**, 1413 (1990).
265) N. Jeong, S. H. Hwang, T. Lee and Y. K. Chung, *J. Am. Chem. Soc.*, **116**, 3159 (1994).

266) B. Y. Lee, Y. K. Chung, N. Jeong, Y. Lee and S. H. Hwang, *J. Am. Chem. Soc.*, **116**, 8793 (1994).
267) S. H. Hwang, Y. W. Lee, J. S. Lim and N. Jeong, *J. Am. Chem. Soc.*, **119**, 10549 (1997).
268) M. Hayashi, Y. Hashimoto, Y. Yamamoto, J. Usuki and K. Saigo, *Angew. Chem. Int. Ed.*, **39**, 631 (2000).
269) T. Sugihara and M. Yamaguchi, *J. Am. Chem. Soc.*, **120**, 10782 (1998).
270) (a) T. Kondo, N. Suzuki, T. Okada and T. Mitsudo, *J. Am. Chem. Soc.*, **119**, 6187 (1997); (b) T. Morimoto, N. Chatani, Y. Fukumoto and S. Murai, *J. Org. Chem.*, **62**, 3762 (1997).
271) (a) Y. Koga, T. Kobayashi and K. Narasaka, *Chem. Lett.*, 249 (1998); (b) N. Jeong, *Organometallics*, **17**, 3642 (1998).
272) T. Morimoto, K. Fuji, K. Tsutsumi and K. Kakiuchi, *J. Am. Chem. Soc.*, **124**, 3806 (2002).
273) N. Chatani, T. Morimoto, Y. Fukumoto and S. Murai, *J. Am. Chem. Soc.*, **120**, 5335 (1998).
274) M. Ishizaki, Y. Niimi and O. Hoshino, *Tetrahedron Lett.*, **44**, 6029 (2003).
275) J. Cassayre, F. Gagosz and S. Z. Zard, *Angew. Chem. Int. Ed.*, **41**, 1783 (2002).
276) (a) J. Tsuji, H. Nagashima and H. Nemoto, *Org. Synth., Coll.*, **7**, 137 (1990); **62**, 9 (1984); (b) D. Pauley, F. Anderson and T. Hudlicky, *Org. Synth., Coll.*, **8**, 208 (1993); **67**, 121 (1989).
277) F. Yokokawa, T. Asano and T. Shioiri, *Tetrahedron*, **57**, 6311 (2001).
278) (a) H. Iwadare, H. Sakoh, H. Arai, I. Shiina and T. Mukaiyama, *Chem. Lett.*, 817 (1999); (b) J. Tsuji, I. Shimizu and K. Yamamoto, *Tetrahedron Lett.*, 2975 (1976).
279) (a) B. Betzemeier, F. Lhermitte and P. Knochel, *Tetrahedron Lett.*, **39**, 6667 (1998); (b) J. Tsuji, H. Nagashima and K. Hori, *Chem. Lett.*, 257 (1980).
280) R. C. Larock, L. Wei and T. R. Hightower, *Synlett*, 522 (1998).
281) Y. Uozumi, K. Kato and T. Hayashi, *J. Org. Chem.*, **63**, 5071 (1998).
282) N. E. Shore, in *Organometallic Chemistry II* (E. W. Abel, F. G. A. Stone and G. Wilkinson Eds.), Vol. 12 (Volume Ed. L. S. Hegedus), Chapter 7.2, pp. 703–739, Pergamon Press, New York (1995).
283) (a) H.-G. Schmalz, M. Arnold, J. Hollander and J. W Bats, *Angew. Chem. Int. Ed. Engl.*, **33**, 109 (1994); (b) P. D. Bird, J. Blagg, S. G. Davies and K. H. Sutton, *Tetrahedron*, **44**, 171 (1988).
284) M. Uemura, H. Nishimura, T. Minami and Y. Hayashi, *J. Am. Chem. Soc.*, **113**, 5402 (1991).
285) (a) R. H. Crabtree (Ed.), *Green Catalysis*, Vol. 1, Wiley–VCH, Weinheim (2009); (b) I. Bauer and H.-J. Knölker, *Chem. Rev.*, **115**, 3170 (2015).
286) 総説: (a) A. Kirschning, W. Solodenko and K. Mennecke, *Chem. Eur. J.*, **12**, 5972 (2006); (b) J. Kobayashi, Y. Mori and S. Kobayashi, *Chem. Asian. J.*, **1**, 22 (2006); (c) Y. Uozumi and Y. M. A. Yamada, *Chem. Rec.*, **9**, 51 (2009); (d) C. G. Frost and L. Mutton, *Green Chem.*, **12**, 1687 (2010); (e) T. Tsubogo, T. Ishikawa and S. Kobayashi, *Angew. Chem. Int. Ed.*, **52**, 6590 (2013).
287) たとえば: (a) T. Osako, K. Torii, A. Tazawa and Y. Uozumi, *RSC Adv.*, **5**, 45760 (2015); (b) T. Tsubogo, H. Oyamada and S. Kobayashi, *Nature*, **520**, 329 (2015); (c) A. Nagaki, N. Takabayashi, Y. Moriwaki and J. Yoshida, *Chem. Eur. J.*, **18**, 11871 (2012); (d) S. Liu, T. Fukuyama, M. Sato and I. Ryu, *Org. Process Res. Dev.*, **8**, 477 (2004); (e) S. Konishi, S. Kawamorita, T. Iwai, P. G. Steel, T. B. Marder and M. Sawamura, *Chem. Eur. J.*, **9**, 434 (2014).

5
不斉遷移金属触媒反応

5.1 炭素−炭素結合生成反応

5.1.1 不斉シクロプロパン化反応

　1966 年，光学活性な配位子（図 5.1）で修飾された遷移金属錯体が，エナンチオ選択的反応の触媒としてはじめて用いられた．Cu(II)塩を光学活性 Schiff 塩基配位子で修飾した錯体を触媒として，スチレンとジアゾ酢酸エチルからシクロプロパンカルボン酸エステルを合成する反応である．この歴史的発見から錯体分子による不斉触媒の概念が確立され，1980 年代の不斉酸化触媒や不斉水素化触媒の発明と，1990 年代の触媒活性と反応選択性の飛躍的な向上へと繋がり，2001 年のノーベル化学賞に至った．1974 年には，大塚・中村らが，オキシメートコバルト錯体が不斉シクロプロパン化に触媒活性であることを報告している［(5.1)式］．この反応は，殺虫剤である菊酸誘導体や，抗生物質の分解抑制剤であるシラスタチンの合成法として注目を浴びた．

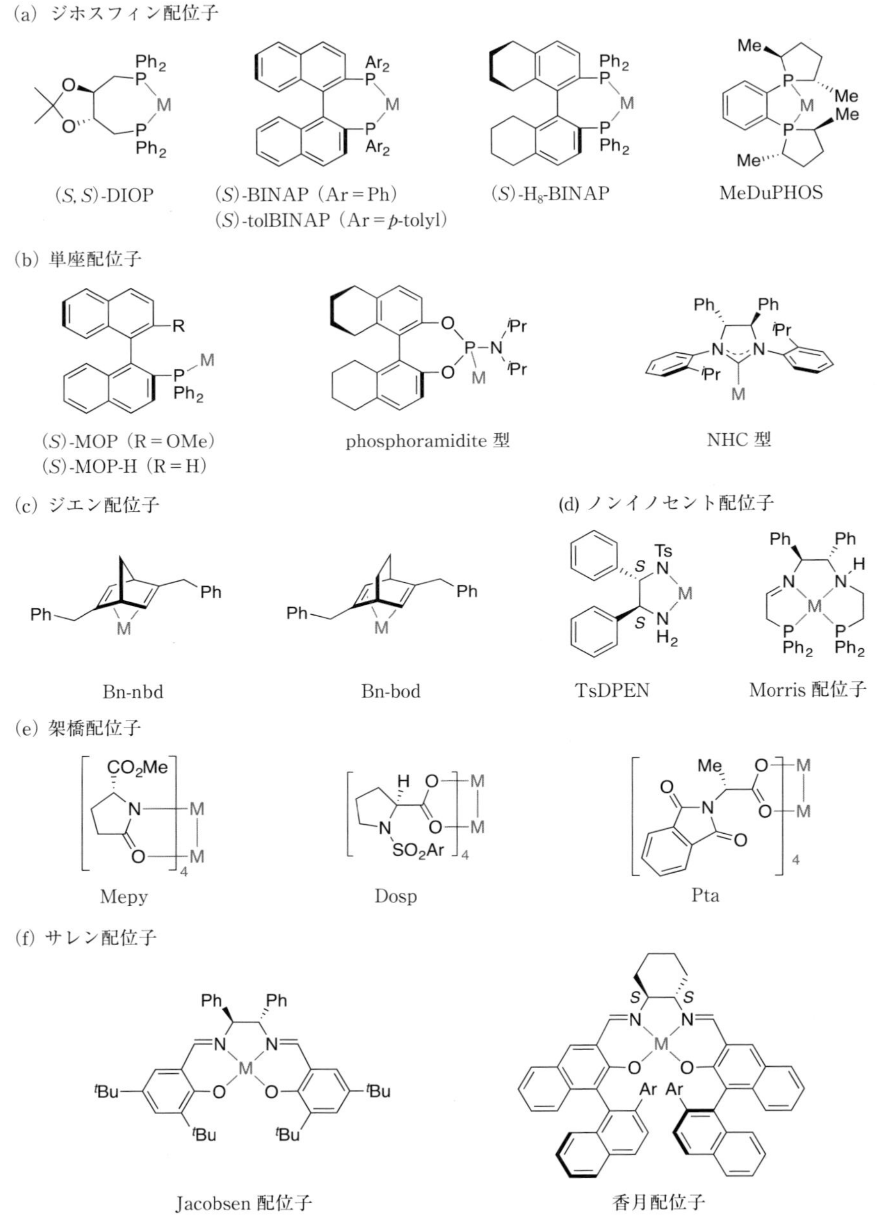

(a) ジホスフィン配位子

(S,S)-DIOP   (S)-BINAP (Ar = Ph)   (S)-H$_8$-BINAP   MeDuPHOS
              (S)-tolBINAP (Ar = p-tolyl)

(b) 単座配位子

(S)-MOP (R = OMe)   phosphoramidite 型   NHC 型
(S)-MOP-H (R = H)

(c) ジエン配位子   (d) ノンイノセント配位子

Bn-nbd   Bn-bod   TsDPEN   Morris 配位子

(e) 架橋配位子

Mepy   Dosp   Pta

(f) サレン配位子

Jacobsen 配位子   香月配位子

図 5.1 代表的な不斉配位子と配位様式

1980～90年代になり，セミコリン銅触媒やビスオキサゾリン銅触媒の登場により，エナンチオ選択性に向上が見られた［(5.2)式］．Pybox-Ru 触媒がトランス選択性に優れていることが明らかになり注目された．また，さまざまなサレンコバルト錯体が開発され，エナンチオ選択性とトランス選択性に大幅な向上が見られた．二核ロジウム錯体（たとえば Mepy-Rh）についても，さまざまな架橋配位子が考案され，分子内シクロプロパン化に有効な触媒となることが示された［(5.3)式］．

これらの新しい不斉シクロプロパン化触媒は，メラトニン作用薬（メラトニンは，睡眠にかかわる内因性物質）の合成に使用され，100 kg 以上の大スケールでの合成が達成された［(5.4)式］[1]．

$$\text{(5.4)}$$

melatonin agonist

cat.
Bisoxazoline-Cu (0.1 mol%)　99%, 99% ee (*cis* 26%)
Salen-Co (10 mol%)　72%, 84% ee (*cis* 19%)
Pybox-Ru (2 mol%)　95%, 98-99% ee (*cis* 8%)

　最も汎用な反応であるジアゾ酢酸エチルとスチレンとのシクロプロパン化反応は，さまざまな金属錯体を用いて検討されてきた．なかでもルテニウム錯体を用いるとトランス選択性が99%となり，トランス体のエナンチオ選択性も96～98% eeに達することが報告された[2]．コバルト触媒では，山田らの**Co-1**や，Gade らの**Co-2**などが高いトランス選択性とエナンチオ選択性を示した[3]．**Co-1**では，理論計算により立体選択性の発現機構が解明されている．**Co-2**では，分子内シクロプロパン化において高エナンチオ選択性が達成されている．鉄触媒では，最近 Zhou らが，スピロビスオキサゾリン配位子と Fe(II) 塩とを組み合わせた**Fe-1**を用いて分子内シクロプロパン化を高収率かつ高エナンチオ選択的（最高97% ee）に進行させ，安価で低毒性な反応を達成している[4]．

Ru-1　Ru-2　Co-1

Co-2　Spirobox

+ Fe(ClO$_4$)$_2$·4H$_2$O
+ NaBAr$_F$

NaBAr$_F$ = NaB[3,5-(CF$_3$)$_2$C$_6$H$_3$]$_4$

Fe-1

5.1.2 不斉 C–H 挿入反応

　光学活性な二核ロジウム錯体 Mepy–Rh や Dosp–Rh を用いると，ジアゾ化合物から生成するカルベンを C–H 結合間に容易に挿入することができ，エナンチオ選択性もきわめて高い［(5.5)式］[5,6]．Zhou らは，スピロビスオキサゾリン配位子と鉄錯体を用いて α-ジアゾフェニル酢酸エステルを活性化し，アルコールの C–OH 結合へのカルベン種の挿入に成功し，最高で 99% ee のエナンチオ選択性を達成した［(5.6)式］[7]．分子内環化への応用例も多く，配位子の工夫により高い選択性が達成されている［(5.7)式］[8]．

5.1.3 不斉オレフィンメタセシス反応

　アルケン炭素はキラル中心とはならないので，オレフィンメタセシス反応を不斉合成に利用する際には，新たに生成する C=C 結合の周辺に不斉炭素ができるように反応を設計することになる．たとえば，アルケン部位の近傍に不斉炭素をもつラセミ体の一方だけを閉環して速度論的に分割するか，鏡面対称なメソ型トリエンをエナンチオ場選択的に閉環して非対称化するなどの方法が考えられる．

　触媒としては比較的立体障害の大きな置換アルケンにも高活性な Schrock 型モリブデン錯体が有用である．Hoveyda らが開発した Schrock–Hoveyda 触媒では，イミド基と二つのアルコキシ基が反応中に容易に解離しないので，これらをモジュールと

して錯体設計がなされている．特に，二つのアルコキシ基ソースとなるジオール類は，不斉環境を構築するために必要な光学活性分子素材が豊富である．

imido
dialkoxide

1996年にGrubbs・藤村らは，光学活性なビス(ビストリフルオロメチル)ジアルコキシドを用いて，ラセミ体ジエンの閉環メタセシス（RCM）による速度論的分割を試みたが，エナンチオ選択性は高くなかった[9]．同じ反応は，1998年に軸不斉ビアリールアルコキシドを導入した光学活性Schrock-Hoveyda触媒を用いて検討され，回収原料と環化生成物がともに90% eeを超える高選択的な光学分割が達成された［(5.8)式][10,11]．不斉閉環メタセシス（asymmetric ring-closing metathesis：ARCM）である．

Mo-1 R = ^{i}Pr
Mo-2 R = Me

Schrock-Hoveyda chiral Mo-cat.

$$(5.8)$$

R = SiEt$_3$ 10 min. 81% conv.　　43% (93% ee)　　19% (>99% ee)
R = Si^{t}BuMe$_2$ 60 min. 75% conv.　42% (93% ee)　　25% (>99% ee)

以下に示すように，鏡面対称なトリエンを反応基質に用い，対称面上のビニル基と残りのビニル基の一方とでRCMを行うと閉環体に不斉炭素が生成する[11]．アリルエーテルでは**Mo-2**が，ホモアリルエーテルでは**Mo-3**触媒がきわめて高い選択性を与えた［(5.9), (5.10)式][11]．また，シリルエーテルの反応では，**Mo-1**や**Mo-2**を用

いると基質の二量化が優先するが，**Mo-3** を用いると高収率かつ高エナンチオ選択的に ARCM を起こすことができる［(5.11)式］[11]．さらに，無溶媒で反応が実施できる利点がある．**Mo-1** 触媒を用いてジホモアリルアミンから環状アミン誘導体の合成にも活用できる［(5.12)式］[12]．

環状アルケンとジエンユニットを有する鏡面対称化合物を，開環クロスメタセシス（ROM）によってエナンチオ場選択的に環を巻き直すと，光学活性な不飽和環状エーテルへ変換できる［(5.13)式］[13]．不斉開環クロスメタセシス（asymmetric ring-opening cross metathesis：AROCM）である．原料基質のトリエンはジアリルエーテルの閉環メタセシスによって容易に合成できるので，広く応用がきく不斉反応といえる．ノルボルネンやシクロペンテン誘導体の反応も容易である［(5.14), (5.15)式］[14,15)].

$$\text{(5.13)}$$

69% (98% conv.) (92% ee)

$$\text{(5.14)}$$

54% (92% ee)

$$\text{(5.15)}$$

87% (96% ee)

モリブデン錯体 **Mo-4** は，光学活性なビアリール基が容易に入手できるところに利点がある．市販の化合物から容易に調製できる実践的な錯体触媒として **Mo-4** が合成された[16)]．この錯体は，ARCM では五員環生成に有効である．ペンタンやトルエン，エーテルに可溶で，**Mo-1** に比べてはるかに安定なので，普通のフラスコを使って反応させることができる．グローブボックスやシュレンクフラスコは必要ない．分子間の AROCM では，オレフィンメタセシスでは制御が難しいとされるトランス体が選択的に得られ，かつ 98% ee のエナンチオ選択性が達成されている［(5.16)式][16)].

$$\text{(5.16)}$$

86% >98% *trans* (>98% ee)

さらに，このモリブデン錯体を高分子に担持した触媒が合成され，一連のエナンチオ選択的オレフィンメタセシス反応に応用された[17]．**Mo-1** と同等の触媒活性を有し，リサイクルが可能である．光学活性セスキテルペンである（+）-アフリカノールの橋頭位のキラルな三級アルコール骨格が，**Mo-3** 触媒による AROCM によって構築された［(5.17)式］[18]．

(5.17)

このように，モリブデン錯体による反応が進歩した一方で，Grubbs 型ルテニウム錯体も不斉触媒へ展開された．錯体 **Ru-1** は，N-ヘテロ環状カルベン（NHC）骨格に不斉環境を導入した配位子をもち，空気中で安定でカラムクロマトグラフィーで精製できる[19]．クロリド配位子も，臭化物イオンやヨウ化物イオンと簡単に交換できる．ARCM 反応では，**Ru-1** 錯体に NaI を添加した条件で 90% ee のエナンチオ選択性が得られた［(5.18)式］．

(5.18)

このルテニウム触媒は反応後に生成物から分離回収できる利点があり，さらなる改良が進められた［(5.19)，(5.20)式][20]．NHC 骨格の一方の窒素原子にキラルなビナフチル骨格を連結させてアルコキソ錯体とした **Ru-2** は，AROCM 反応において 98% ee のエナンチオ選択性を示した［(5.20)式］．反応終了後に 70〜96% の触媒が回収されている．

Ru-2

Hoveyda chiral Ru-cat.

$$p\text{-}CF_3PhO\text{-norbornene} + \text{styrene} \xrightarrow[22°C, 1\,h]{\substack{Ru\text{-}2\ (5\,\text{mol}\%) \\ \text{air, undistilled THF}}} p\text{-}CF_3PhO\text{-product} \quad (5.19)$$

66% (>98% *trans*) (96% ee)

$$\text{norbornene anhydride} + \text{vinylcyclohexane (2 eq.)} \xrightarrow[50°C, 1\,h]{\substack{Ru\text{-}2\ (10\,\text{mol}\%) \\ N_2, THF}} \text{product} \quad (5.20)$$

88% (>98% *trans*) (98% ee)

さらに，このルテニウム錯体 **Ru-2** のベンジリデン部位にフェニル基を導入した **Ru-3a** および **Ru-3b** では，(5.20)式の反応において 110～160 倍の速度の増加が見られた[21]．さらに触媒量を低減させ，より実践的な触媒となることが予測される．

Ru-3a R = H
Ru-3b R = CF₃

近年のオレフィンメタセシス反応を利用した不斉触媒反応の進歩については，Blechert らと Shi らが総説にまとめている[22]．

5.1.4 不斉 Pauson–Khand 反応

Pauson–Khand 反応は，化学量論量のコバルトカルボニル錯体を用いて，アルキン，アルケンおよび一酸化炭素を環化付加させシクロペンテノン誘導体を生成する反応である（4.7.1 項）．添加剤に $MeOCH_2OMe$ や Bu_3PS を用いると触媒量の $Co_2(CO)_8$ 錯体で十分な活性が発現し，1 気圧の一酸化炭素下で反応が進行することが分かり，光

学活性修飾剤を用いて不斉触媒反応となる可能性が示された[23,24]．

2000 年にコバルト触媒としてはじめて，$Co_2(CO)_8$ 錯体と (S)-BINAP の組み合わせで不斉誘導が実現された [(5.21)式][25]．基質であるエンインに対して 20 mol% の $Co_2(CO)_8$ 錯体と 20 mol% の配位子を用いて 90% ee を超えるエナンチオ選択性が得られている．80 ℃ 前後の反応温度で 14〜17 時間反応を行うと中程度の収率（53〜62%）で環化体が得られる．キラル環境をもつ P–Co–Co–P 部位に基質のアルキン部位が架橋配位し，ビニル基のプロキラル面の選択的配位とカルボニルの挿入を経て (R) 体が生成すると推定されている．

$$(5.21)$$

一方，1999 年には光学活性チタノセン触媒による不斉 Pauson–Khand 反応が報告された．7.5〜20 mol% の触媒を用いて 87〜92% の収率と，82〜96% ee のエナンチオ選択性が達成されている [(5.22)式][26]．エナンチオ選択性については，活性種と考えられるチタノセンカルボニル錯体からメタラシクロペンテン中間体の生成が速度論的支配であればアルケン挿入時の面選択が鍵となり，一方メタラサイクルの生成が平衡であれば中間体となるジアステレオマーの熱力学的安定性に支配されることになる．

$$(5.22)$$

2000 年には Jeong らがロジウム錯体[27a]を，また柴田らがイリジウム錯体[27b]を用いた不斉 Pauson–Khand 反応を報告した．ロジウム触媒ではビスホスフィン配位子が利用でき，CO 加圧下で触媒の会合を防止し，同時に配位子が解離する可能性を排除できれば不斉反応となる可能性が見えてくる．ロジウム錯体に (S)-BINAP 配位子

を用い，溶媒として THF を選び，カチオン性錯体とすることによって不斉 Pauson–Khand 反応が達成された［(5.23)式］[27a]．CO 圧が高い（2〜3 気圧）と収率はよいがエナンチオ選択性が低下し，逆に低い（1 気圧）とエナンチオ選択性は高くなるが収率が低下するというジレンマがある．最適条件は，基質の嵩高さとの関係で微妙に変化する．

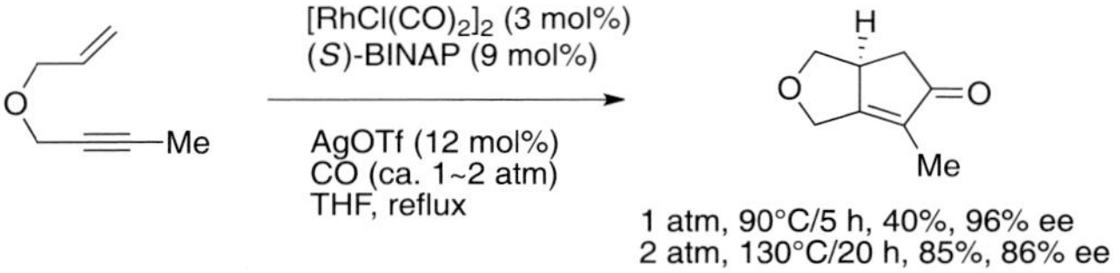
[RhCl(CO)2]2 (3 mol%)
(S)-BINAP (9 mol%)
AgOTf (12 mol%)
CO (ca. 1~2 atm)
THF, reflux
Me
H
O
1 atm, 90°C/5 h, 40%, 96% ee
2 atm, 130°C/20 h, 85%, 86% ee

(5.23)

触媒サイクルでは，THF の配位効果を考慮し，エンインの配位からロダサイクルが形成される過程でエナンチオ選択性が決定されると考えられている（図 5.2）．生成物の立体化学は左下の図で説明される．逆のエナンチオマーを与えるロダサイクル（右下の図）は，二重結合部位の置換基 R が配位子のフェニル基と立体反発を起こすため不利となる．

一方，イリジウム錯体では，$[IrCl(cod)]_2$ 錯体に PPh_3 を 4 当量加えると，Pauson–Khand 反応の収率が単独錯体よりも 2.5 倍向上した事実から，不斉触媒への展開が可能であると推定された[27b]．実際，$[IrCl(cod)]_2$ 錯体と (S)-tolBINAP とを組み合わ

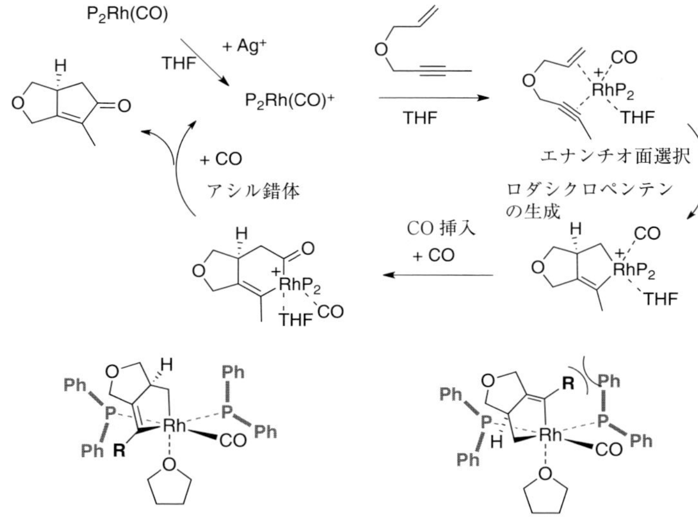
P2Rh(CO)
+ Ag+
THF
P2Rh(CO)+
THF
RhP2
THF
CO
エナンチオ面選択
ロダシクロペンテンの生成
CO 挿入
+ CO
+ CO
アシル錯体
Ph
P
Rh
CO
R
H
O

図 5.2　ロジウム触媒不斉 Pauson–Khand 反応の触媒サイクルとエナンチオ選択性の発現機構

せて，CO雰囲気下（1気圧），トルエン還流下で反応を行うことにより，61～83%の収率と93～98% ee のエナンチオ選択性が達成された[(5.24)式]．分子間反応でも，収率は低いものの 93% ee のエナンチオ選択性が得られている[(5.25)式]．

$$
\begin{array}{c}
\text{[IrCl(CO)}_2\text{]}_2 \text{ (10 mol\%)} \\
(S)\text{-tolBINAP (10 mol\%)} \\
\text{CO (1 atm)} \\
\text{toluene, reflux}
\end{array}
\quad (5.24)
$$

R = Ph   18 h, 83%, 93%ee
R = 4-MeOPh 20 h, 80%, 96%ee
R = Me   20 h, 61%, 98% ee

24 h, 85%, 95% ee

Ph≡≡Me + ノルボルネン(excess) → 同上の条件 → 生成物   (5.25)
32%, 93% ee

また，Riera, Verdaguer らは，コバルト錯体にキラル P, S 配位子を用いて化学量論的な分子間不斉 Pauson-Khand 反応を試みた[(5.26)式][28]．(+)-プレゴンから合成された配位子は PuPHOS と名づけられた．錯体を過剰量のノルボルナジエンと反応させたところ，50 ℃，30 分で環化反応が終了し，収率 99%，エナンチオ選択性 99% ee で付加体が得られた．トリメチルシリルアセチレンを用い，塩化メチレン中，N-メチルモルホリンを添加剤として加えるとエナンチオ選択性が著しく向上し，97% ee が得られた．PuPHOS は，類似体 CamPHOS や PNSO とともに，分子間反応へと応用された．

(5.26)

R = Ph, toluene/ 50℃, 0.5 h, 99%, 99% ee
R = TMS, CH$_2$Cl$_2$/r.t./NMO, 3 d, 93%, 97% ee

PuPHOS   CamPHOS   PNSO

2008 年，Ratovelomanana-Vidal, Genêt, Jeong らはロジウム触媒を用い，BINAP 誘導体を配位子として，1,6-エンインの不斉 Pauson-Khand 反応を 18～20 ℃，0.1 気圧の CO 雰囲気下で行い，99% の収率と 99% ee のエナンチオ選択性を達成した[29a]．

また,CO 源をホルムアルデヒドやケイ皮アルデヒドとする反応系や,水系での不斉反応も報告され,同時に高いエナンチオ選択性が得られている[29b~d].

イリジウム触媒についても検討が進み,Pfaltz らの光学活性 PN 配位子 PHOX 錯体が,やや反応温度が高いが,分子内環化に対して 90% ee を超えるエナンチオ選択性を与えている.また,アニオン種の影響についても調べられている[(5.27)式][30a].Chan らは,ケイ皮アルデヒドの脱カルボニル化による CO 供給と Ir-BINAP 触媒を用いて,多くの反応基質について 90% を超える収率と 98% ee に達するエナンチオ選択性を達成した[30b, 31].

$$\text{(5.27)}$$

5.1.5 不斉アルキン三量化反応

置換アルキンの触媒的[2+2+2]環化三量化反応を行う際,置換基の配置を工夫すると光学活性体を合成することができる.1994 年に森らは,Ni-MOP 触媒を用い,トリインの非対称化により 73% ee のイソインドリンを得ている[32].1999 年に Stará は,トリインからヘリセン様骨格の触媒的合成を報告した[(5.28)式].置換アルキンから軸不斉(アトロプ)異性体を合成することができる.Ni-MOP 触媒を用いて 48% ee のエナンチオ選択性が得られた[33].

$$\text{(5.28)}$$

Gutnov, Heller, Hapke らのコバルト触媒 **Co-1** を用いた三量化反応により,ジインとニトリルから光学活性テトラヒドロイソキノリンが高収率かつ高エナンチオ選択的に合成される[(5.29)式][34].この反応の進行には光照射が必要である.

5.1 炭素-炭素結合生成反応

(5.29)式

R = Ph -20°C 86% 93% ee
R = Me 3°C 88% 88% ee

2004年には，光学活性ジアリール誘導体の合成が二つのグループから報告された[35,36]．柴田らは，ジインの両末端にナフチル基をつけて対称分子とし，置換アセチレンとの[2+2+2]環化を行い，光学活性トリアリール化合物を合成した．イリジウム錯体 [IrCl(cod)]$_2$ と光学活性ホスフィン MeDuPhos との組み合わせにより，収率 80% 以上，エナンチオ選択性 99% ee 以上が達成された[(5.30)式]．触媒量を 0.5 mol% まで低下させても収率とエナンチオ選択性が維持された．また，このときメソ体の生成は 5% 以下であった．ジインの 1-ナフチル部位を 2-MeC$_6$H$_4$ あるいは 2-ClC$_6$H$_4$ に，ジプロパルギル骨格をトシルアミド基（TsN）やメチレンに代えても同様の触媒効率と反応選択性でトリアリール化合物が得られた．アトロプ異性体を合成する新しい反応として，きわめて興味深い報告である．さらに，cis-エチレン部位を有する基質から，不斉環化と酸化反応を経て新規なトリナフチル化合物へ誘導化する方法が示された [(5.31)式]．

(5.30)式

[IrCl(cod)]$_2$
+ (S,S)-MeDUPHOS
(10 mol%)
xylene
100°C, 1 h
83%, 99.6% ee
(dl:meso = >95:5)

(5.31)式

同上の条件
76%

DDQ
78%, 95% ee

一方,田中らは1,6-ジインエステルとプロパルギルエーテルとの［2+2+2］環化により,光学活性フタリド異性体の合成を可能にした［(5.32)式］[36]. ロジウム錯体 [Rh{(S)-H$_8$-BINAP}]BF$_4$ を触媒として,オルト位に官能基を有する軸不斉ビフェニル誘導体が 90% の位置選択性と 87% ee のエナンチオ選択性で得られた. 他に,塩化メチレンや THF を溶媒として穏和な条件で反応が短時間で進行することが報告されている. この反応では,軸性キラリティーを発現するためオルト位に置換基を有するフェニル化合物が使われている. また,対称構造を有する内部アルキン化合物である 1,4-ジアセトキシ-2-ブチンを用いると 99% ee の高エナンチオ選択性で目的とするフタリドが得られた. アルキンを過剰 (4〜5 当量) に用いることによって良好な収率が得られるように工夫されている.

$$(5.32)$$

近年,ロジウムおよびイリジウム触媒によるエナンチオ選択的な環化反応や種々のビアリール化合物の合成反応が大きく進展した. それらの成果は田中および柴田らによって総説にまとめられている[37].

5.1.6　不斉共役付加反応

β位に置換基を一つもつα,β-不飽和カルボニル化合物へアリール基やアルケニル基を共役付加させることができれば,β位の炭素上に不斉を誘起することができる. Grignard 反応剤や有機リチウム反応剤と銅触媒との組み合わせや,銅塩と有機亜鉛反応剤との組み合わせによって,有機基を共役付加できることが知られている. 一方,後期遷移金属触媒では,有機ボロン酸誘導体を求核剤とし,不斉ロジウム触媒 (Rh-BINAP) と組み合わせるのがきわめて有効な方法であることが示された［(5.33),(5.34)式][38]. アリールおよびアルケニルホウ素反応剤は,数多く市販されている.

また，アルケニルホウ素化合物は，置換アルキンのヒドロホウ素化でも容易に合成できる．アリール−ロジウム種がエノンに1,4-付加して生成するロジウムエノラートあるいはオキシ-π-アリル中間体が加水分解を受けてケトンが生成すると考えられている．アリールトリフルオロボレート誘導体（$[ArBF_3]^+X^-$）も安定な求核剤として利用することができる．この反応は，α, β-不飽和のエステル，ラクトン，アミド，ニトロオレフィンなどにも適用できるので利用価値が高い．ジホスフィン配位子の代わりにジエン配位子を用いると触媒活性が向上することから，光学活性ジエン配位子であるBn−nbdやBn−bodが新たに考案された［(5.35)式］[39]．

$$
\text{シクロヘキセノン} + Ph\text{-}B(OH)_2 \xrightarrow[\substack{\text{dioxane-}H_2O \\ 100°C}]{\substack{Rh(acac)(C_2H_4)_2 \\ 3\ mol\% \\ (S)\text{-BINAP}}} \text{3-Ph-シクロヘキサノン} \quad 64\%,\ 97\%\ ee \tag{5.33}
$$

$$
\text{シクロヘキセノン} + n\text{-}C_5H_{11}\text{-CH=CH-}B(OH)_2 \xrightarrow[\substack{\text{dioxane-}H_2O \\ 100°C}]{\substack{Rh(acac)(C_2H_4)_2 \\ 3\ mol\% \\ (S)\text{-BINAP}}} \text{生成物} \quad 88\%,\ 94\%\ ee \tag{5.34}
$$

Bn−nbd   Bn−bod

$$
\text{MeC(O)CH=CH-}n\text{-}C_5H_{11} + 2\text{-}MeC_6H_4B(OH)_2 \xrightarrow[\substack{\text{dioxane-}H_2O \\ 30°C}]{\substack{RhCl(C_2H_4)_2/2 \\ Bn\text{-}bod\ 3\ mol\%}} \text{生成物} \quad 90\%,\ 98\%\ ee \tag{5.35}
$$

ルテニウム錯体**A**のアミド配位子の塩基性を利用して1,3-ジカルボニル誘導体やニトロアルカンから酸性プロトンを引き抜き，アルキル錯体**B**を生成することができる（3.11節）．錯体**B**はα, β-不飽和ケトン類と共役付加反応を起こす［(5.36)式］[40]．この反応では，中間体**B**のアミンプロトンとの水素結合によってα, β-不飽和ケトンが活性化され，ルテニウムからβ炭素へのアルキル基の求核付加が助長されている．ジアミド配位子に不斉環境を導入し，高いエナンチオ選択性が達成されている．

5.1.7 不斉溝呂木-Heck 反応

1989 年,柴崎らと Overman らは独立に,パラジウム触媒を用いて,分子内溝呂木-Heck 反応を不斉反応へ適用できることを示した [(5.37)[41], (5.38)式[42]].Pd(0)錯体種に有機ハロゲン化物が酸化的付加して生成する Pd-C 結合へ置換アルケンが配位挿入するときにエナンチオ面の選択が起こり,不斉炭素が生成する.続いて,β-水素脱離が起こり,環状アルケンが生成する.(5.37)式では光学活性ビスホスフィンである BINAP が配位子として有効であり,光学活性な *cis*-デカリンが得られる.(5.38)式では連続的なアルケン挿入によってスピロ化合物が得られている.

分子内溝呂木-Heck 反応では,基質の設計によってスピロ環や二環性化合物が生成し,架橋部近傍に不斉四級炭素を構築することができるので,天然物合成にきわめて魅力的な反応である [(5.39), (5.40)式][43,44].

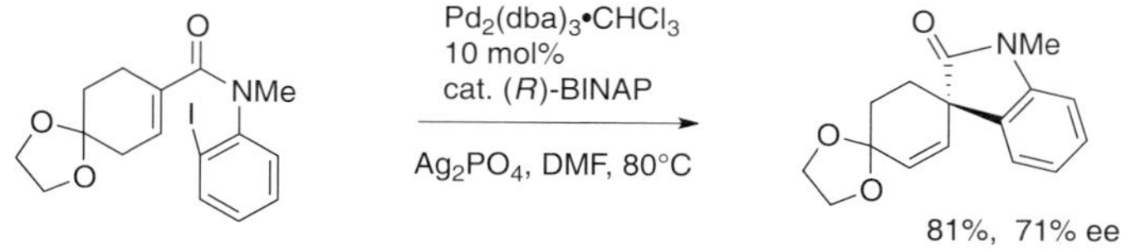

$$\text{(5.39)}$$

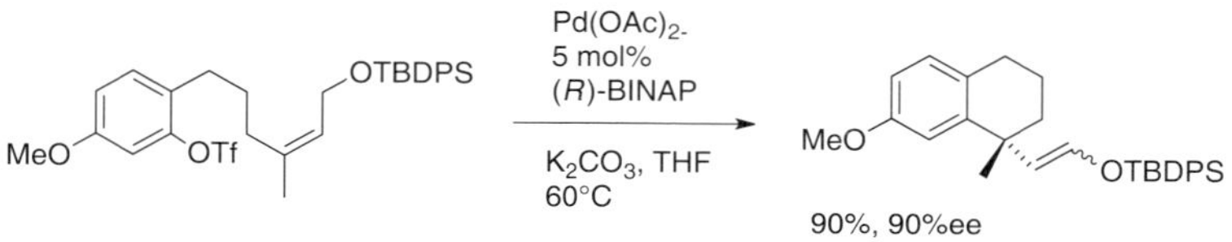

$$\text{(5.40)}$$

Feringa らの開発した光学活性単座配位子のホスホラミダイト (phosphoramidite) も分子内溝呂木–Heck 反応において高いエナンチオ選択性を示した [(5.41)式][45]. また,Overman らは天然物全合成の過程で,光学活性 PN 配位子 PHOX を用いて三環性化合物を高いエナンチオ選択性で合成している [(5.42)式]. 反応時間はマイクロ波照射によって 70 時間から 45 分程度に短縮される[46].

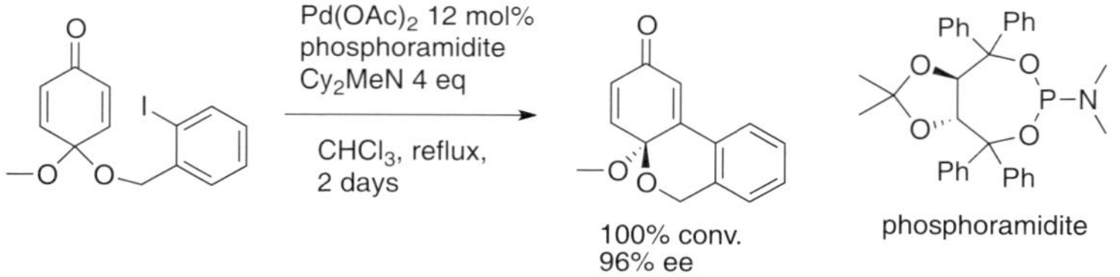

$$\text{(5.41)}$$

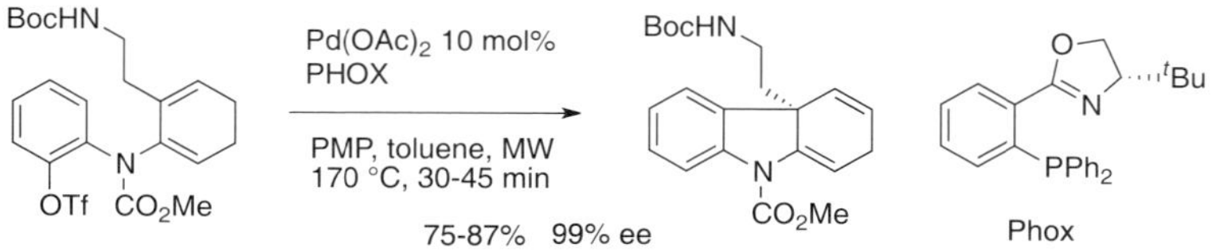

$$\text{(5.42)}$$

不斉溝呂木–Heck 反応は,1991 年,林らによって分子間反応へ展開された [(5.43)式][47]. 反応では,Pd–Ph 結合にジヒドロフランが挿入し,続いて β-水素脱離と Pd–H 結合への挿入が繰り返されてアルケン部位が環内を移動することになるが [(3.67)式],最初の面選択の違いによってアルケンの移動位置が異なってくる. この反応はその後,さまざまな光学活性配位子を用いて検討され [(5.44)式,下図],90% ee を超える高選択的な触媒系が見出された[48,49]. Guiry ら,柴崎らの不斉溝呂木–Heck 反応についての総説を参考にされたい[50].

配位子として光学活性ビスホスフィンオキシドを用いると位置選択性やエナンチオ選択性が大幅に向上することが見出された[51]．反応基質に置換シクロペンテンを用いるとトランス体 **C** が選択的に得られる（s は **C** とほかの異性体の和との比）［(5.45)式］[52]．BINAP や SDP に比べてビスホスフィンオキシドが収率およびエナンチオ選択性の両面で優れた結果を与えている．

5.1.8　不斉クロスカップリング反応

熊田–玉尾–Corriu カップリングを用いた反応としては，塩化ニッケルに光学活性アミノホスフィンを添加して触媒とし，Grignard 反応剤とハロゲン化アルケニルとをカップリングさせた際に良好なエナンチオ選択性が得られている［(5.46)式］[53]．二級のアルキル Grignard 反応剤は速いアルキル基交換（Schlenk 平衡）を起こすためラセミ体であるが，金属上へのトランスメタル化の際に配位子の不斉環境の影響を受けて一方の不斉炭素が選択され，光学活性体が生成する（図 5.3）．同じ反応を，アルキル亜鉛化合物を用いて（根岸型），光学活性なパラジウム錯体を触媒として反応させても 90% ee を超える結果が得られる[54]．ニッケル触媒を用いて光学活性なビアリール誘導体を合成することもできる［(5.47)式］．

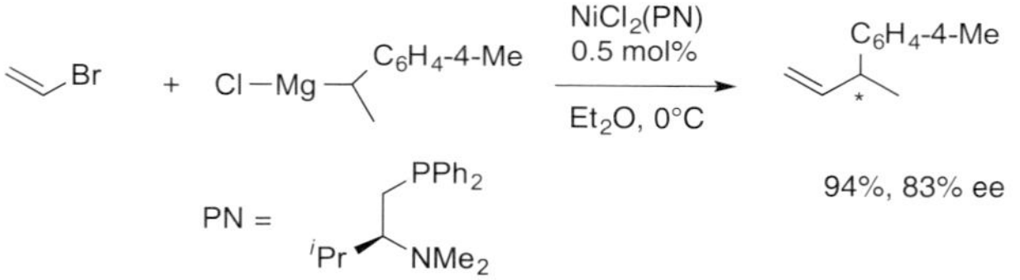
Br
Cl–Mg
C6H4-4-Me
NiCl2(PN)
0.5 mol%
Et2O, 0°C
C6H4-4-Me
94%, 83% ee
PN =
PPh2
iPr
NMe2

(5.46)

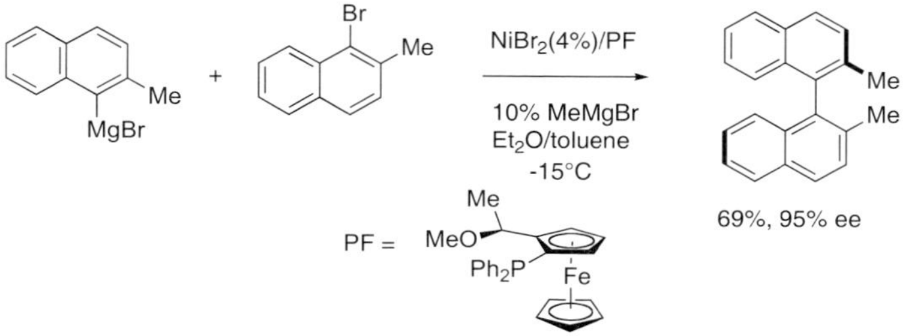
Me
MgBr
Br
Me
NiBr2(4%)/PF
10% MeMgBr
Et2O/toluene
-15°C
Me
Me
69%, 95% ee
PF =
Me
MeO
Ph2P
Fe

(5.47)

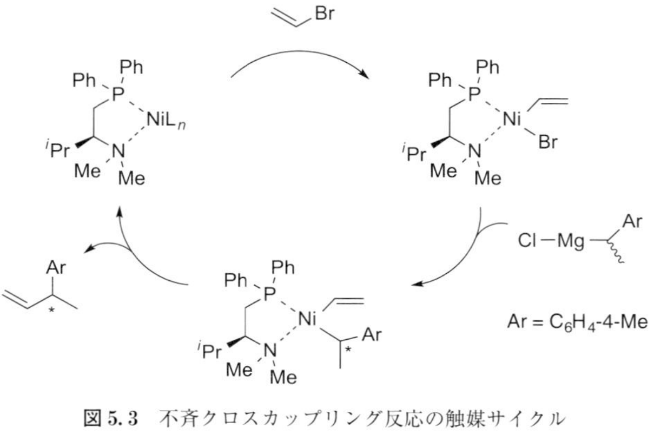
Br
Ph
Ph
P
NiLn
iPr
N
Me
Me
Ni
Br
Cl–Mg
Ar
Ar = C6H4-4-Me

図 5.3　不斉クロスカップリング反応の触媒サイクル

アリール Grignard 反応剤を用いた熊田−玉尾−Corriu カップリングでは，2010 年の Fu らのニッケル触媒とビスオキサゾリン配位子を用いた反応系，さらに 2014 年の Zhong, Bian らのコバルト触媒とビスオキサゾリン配位子を用いた反応系において，高収率かつ 90% ee を超えるエナンチオ選択性が達成されている[55]．いずれも，−80〜−60℃ の低温条件下，α-ブロモカルボニル化合物を反応基質として不斉アリール化を行っている．

一方，根岸カップリングでは，2005 年に Fu らによってアルキル亜鉛化合物とラセミ体の二級ハロゲン化ベンジル誘導体とのカップリングが検討され，Ni-Pybox 触媒を用いて 99% ee に達する選択性が得られた[(5.48)式][56]．アルキル亜鉛化合物は適度な求核性と種々官能基への許容性をもつため，0℃ 付近の穏和な条件で触媒反応が進行し，基質と反応剤にエステル，ニトリル，ケトンなどの官能基があってもそれらは維持される[(5.49)式][57]．同じ反応系は，二級の α-ブロモアミドにも適用できる．いずれの反応もラセミ体から出発する速度論的光学分割である．Fu らは，さらに二級の塩化アリルや α-ブロモニトリルを求電子剤とし，二級のアルキル亜鉛化合物を用いた反応系を報告している[58]．

$$\text{Me}\underset{\text{Br}}{\overset{\text{Br}}{\bigodot}} + \text{Br-Zn-C}_6\text{H}_{13} \xrightarrow[\text{0°C, DMA}]{\text{NiBr}_2(\text{diglyme}) \ 10\% \ (S)\text{-}(i\text{-Pr})\text{-Pybox} \ 13\%} \text{Me}\underset{}{\overset{\text{C}_6\text{H}_{13}}{\bigodot}} \quad (5.48)$$

1.6 eq

DMA = N,N-dimethylacetamide

89% 96% ee

(S)-(i-Pr)-Pybox

$$\underset{\text{Ph}}{\overset{\text{Bn}}{\text{N}}}\underset{\text{Br}}{\overset{\text{O}}{\text{C}}}\text{Et} + \text{Br-Zn-C}_6\text{H}_{13} \xrightarrow[\text{0°C, DMI/THF}]{\text{NiBr}_2(\text{glyme}) \ 10\% \ (R)\text{-}(i\text{-Pr})\text{-Pybox} \ 13\%} \underset{\text{Ph}}{\overset{\text{Bn}}{\text{N}}}\underset{\text{C}_6\text{H}_{13}}{\overset{\text{O}}{\text{C}}}\text{Et} \quad (5.49)$$

1.3 eq

DMI = 1,3-dimethyl-2-imidazolidinone

90% 96% ee

鈴木−宮浦型の不斉カップリングの成功例は比較的最近まで少なかったが，2008 年に Fernández, Lassaletta らによりパラジウム触媒とキラルビスヒドラゾン配位子を用いて好結果が報告された．彼らは，ナフチル誘導体のカップリングにおいて光学活性ビナフチル誘導体を 90% ee で得た[(5.50)式][59]．2009 年には，魚住らによって，パラジウム触媒と光学活性イミダゾインドール配位子を用いて同様のナフチルボロン

酸とヨウ化ナフチルとのカップリングが最高 94% ee の選択性で達成された［(5.51)式］[60]．さらに，両親媒性樹脂に担持したパラジウム触媒を開発し，99% ee に達するエナンチオ選択性を得ている．最近では，Fu らのニッケル触媒を用いたアルキル－アルキルカップリングでの例[61a]や，Tang らの天然物合成への応用例[61b]がある．

$$(5.50)$$

$$(5.51)$$

2008 年，Fu らによって檜山カップリングの不斉反応がニッケル/光学活性ジアミン触媒を用いて検討され，α-ブロモエステルとアリール(アルコキシ)シランから 99% ee に達する高いエナンチオ選択性でカップリング生成物が得られた［(5.52)式］[62]．この反応はラセミ体の α-ブロモエステルを用いた速度論的光学分割である．アルケニルシランを用いると，光学活性 α-アルケニルエステルが得られる．

$$(5.52)$$

R = 2,6-di-*t*-butyl-4-methylphenyl (BHT)
TBAT [F$_2$SiPh$_3$]$^-$[NBu$_4$]$^+$

With vinyl-Si(OMe)$_3$ 66% 93% ee

5.1.9 不斉 C–H 活性化反応

不活性 C–H 結合の切断を経由する不斉触媒反応が 2000 年代後半から報告されは

じめ，広がりを見せている[63]．Yu らは，ピリジンの配位を利用した C–H 結合切断に，ブチルボロン酸を用いた酸化的鈴木–宮浦クロスカップリングを組み合わせて，メソ型反応基質の不斉非対称化に成功した［(5.53)式][64]．不斉配位子として保護基をつけたアミノ酸が有効であることを見出した．反応基質とパラジウムが二量体を形成していることが X 線構造解析により明らかにされ，不斉配位子の配位と C–H 結合切断によって生成するフェニル錯体の構造が NMR 解析や理論計算から示された[65]．同様の保護基を有するアミノ酸を配位子とするパラジウム触媒は，C–H 活性化とそれに続く酸化反応による光学活性ベンゾフラノン誘導体の合成に利用された［(5.54)式][66]．

$$(5.53)$$

$$(5.54)$$

Kündig らは，新しい光学活性 NHC 配位子を設計し，C–H 活性化を経由する分子内不斉環化反応に成功した［(5.55)式][67]．この反応は C–Br 結合の Pd(0) 種への酸化的付加を経由し，これに続く分子内での選択的なメチレン水素の活性化と還元的脱離により環化体を生成する．あらかじめ合成された NHC 錯体を利用しなくても，配位子と π-アリル錯体から反応系内で触媒を調製することも可能である．本反応はインドリン誘導体の合成法として価値がある．

$$(5.55)$$

5.1 炭素–炭素結合生成反応

柴田らは，イリジウム触媒を用いた C–H 活性化反応を利用し，アルキルアミノピリジンやキノリン誘導体とアルケンとの不斉カップリングを実現した［(5.56)式］[68]．窒素系配向基の隣接位のメチレン C–H 結合の一方が選択的に切断された後，オレフィンの挿入が起きると推定されている．

$$\text{(5.56)}$$

R = Ph, 75°C, 24 h　76%　88% ee
R = COOEt 85°C, 3 h　75%　99% ee

吉戒らは，ホスホラミダイトを配位子としたコバルト触媒を用いて，インドールの 2 位の C–H 結合活性化を経由するアリール化反応が常温で進行することを見出し，インドール誘導体を 87% ee で収率よく得ている［(5.57)式］[69]．この反応は，イリジウム錯体では 100 ℃以上の反応温度が必要である．

$$\text{(5.57)}$$

72%　87% ee

Cramer らは，光学活性なシクロペンタジエニル配位子を設計し，ロジウム錯体との組み合わせにより，C–H 活性化とそれに続く不斉環化反応に効果的な触媒系を実現した［(5.58)式］[70a]．同じ反応は，Rovis らによっても，同時期に報告されている[70b]．

$$\text{(5.58)}$$

85%　94% ee

このように触媒的な C–H 活性化を利用した合成が各種金属触媒を用いて大きく進

展している[71]．天然物の合成を不必要な官能基化を導入することなく短工程で進めることができるので，グリーンケミストリーの観点からも利用価値が高まるであろう[71c]．不斉触媒による合成もますます期待できる．

5.2 還元反応

5.2.1 不斉水素化および関連反応

不斉触媒を用いるアルケンの水素化では，光学活性アミノ酸誘導体の合成を目的としたエナミド類の不斉水素化が多く研究されてきた．パーキンソン病治療薬であるL-ドパの工業的合成法としてよく知られている．現在までにさまざまな光学活性ホスフィン配位子が考案され，光学活性化合物の合成へ応用されてきた．2001年，野依とKnowlesは，この不斉水素化に関する研究で，不斉酸化のSharplessとともにノーベル化学賞を受賞した．

α-デヒドロアミノ酸誘導体を基質としたα-アミノ酸誘導体合成では，ロジウムを触媒として，メタノール溶液中，常温・常圧に近い条件で反応が実施されている．不斉ホスフィン配位子DuPhosならびにTangPhosを用いた反応例を示す［(5.59)式][72]．

$$R\text{-CH=C(NHAc)CO}_2\text{Me} \xrightarrow{\text{Rh cat., Chiral Phosphine, H}_2} R\text{-CH}_2\text{-}^S\text{CH(NHAc)CO}_2\text{Me} \quad (5.59)$$

(S,S)-Et-DuPhos: R = Me, MeOH, r.t., 2 atm, ca. 1/50000 cat., >99% ee (S)

TangPhos: R = Ph, MeOH, r.t., 1.3 atm, ca. 1/10000 cat., 99.8% ee (S)

不斉水素化反応について，HalpernやBrownらにより，DIPAMPなどの光学活性ジホスフィン配位子を用いた研究から興味ある機構が提案された（図5.4）[73,74]．まず，ロジウム錯体のcod配位子が水素化されて配位不飽和錯体**A**が生成する．次にα-アセトアミドケイ皮酸エステルが配位して二つのジアステレオマー中間体**B**と**C**ができる．**B**は**C**に比べ安定な錯体として生成する（約10:1）．**B**から水素の酸化的付加，ヒドリド挿入，還元的脱離を経て反応が進行するとR体の水素化物ができるはずであるが，結果は**C**を経由してS体の生成が優先する．すなわち，反応の選択性は，

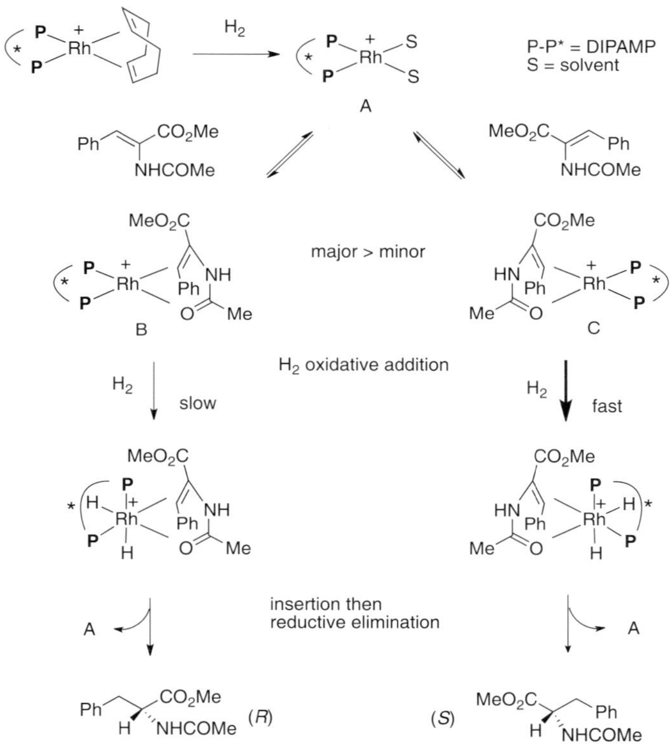

図5.4 ロジウム触媒による不斉水素化反応機構

BとCの熱力学的安定性ではなく，これらの中間体からの水素化速度に依存する（速度論的支配）．

水素移動を伴うアリルアミンのエナミンへの異性化反応においても，不斉ロジウム触媒が優れた活性を示す．天然物であるミルセンやイソプレンを原料にして合成できるゲラニルアミンから，光学活性ロジウム触媒によるアルケン部位の異性化の際に不斉誘導することができる．生成する光学活性シトロネラールのエナミンから，加水分解と環化反応を経て光学活性メントールが工業的に製造（高砂プロセス）されている[75]．Rh–BINAP触媒が，分子内の1,3-水素移動を促進することが重水素化物を用いた実験で示されている［(5.60)式］．また，ゲラニルアミン（E体）の幾何異性体であるネリルアミン（Z体）を用いると生成物の絶対配置が逆になる現象も興味深い[76]．

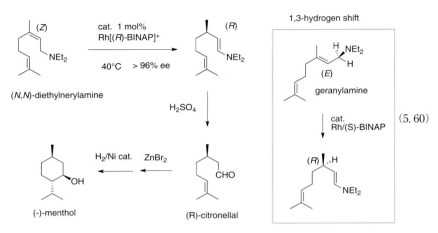

(5.60)

アリルアルコール類は，Ru–BINAP 触媒を用いて不斉水素化される．ゲラニオールは S 体の触媒によって R 体のシトロネロールに還元される［(5.61)式］[77]．一方，ゲラニオールの Z 異性体であるネロールからは S 体のシトロネロールが生成される．基質/触媒量の比も 50000 にすることができる．β-ラクタム抗生物質の合成にも応用されている［(5.62)式］[78]．

(5.61)

(5.62)

多置換アルケンの水素化反応では，ロジウム触媒やルテニウム触媒よりもイリジウム触媒が活性であることが知られている．そのため Crabtree 触媒がよく使われる[79]．Pfaltz らは，酸素や窒素原子を含む官能基をもたない三置換アルケンの不斉水素化が，PN 配位子である PHOX を有するイリジウム錯体を用いると，高圧下で高いエナンチオ選択性を与えることを見出した．多くの PHOX 誘導体が検討され，Ir(PHOX)(1)が四置換オレフィンに対しても 97% ee に達する高エナンチオ選択性を与えた［(5.63)

式][80~82].

Crabtree catalyst: Ph₃P–Ir⁺(Py)(cod) PF₆⁻

Ir(PHOX) (1): o-Ph₂P-C₆H₄-oxazoline(tBu)–Ir⁺(cod), B(1,3-(CF₃)₂C₆H₃)₄⁻ (BARF)

Ir(PHOX) (2): Cy₂P-CH₂-oxazoline(Ph)–Ir⁺(cod), BARF

$$\text{PhC(Me)=CHPh} \xrightarrow[\text{H}_2\ 50\ \text{atm},\ 23\ °\text{C, CH}_2\text{Cl}_2]{\text{Ir(PHOX) (1), 0.1 mol\%}} (R)\text{-PhCH(Me)CH}_2\text{Ph} \quad >99\%,\ 97\%\ ee \quad (5.63)$$

Andersson らは，PN 型配位のキラルホスフィン-チアゾール (PT) 配位子を設計してイリジウムカチオン錯体とし，三置換アルケンや，CF_3 置換アルケン，ホスホナート類の不斉水素化において高いエナンチオ選択性を達成している [(5.64)式][83].

$$\text{(4-MeC}_6\text{H}_4\text{)C(Ph)=CHPh} \xrightarrow[\text{CH}_2\text{Cl}_2\ 25\ °\text{C, 24 h}]{[(PT)Ir(cod)]^+[BARF]^-,\ 1\ \text{mol\%},\ H_2\ 50\ \text{bar}} \text{(4-MeC}_6\text{H}_4\text{)C*H(Ph)CH}_2\text{Ph} \quad (5.64)$$

conv >99% 99% ee

phosphine-thiazole: tetrahydrobenzothiazole with CH₂PPh₂ at 4-position, 2-Ph

非対称なケトン類やイミン類の不斉水素化反応についても，ロジウムやルテニウム触媒を用いて高いエナンチオ選択性を達成した例が多く報告されている．分子内キレート配位を起こす官能基，たとえば，エステル，ケトン，アミド，リン酸エステルを有するケトンでの成功例が多くある [(5.65)式][84,85]．単純ケトン類もルテニウム-ジアミン触媒の登場によって高いエナンチオ選択性で不斉還元できるようになった [(5.66)式][86,87].

$$\text{MeC(O)CH}_2\text{C(O)OEt} \xrightarrow[\text{EtOH, 20-30°C, 51 h}]{\text{Ru[(}R\text{)-BINAP]Br}_2,\ \text{S/C 1260},\ H_2\ 86\ \text{atm}} \text{Me-}{\overset{OH}{\underset{R}{C}}}\text{H-CH}_2\text{C(O)OEt} \quad 100\%\ >99\%\ ee \quad (5.65)$$

Ru[(R)-BINAP] structure: (R)-BINAP with RuX₂

Me-CH(OH)(S)-CH₂C(O)NMe₂   S/C 680 H₂ 63 atm 100% 96% ee

Me-CH(OH)(R)-CH₂P(O)(OMe)₂   S/C 1222 H₂ 4 atm 99% 98% ee

$$\text{(5.66)}$$

NN型でジアミン骨格の一方をトシル化した不斉配位子が考案され,水素移動型還元反応に高活性なルテニウム触媒が開発された.水素移動型還元では,ヒドリド源としてギ酸やイソプロピルアルコールが用いられる.ケトン基質が直接金属に配位しない外圏でのヒドリド移動の機構が提唱された[88~91].プロトンサイトがカルボニル酸素に,またヒドリドサイトがカルボニル炭素に直接作用し,協奏的に機能して還元が進む[(5.67)式].

$$\text{(5.67)}$$

Cp*Ru(PN)型の触媒も水素移動型の還元反応に活性であり,アミド,エステル,イミド類を還元する.本触媒系はイミド類の非対称化還元に利用され,高いエナンチオ選択性を示した[(5.68)式][92].

$$4\text{-F-C}_6\text{H}_4 \xrightarrow{\text{Cp*Ru(PN)} \atop \text{10 mol\%} \atop \text{KO}^t\text{Bu}} 4\text{-F-C}_6\text{H}_4 \quad (5.68)$$

>99% 98% ee

Cp*Ru(PN) cat.

2009年にBrattaらは，彼らのルテニウムCNNピンサー触媒がケトン類の水素移動型の不斉還元において，触媒量 0.002 mol% の条件で $10^{5\sim6}\,\text{h}^{-1}$ の TOF を達成したことを報告した．また，この触媒はケトン類の不斉水素化反応にも活性を示し（水素圧5 atm），触媒量 0.01 mol% の条件で TOF は $10^4\,\text{h}^{-1}$ に達した．水素移動型還元と水素化のいずれにおいても高いエナンチオ選択性（最高 99% ee）を得ている[(5.69)式][93]．

(5.69)

Cat. 0.005 mol%, NaO^{i}Pr 2 mol%
60 °C, 60 min. Conv. 98%
TOF 1.1x 10^4 h^{-1} 99% ee

Cat. 0.02 mol%, H$_2$ 5 atm, KO^{t}Bu 6 mol%
40 °C, 30 min. Conv. 99%
TOF 2.5x 10^4 h^{-1} 99% ee

Ru(CNN pincer)(Josiphos)
Ar = 4-OMe-3,5-Me$_2$C$_6$H$_2$

一方，2008年には光学活性鉄触媒によるケトン類の不斉水素化が登場した．MorrisらはFe(PNNP)型錯体を用いて，水素化において 27% ee を，水素移動型還元において 76% ee を得た[94]．Bellerらは，Knölkerの鉄錯体とBrønsted酸である光学活性ビナフチルホスフェートを組み合わせた触媒を用いてイミン類の不斉水素化に成功した[95a]．さらに，キノオキサリンの不斉水素化に応用し 90% ee を得ている[(5.70)式][95b]．2014年，Xiao, Gaoらは，光学活性 P$_2$N$_4$ 配位子を開発し，Fe$_3$(CO)$_{12}$ と組み合わせた触媒を用いて 50 種類以上のケトン基質の不斉水素化を水素圧 50 bar，45 ℃にて行った[96]．その結果，芳香族ケトンやヘテロ芳香族ケトンの反応で，平均 90% ee を超え 99% ee に至る成果を得た[(5.71)式]．

(5.70)

(R)-phosphate
R = 9-anthracenyl

Knölker's Fe cat.

(5.71)

(R,R,R,R)-P₂N₄

さらに，Gao らは同じ大環状キラル P_2N_4 配位子と $Fe_3(CO)_{12}$ とを組み合わせた触媒を用い，KOH/^{i}PrOH 溶媒中，65〜75 ℃ でケトン類の水素移動型還元に成功し，99% ee を達成した[97]．この水素移動型のケトン類の不斉還元では，Morris らの鉄錯体[98]，Reiser らのイソニトリル鉄錯体[99]，Mezzetti らの $P_2(NH)_2$ の鉄イソニトリル錯体が高収率を報告している[100]．

Morris's cat.
X = CH₃CN

Reiser's cat.

Mezzetti's cat.
X = CN-^{i}Pr₂

イミン類の不斉水素移動型還元も高エナンチオ選択性で達成されている．Beller らの P_2N_2 配位子を利用した還元系[101]，Morris らのアミン-イミン非対称型の P_2N_2 配位子を利用した還元系が報告されている［(5.72)式］[102]．

$$\text{PhC(=N-P(O)Ph}_2\text{)CH}_3 \xrightarrow[\text{}^i\text{PrOH}]{\text{Fe cat.}} \text{PhCH(NH-P(O)Ph}_2\text{)CH}_3 \qquad (5.72)$$

P_2N_2 リガンド:
(Et$_3$NH)[HFe$_3$(CO)$_{11}$]/
P$_2$N$_2$ 0.33 mol%
KOH 5 mol%
^{i}PrOH, 45 °C, 30 min
87% 96% ee

Morris's cat.
Fe(P$_2$N$_2$)
Fe(P$_2$N$_2$) 1 mol%
KO^{t}Bu 8 mol%
^{i}PrOH, 28 °C, 20 s
100% 99% ee

5.2.2 ヒドロシリル化反応と関連反応

アルケンへのヒドロシラン類の付加反応の際に不斉誘導を起こすことができる．パラジウム錯体と光学活性モノホスフィン MOP を組み合わせ，トリクロロシラン HSiCl$_3$ をエナンチオ選択的に一置換アルケンや二置換アルケンに付加させ，続いて SiCl$_3$ 基をアルコキシ化した後，玉尾酸化によって光学活性な二級アルコールへと導く経路が見出された [(5.73), (5.74)式][103,104]．ノルボルネン類のエナンチオ選択的ヒドロキシ化にも有効であり，ジヒドロキシ化合物を経てビシクロ系の光学活性ジエン配位子合成に応用され，その有用性が示されている [(5.75)式][105]．光学活性ジエン配位子は，ロジウム錯体と組み合わせて有機ホウ素化合物のエノン類への不斉共役付加反応で威力を発揮した（5.1.6項）．

$$\text{Ph(CH}_2\text{)}_2\text{CH=CH}_2 \xrightarrow[\substack{\text{2) EtOH, Et}_3\text{N} \\ \text{3) H}_2\text{O}_2}]{\substack{\text{1) Pd(C}_3\text{H}_5\text{)Cl/}_2 \text{ 0.1 mol\%} \\ (S)\text{-MOP 0.2 mol\%} \\ \text{HSiCl}_3 \text{ 1.2 eq} \\ \text{no solv. 40 °C, 24 h}}} \text{Ph(CH}_2\text{)}_2\text{CH(OH)Me} \qquad (5.73)$$

68% 97% ee (S)

R = OMe (S)-MOP

$$\text{F}_3\text{C-C}_6\text{H}_4\text{-CH=CH}_2 \xrightarrow[\substack{\text{2) EtOH, Et}_3\text{N} \\ \text{3) H}_2\text{O}_2}]{\substack{\text{as above 1)} \\ (S)\text{-MOP-H 0.2 mol\%} \\ 60°\text{C, 43 h}}} \text{F}_3\text{C-C}_6\text{H}_4\text{-CH(OH)Me} \qquad (5.74)$$

98% 96% ee

R = H (S)-MOP-H

$$\text{norbornene} \xrightarrow[\text{then oxidation}]{\substack{\text{as above 1)} \\ (R)\text{-MOP 0.2 mol\%} \\ 0\ °\text{C}}} \text{diol} \longrightarrow \text{bicyclic dibenzyl} \qquad (5.75)$$

1R,2S,4R,5S

5.2.3 ヒドロホルミル化反応

まず，末端アルケンの不斉ヒドロホルミル化を行う際には，工業的に重要な直鎖選択性とは逆に，分岐アルデヒドを選択的に得られる必要があり，同時にエナンチオ選択を達成しなければならない．この課題を解決するには，金属触媒の選択と新しい光学活性配位子の開発が必要となる．Consiglio らは，白金，光学活性ジホスフィン配位子，塩化スズの組み合わせにより，スチレンの不斉ヒドロホルミル化において分岐選択性 80%，エナンチオ選択性 86% ee を達成した[106]．一方，ホスファイト系配位子が開発され，ロジウム錯体と組み合わせて，スチレン系化合物の不斉ヒドロホルミル化反応が実現されていた［(5.76)式][107]．分岐選択性 88% とエナンチオ選択性 92% ee が得られている．

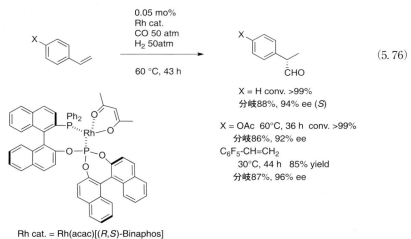

(5.76)

5.3 酸化反応

5.3.1 不斉エポキシ化反応

1980 年，実践的な触媒的不斉エポキシ化反応が香月・Sharpless によって報告された[108〜110]．2001 年に Sharpless はこの不斉酸化などの業績によってノーベル化学賞を受賞した．この反応はアリルアルコール類のように二重結合の周辺に配位性官能基を有する基質に適用され，生成物は生理活性化合物の合成原料や中間体となりうる光学活性エポキシアルコールである［(5.77)式］．触媒は，$Ti(O^iPr)_4$ と小過剰の酒石酸ジエステルから調製される配位化合物であり，触媒中間体はチタン二量体錯体であると

推定されている．酒石酸のエステル部位も変えることでエナンチオ選択性の向上が望める．モレキュラーシーブ（MS4A）を添加することによってもエナンチオ選択性に向上が見られる．また，絶対配置が逆の酒石酸ジエステルを用いると絶対配置が逆の生成物が得られる．酸化剤には ^{t}BuOOH（TBHP）が用いられる．この反応は容易に入手可能な反応剤を用いて実施できるところに利点があり，多くの不斉合成に用いられてきた．

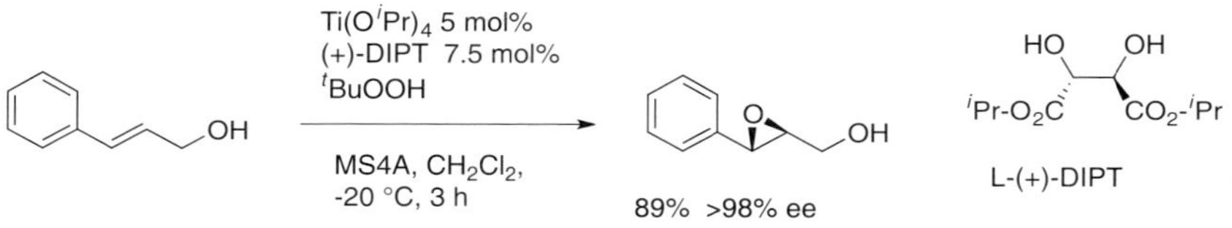

$$(5.77)$$

1990年，光学活性サレン配位子を有するマンガン錯体が，官能基をもたない単純アルケンの不斉エポキシ化の触媒になることがJacobsenらと香月らにより独立に報告された（下図 **M1**, **M2**）[111,112]．サレン配位子は光学活性ジアミンから誘導化され，フェノキシ基側に嵩高い置換基が配置されている．末端アルケンよりも内部アルケンが高いエナンチオ選択性を与え，特にZ型アルケンが高い立体選択性を与える傾向がある．内部アルケンが，ジアミン側の斜め後方から接近する機構が提案されている．反応活性種はオキソマンガン錯体と考えられており，酸素原子の供給源となる酸化剤にはヨードシルベンゼン（PhI=O）や次亜塩素酸ナトリウムなどが用いられる［(5.78)，(5.79)式］[113,114]．

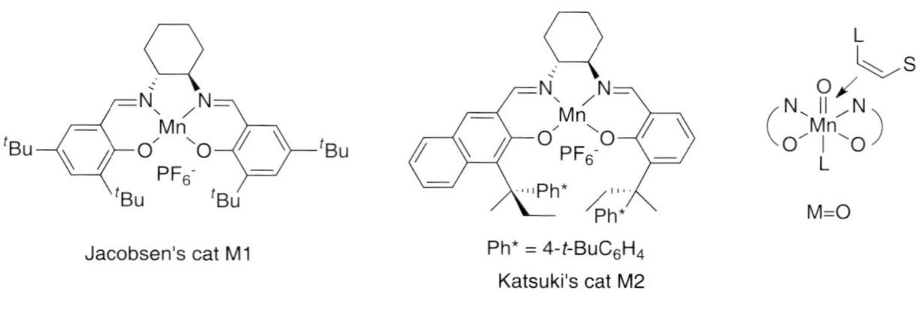

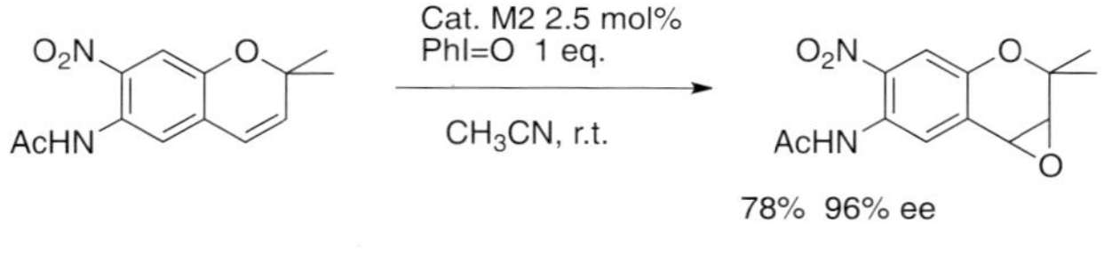

Jacobsen's cat M1

Katsuki's cat M2
Ph* = 4-t-BuC$_6$H$_4$

M=O

$$(5.78)$$

$$\text{Ph}\diagdown\!\!=\!\!\diagdown\text{CO}_2\text{Et} \xrightarrow[\substack{\text{ClCH}_2\text{CH}_2\text{Cl} \\ 4\,°\text{C, 48 h} \\ 4\text{-PhPyridine oxide}}]{\substack{\text{Cat. M1 5 mol\%} \\ \text{NaOCl}}} \text{Ph}\diagdown\!\!\overset{\text{O}}{\triangle}\!\!\diagdown\text{CO}_2\text{Et} \qquad (5.79)$$

96% cis:trans 4-5:1 cis 93% ee

2010 年に香月らは，酸素分子を用いた不斉エポキシ化を，ルテニウムサレン錯体 **Ru-1** を触媒として実現し，92% ee の 1-プロペニルナフタレンを得た［(5.80)式］[115a]．反応には水の添加と光照射が必要である．光照射によってアピカル位のニトロソ基の解離を促し，Ru(IV)活性種が生成して触媒として作用する機構が考察されている．この空気酸化の反応系はアリールメチルスルフィドの不斉酸化にも適用され，98% ee のエナンチオ選択性が得られている．さらに香月らは，アピカル位のニトロソ基を水分子に変えたサレン錯体 **Ru-2** を単離し，不斉エポキシ化を検討した[115b]．空気中では 25 ℃，酸素ガス雰囲気下では 0 ℃で光照射することなく，高い収率と高いエナンチオ選択性でエポキシドを合成することに成功した．

$$\text{Naphthyl-CH=CH-CH}_3 \xrightarrow[\text{ClC}_6\text{H}_5]{\substack{\text{Ru(salen) cat.} \\ \text{O}_2}} \text{Naphthyl-}\overset{\text{O}}{\triangle}\text{-CH}_3 \qquad (5.80)$$

Katsuki's cat Ru1
X = NO, Ar = Ph

Cat. Ru1: 5 mol%, O$_2$, hv,
25 °C, 48 h   75% 92% ee

Katsuki's cat Ru2
X = H$_2$O, Ar = 3,5-Cl$_2$C$_6$H$_3$

Cat. Ru2: 5 mol%, air
25 °C, 48 h   94% 95% ee

5.3.2 不斉アジリジン化反応

単純なアルケンの不斉エポキシ化に利用されたマンガンサレン錯体はアルケン類の不斉アジリジン化にも高活性であった．N-トシルイミノフェニルヨージナン（PhI=NTs）がナイトレン移動剤として用いられる［(5.81)式][116]．

$$\text{PhCH=CH}_2 \xrightarrow[\substack{\text{PhI=NTs} \\ 4\text{-Ph-pyridine-}N\text{-oxide} \\ \text{CH}_2\text{Cl}_2, \text{r.t., 3 h}}]{\text{Cat. M3 5 mol\%}} \text{Ph-}\overset{\triangle}{}\text{-N-Ts} \qquad (5.81)$$

76% 94% ee

Katsuki's cat M3

香月らは，ルテニウムサレン錯体 **Ru-3** と 2-(トリメチルシリル)エタンスルホニルアジドを用いてビニルケトン類のアジリジン化を検討し，穏和な条件下で高収率，高エナンチオ選択性を達成した [(5.82)式][117]．さらにこの反応を利用して，ドーパミンアゴニストの前駆体を合成している．

Cat. Ru3 1 mol%
SESN$_3$
CH$_2$Cl$_2$, MS 4 Å
25 °C, 24 h
99% >99% ee

Katsuki's cat Ru3
Ar = 3,5-Cl$_2$-4-(CH$_3$)$_3$SiC$_6$H$_2$

(5.82)

　以上，不斉遷移金属錯体を触媒とした不斉合成反応について紹介してきた．限られたページであるが，これまで開発された膨大な不斉合成反応のなかから基礎的あるいは有用な反応をいくつか選んで記述した．多くの話題を十分に取り上げることができなかったことはご容赦ねがいたい．

　不斉合成反応は，1970年代から1980年代の不斉水素化，不斉シクロプロパン化，不斉エポキシ化を端緒として現在までの約40年あまりで大きく発展し，光学活性有機化合物を原料とする機能性物質や医薬品などの力強い合成法として重要な科学技術になった．有用物質の実生産を可能とし，時代の要請である省エネルギーや環境調和を兼ね備えた不斉合成技術の進歩にますます期待が寄せられる．さらに新しい合成目標の探索や，触媒活性の向上と高いエナンチオ選択性が要求されてくる．そのため新規な配位子の設計合成と金属触媒探索の研究が不可欠であろう．

引用文献

1) (a) A. K. Singh, J. S. Prasad and E. J. Delaney, in *Asymmetric Catalysis on Industrial Scale* (H. U. Blaser and E. Schmidt Eds.), Chapter IV-2, Wiley-VCH (2004); (b) S. C. Stinson, *Chem. Eng. News*, **79**(40), 79 (2001); (c) J. H. Simpson, J. Godfrey, R. Fox, A. Kotnis, D. Kacsur, J. Hamm, M. Totelben, V. Rosso, R. Meuller, E. Delaney and R. P. Deshpande, *Tetrahedron: Asymmetry*, **14**, 3569 (2003).
2) (a) J. A. Miller, W. Jin and S. T. Nguyen, *Angew. Chem. Int. Ed.*, **41**, 2953 (2002); (b) I. J. Muslow, K. M. Gillespie, R. J. Deeth and P. Scott, *Chem. Commun.*, 1638 (2001); (c) M. P. Doyle, in *Catalytic Asymmetric Synthesis*, 2nd ed. (I. Ojima Ed.), Chapter 5, Wiley-VCH (2000).
3) (a) T. Ikeno, M. Sato, H. Sekino, A. Nishizuka and T. Yamada, *Bull. Chem. Soc., Jpn.*, **74**, 2139

(2001); (b) B. K. Langlotz, H. Wadepohl and L. H. Gade, *Angew. Chem. Int. Ed.*, **47**, 4670 (2008).
4) J.-J. Shen, S.-F. Zhu, Y. Cai, H. Xu, X.-L. Xie and Q.-L. Zhou, *Angew. Chem. Int. Ed.*, **53**, 13188 (2014).
5) M. P. Doyle, Q.-L. Zhou, A. B. Dyatkin and D. A. Ruppar, *Tetrahedron Lett.*, **36**, 7579 (1995).
6) (a) H. M. L. Davies, T. Hansen and M. R. Churchill, *J. Am. Chem. Soc.*, **122**, 3063 (2000); (b) S. Hashimoto, N. Watanabe and S. Ikegami, *Tetrahedron Lett.*, **31**, 5173 (1990).
7) S.-F Zhu, Y. Cai, H.-X. Mao, J.-H. Xie and Q.-L. Zhou, *Nature Chem.*, **2**, 546 (2010).
8) (a) M. Anada, N. Watanabe and S. Hashimoto, *Chem. Commun.*, 1517 (1998); (b) M. P. Doyle, M. A. McKeyvey and T. Ye, *Modern Catalytic Methods for Organic Synthesis with Diazo Compounds*, John Wiley & Sons, New York (1998).
9) O. Fujimura and R. H. Grubbs, *J. Am. Chem. Soc.*, **118**, 2499 (1996); *J. Org. Chem.*, **63**, 824 (1998).
10) J. B. Alexander, D. S. La, D. R. Cefalo, A. H. Hoveyda and R. R. Schrock, *J. Am. Chem. Soc.*, **120**, 4041 (1998).
11) S. S. Zhu, D. R. Cefalo, D. S. La, J. Y. Jamieson, W. M. Davies, A. H. Hoveyda and R. R. Schrock, *J. Am. Chem. Soc.*, **121**, 8251 (1999).
12) S. J. Dolman, E. S. Sattely, A. H. Hoveyda and R. R. Schrock, *J. Am. Chem. Soc.*, **124**, 6991 (2002).
13) G. S. Weatherhead, J. G. Ford, E. J. Alexanian, R. R. Schrock and A. H. Hoveyda, *J. Am. Chem. Soc.*, **122**, 1828 (2000).
14) D. A. La, E. S. Sattely, J. G. Ford, R. R. Schrock and A. H. Hoveyda, *J. Am. Chem. Soc.*, **123**, 7767 (2001).
15) D. R. Cefalo, A. F. Kiely, M. Wucher, A. Y. Jamieson, R. R. Schrock and A. H. Hoveyda, *J. Am. Chem. Soc.*, **123**, 3139 (2001).
16) S. L. Aeilts, D. R. Cefalo, P. J. Bonitatebus, Jr., J. H. Houserm, A. H. Hoveyda and R. R. Schrock, *Angew. Chem. Int. Ed.*, **40**, 1452 (2001).
17) (a) K. C. Hultzsch, J. A. Jernelius, A. H. Hoveyda and R. R. Schrock, *Angew. Chem. Int. Ed.*, **41**, 589 (2002); (b) S. J. Dolman, K. C. Hultzsch, F. Pezet, X. Teng, A. H. Hoveyda and R. R. Schrock, *J. Am. Chem. Soc.*, **126**, 10945 (2004).
18) G. S. Weatherhead, G. A. Cortez, R. R. Schrock and A. H. Hoveyda, *Proc. Natl. Acad. Sci. USA*, **101**, 5805 (2004).
19) T. J. Seiders, D. W. Ward and R. H. Grubbs, *Org. Lett.*, **3**, 3225 (2001).
20) J. J. Van Veldhuizen, S. B. Garber, J. S. Kingsbury and A. H. Hoveyda, *J. Am. Chem. Soc.*, **124**, 4954 (2002).
21) J. J. Van Veldhuizen, D. G. Gillingham, S. B. Garber, O. Kataoka and A. H. Hoveyda, *J. Am. Chem. Soc.*, **125**, 12502 (2003).
22) 総説：(a) S. Kress and S. Blechert, *Chem. Soc. Rev.*, **41**, 4389 (2012); (b) F. Wang, L. Liu, W. Wang, S. Li and M. Shi, *Coord. Chem. Rev.*, **256**, 804 (2012).
23) T. Sugihara and M. Yamaguchi, *Synlett*, 1384 (1998).
24) M. Hayashi, Y. Hashimoto, Y. Yamamoto, J. Utsuki and K. Saigo, *Angew. Chem. Int. Ed.*, **39**, 631 (2000).
25) K. Hiroi, T. Watanabe, R. Kawagishi and I. Abe, *Tetrahedron Lett.*, **41**, 891 (2000).
26) F. A. Hicks and S. L. Buchwald, *J. Am. Chem. Soc.*, **121**, 7026 (1999).
27) (a) N. Jeong, B. K. Sung and Y. K. Choi, *J. Am. Chem. Soc.*, **122**, 6771 (2000); (b) T. Shibata and K. Takaki, *J. Am. Chem. Soc.*, **122**, 9852 (2000).
28) (a) X. Verdaguer, A. Moyano, M. A. Pericàs, A. Riera, M. A. Mestro and J. Mahía, *J. Am. Chem. Soc.*, **122**, 10242 (2000); (b) A. Lledó, J. Solà, X. Verdaguer and A. Riera, *Adv. Synth. Catal.*, **349**, 2121 (2007); (c) Y. Ji, A. Riera and X. Verdaguer, *Org. Lett.*, **11**, 4346 (2009).
29) (a) D. E. Kim, I. S. Kim, V. Ratovelomanana-Vidal, J.-P. Genêt and N. Jeong, *J. Org. Chem.*, **73**,

7985 (2008); (b) K. Fuji, T. Morimoto, K. Tsutsumi and K. Kakiuchi, *Tetrahedron Lett.*, **45**, 9163 (2004); (c) T. Shibata, N. Toshida and K. Takagi, *J. Org. Chem.*, **67**, 7446 (2002); (d) F. Y. Kwong, Y. M. Li, W. H. Lam, L. Qiu, H. W. Lee, C. H. Yeung, K. S. Chan and A. S. C. Chan, *Chem. Eur. J.*, **11**, 3872 (2005).

30) (a) Z.-L. Lu, E. Neumann and A. Pfaltz, *Eur. J. Org. Chem.*, 4189 (2007); (b) F. Y. Kwong, H. W. Lee, W. H. Lam, L. Qiu and A. S. C. Chan, *Tetrahedron : Asymmetry*, **17**, 1238 (2006).

31) (a) 総説：H.-W. Lee and F.-Y. Kwong, *Eur. J. Org. Chem.*, 789 (2010); (b) T. Shibata, *Adv. Synth. Catal.*, **348**, 2328 (2006).

32) (a) Y. Sato, T. Nishimata and M. Mori, *J. Org. Chem.*, **59**, 6133 (1994); (b) Y. Sato, T. Nishimata and M. Mori, *Heterocycles*, **44**, 443 (1997).

33) I. G. Stará, I. Stary, A. Kollárovic, F. Teply, S. Vyskocil and D. Saman, *Tetrahedron Lett.*, **40**, 1993 (1999).

34) (a) M. Hapke, K. Kral, C. Fischer, A. Spannenberg, A. Gutnov, D. Redkin and B. Heller, *J. Org. Chem.*, **75**, 3993 (2010); (b) A. Gutnov, B. Heller, C. Fischer, H.-J. Drexler, A. Spannenberg, B. Sundermann and C. Sundermann, *Angew. Chem. Int. Ed.*, **43**, 3795 (2004).

35) T. Shibata, T. Fujimori, K. Yokota and K. Takagi, *J. Am. Chem. Soc.*, **126**, 8382 (2004).

36) K. Tanaka, G. Nishida, A. Wada and K. Noguchi, *Angew. Chem. Int. Ed.*, **43**, 6510 (2004).

37) 総説：(a) T. Shibata and K. Tsuchikama, *Org. Biomol. Chem.*, **6**, 1317 (2008); (b) K. Tanaka, *Chem. Asian J.*, **4**, 508 (2009); (c) Y. Shibata and K. Tanaka, *Synthesis*, **44**, 323 (2012).

38) Y. Takaya, M. Ogasawara, T. Hayashi, M. Sakai and N. Miyaura, *J. Am. Chem. Soc.*, **120**, 5579 (1998).

39) (a) T. Hayashi, *Bull. Chem. Soc. Jpn.*, **77**, 12 (2004); (b) T. Hayashi and K. Yamasaki, *Chem. Rev.*, **103**, 2829 (2003); (c) Y. Otomaru, K. Okamoto, R. Shintani and T. Hayashi, *J. Org. Chem.*, **70**, 2503 (2005); (d) G. Berthon and T. Hayashi, in *Catalytic Asymmetric Conjugate Reactions* (A. Córdova Ed.), Chapter 1, p. 1, Wiley–VCH, Weiheim (2010).

40) (a) T. Ikariya and I. D. Gridnev, *Chem. Rec.*, **9**, 106 (2009); (b) M. Watanabe, K. Murata and T. Ikariya, *J. Am. Chem. Soc.*, **125**, 7509 (2003).

41) Y. Sato, M. Sodeoka and M. Shibasaki, *J. Org. Chem.*, **54**, 4738 (1989).

42) N. E. Carpenter, D. J. Kucera and L. E. Overman, *J. Org. Chem.*, **54**, 5846 (1989).

43) A. Ashimori and L. E. Overman, *J. Org. Chem.*, **57**, 4571 (1992).

44) T. Takemoto, M. Sodeoka, H. Sasai and M. Shibasaki, *J. Am. Chem. Soc.*, **115**, 8477 (1993).

45) R. Imbos, A. J. Minnaard and B. L. Feringa, *J. Am. Chem. Soc.*, **124**, 184 (2002).

46) A. B. Dounay, P. G. Humphreys, L. E. Overman and A. D. Wrobleski, *J. Am. Chem. Soc.*, **130**, 5368 (2008).

47) F. Ozawa, A. Kubo and T. Hayashi, *J. Am. Chem. Soc.*, **113**, 1417 (1991).

48) O. Loiseleur, P. Meier and A. Pfaltz, *Angew. Chem. Int. Ed. Engl.*, **35**, 200 (1996).

49) (a) S. R. Gilbertson and Z. Fu, *Org. Lett.*, **3**, 161 (2001); (b) N. G. Anderson, M. Masood and B. A. Keay, *Org. Lett.*, **2**, 2817 (2000); (c) R. Tu, W.-P. Deng, X.-L. Hou, L.-X. Dai and X.-C. Dong, *Chem. Eur. J.*, **9**, 3073 (2003).

50) 総説：(a) D. McCartney and P. J. Guiry, *Chem. Soc. Rev.*, **40**, 5122 (2011); (b) M. Shibasaki, E. M. Vogl and T. Ohshima, *Adv. Synth. Catal.*, **346**, 1533 (2004).

51) (a) T. H. Wöste and M. Oestreich, *Chem. Eur. J.*, **17**, 11914 (2011); (b) J. Hu, Y. Lu, Y. Li and J. Zhou, *Chem. Commun.*, **49**, 9425 (2013).

52) (a) S. Liu and J. Zhou, *Chem. Commun.*, **49**, 11758 (2013); (b) J. Hu, H. Hirano, Y. Li and J. Zhou, *Angew. Chem. Int. Ed.*, **52**, 8676 (2013).

53) (a) T. Hayashi, M. Tajika, K. Tamao and M. Kumada, *J. Am. Chem. Soc.*, **98**, 3718 (1976); (b) R. Shintani and T. Hayashi, in *Modern Organonickel Chemistry* (Y. Tamaru Ed.), Chapter 9, p. 240, Wiley–VCH, Weiheim (2005).

54) T. Hayashi, K. Hayashizaki, T. Kiyoi and Y. Ito, *J. Am. Chem. Soc.*, **110**, 8153 (1988).

55) (a) S. Lou and G. C. Fu, *J. Am. Chem. Soc.*, **132**, 1264 (2010); (b) J. Mao, F. Liu, M. Wang, L. Wu, B. Zheng, S. Liu, J. Zhong, Q. Bian and P. J. Walsh, *J. Am. Chem. Soc.*, **136**, 17662 (2014).
56) F. O. Arp and G. C. Fu, *J. Am. Chem. Soc.*, **127**, 10482 (2005).
57) C. Fischer and G. C. Fu, *J. Am. Chem. Soc.*, **127**, 4594 (2005).
58) (a) S. So and G. C. Fu, *J. Am. Chem. Soc.*, **130**, 2756 (2008); (b) J. Choi and G. C. Fu, *J. Am. Chem. Soc.*, **134**, 9102 (2012); (c) J. T. Binder, C. J. Cordier and G. C. Fu, *J. Am. Chem. Soc.*, **134**, 17003 (2012).
59) A. Bermejo, A. Ros, R. Fernández and J. M. Lassaletta, *J. Am. Chem. Soc.*, **130**, 15798 (2008).
60) Y. Uozumi, Y. Matsuura, T. Arakawa and Y. M. A. Yamada, *Angew. Chem. Int. Ed.*, **48**, 2708 (2009).
61) (a) A. Wilsily, F. Tramutola, N. A. Owston and G. C. Fu, *J. Am. Chem. Soc.*, **134**, 5794 (2012); (b) G. Xu, W. Fu, G. Liu, C. H. Senanayake and W. Tang, *J. Am. Chem. Soc.*, **136**, 570 (2014).
62) X. Dai, N. A. Strotman and G. C. Fu, *J. Am. Chem. Soc.*, **130**, 3302 (2008).
63) R. Giri, B.-F. Shi, K. M. Engle and J.-Q. Yu, *Chem. Soc. Rev.*, **38**, 3242 (2009).
64) B.-F. Shi, N. Maugel, Y.-H. Zuang and J.-Q. Yu, *Angew. Chem. Int. Ed.*, **47**, 4882 (2008).
65) D. G. Musaev, A. Kaledin, B.-F. Shi and J.-Q. Yu, *J. Am. Chem. Soc.*, **134**, 1690 (2012).
66) X.-F. Cheng, Y. Li, Y.-M. Su, F. Yin, J.-Y. Wang, J. Sheng, H. U. Vora, X.-S. Wang and J.-Q. Yu, *J. Am. Chem. Soc.*, **135**, 1236 (2013).
67) (a) M. Nakanishi, D. Katayev, C. Besnard and E. P. Kündig, *Angew. Chem. Int. Ed.*, **50**, 7438 (2011); (b) D. Katayev, M. Nakanishi, T. Bürgi and E. P. Kündig, *Chem. Sci.*, **3**, 1422 (2012); (c) E. Larionov, M. Nakanishi, D. Katayev, C. Besnard and E. P. Kündig, *Chem. Sci.*, **4**, 1995 (2013).
68) (a) S. Pan, Y. Matsuo, K. Endo and T. Shibata, *Tetrahedron*, **68**, 9009 (2012); (b) S. Pan, K. Endo and T. Shibata, *Org. Lett.*, **13**, 4692 (2011).
69) (a) P.-S. Lee and N. Yoshikai, *Org. Lett.*, **17**, 22 (2015); (b) C. S. Sevov and J. F. Hartwig, *J. Am. Chem. Soc.*, **135**, 2116 (2013).
70) (a) B. Ye and N. Cramer, *Science*, **338**, 504 (2012); (b) T. K. Hyster, L. Knörr, T. R. Ward and T. Rovis, *Science*, **338**, 500 (2012).
71) (a) J. J. Li (Ed.), *C–H Bond Activation in Organic Synthesis*, CRC Press, Taylor & Francis Group (2015); (b) J.-Q. Yu and Z. Shi (Eds.), in *Topics in Current Chemistry*, Vol. 292, Springer-Verlag, Heidelberg (2010); (c) D. Y.-K. Chen and S. W. Youn, *Chem. Eur. J.*, **18**, 9452 (2012).
72) G. Shang, W. L. Li and X. Zhang, in *Catalytic Asymmetric Synthesis*, 2nd ed. (I. Ojima Ed.), Chapter 7, pp. 343–436, John Wiley & Sons, Hoboken (2004).
73) J. M. Brown and P. A. Chaloner, *J. Am. Chem. Soc.*, **102**, 3040 (1980).
74) A. S. C. Chan, J. J. Pluth and J. Halpern, *J. Am. Chem. Soc.*, **102**, 5952 (1980).
75) (a) K. Tani, *Pure and Appl. Chem.*, **57**, 1845 (1985); (b) K. Tani, T. Yamagata, S. Akutagawa, H. Kumobayashi, T. Taketomi, H. Takaya, A. Miyashita, R. Noyori and S. Otsuka, *J. Am. Chem. Soc.*, **106**, 5208 (1984).
76) S.-I. Inoue, H. Takaya, K. Tani, S. Otsuka, T. Sato and R. Noyori, *J. Am. Chem. Soc.*, **112**, 4897 (1990).
77) H. Takaya, T. Ohta, N. Sayo, H. Kumobayashi, S. Akutagawa, S. Inoue, I. Kasahara and R. Noyori, *J. Am. Chem. Soc.*, **109**, 1596 (1987).
78) M. Kitamura, K. Nagai, Y. Hsiao and R. Noyori, *Tetrahedron Lett.*, **31**, 549 (1990).
79) R. H. Crabtree, *Acc. Chem. Res.*, **12**, 331 (1979).
80) A. Lightfoot, O. Schnider and A. Pfaltz, *Angew. Chem. Int. Ed.*, **37**, 2897 (1998).
81) J. Blankenstein and A. Pfaltz, *Angew. Chem. Int. Ed.*, **40**, 4445 (2001).
82) M. G. Shcrems, E. Newmann and A. Pfaltz, *Angew. Chem. Int. Ed.*, **46**, 8274 (2007).
83) (a) P. Tolostoy, M. Engman, A. Paptchikhine, J. Berqquist, T. L. Church, A. W.-M. Leung

and P. G. Andersson, *J. Am. Chem. Soc.*, **131**, 8855 (2009); (b) J.-Q. Li, A. Paptchikhine, T. Govender and P. G. Andersson, *Tetrahedron : Asymmetry*, **21**, 1328 (2010); (c) M. Engman, P. Cheruku, P. Tolstoy, J. Bergquist, S. F. Völker and P. G. Andersson, *Adv. Synth. Catal.*, **351**, 375 (2009).
84) M. Kitamura, T. Ohkuma, S. Inoue, N. Sayo, H. Kumobayashi, S. Akutagawa, T. Ohta, H. Takaya and R. Noyori, *J. Am. Chem. Soc.*, **110**, 629 (1988).
85) M. Kitamura, M. Tokunaga and R. Noyori, *J. Am. Chem. Soc.*, **117**, 2931 (1995).
86) T. Ohkuma, M. Koizumi, H. Doucet, T. Pham, M. Kozawa, K. Murata, E. Katayama, T. Yokozawa, T. Ikariya and R. Noyori, *J. Am. Chem. Soc.*, **120**, 13529 (1998).
87) R. Noyori and T. Ohkuma, *Angew. Chem. Int. Ed.*, **40**, 40 (2001).
88) A. Fujii, S. Hashiguchi, N. Uematsu, T. Ikariya and R. Noyori, *J. Am. Chem. Soc.*, **118**, 2521 (1996).
89) K. Matsumura, S. Hashiguchi, T. Ikariya and R. Noyori, *J. Am. Chem. Soc.*, **119**, 8738 (1997).
90) R. Noyori and S. Hashiguchi, *Acc. Chem. Res.*, **30**, 97 (1997).
91) K.-J. Haak, S. Hashiguchi, A. Fujii, T. Ikariya and R. Noyori, *Angew. Chem. Int. Ed.*, **36**, 285 (1997).
92) (a) M. Ito, A. Sakaguchi, C. Kobayashi and T. Ikariya, *J. Am. Chem. Soc.*, **129**, 290 (2007); (b) M. Ito, L. W. Koo, A. Himizu, C. Kobayashi, A. Sakaguchi and T. Ikariya, *Angew. Chem. Int. Ed.*, **48**, 1324 (2009).
93) W. Baratta, G. Chelucci, S. Magnolia, K. Siega and P. Rigo, *Chem. Eur. J.*, **15**, 726 (2009).
94) C. Sui-Seng, F. Fruetel, A. J. Lough and R. H. Morris, *Angew. Chem. Int. Ed.*, **47**, 940 (2008).
95) (a) S. Zhou, S. Fleischer, K. Junge and M. Beller, *Angew. Chem. Int. Ed.*, **50**, 5120 (2011); (b) S. Fleischer, S. Zhou, S. Werkmeister, K. Junge and M. Beller, *Chem. Eur. J.*, **19**, 4997 (2013).
96) Y. Li, S. Yu, X. Wu, J. Xiao, W. Shen, Z. Dong and J. Gao, *J. Am. Chem. Soc.*, **136**, 4031 (2014).
97) S. Yu, W. Shen, Y. Li, Z. Dong, Y. Xu, Q. Li, J. Zhang and J. Gao, *Adv. Synth. Catal.*, **354**, 818 (2012).
98) (a) N. Meyer, A. J. Lough and R. H. Morris, *Chem. Eur. J.*, **15**, 5605 (2009); (b) A. Mikhailine, A. J. Lough and R. H. Morris, *J. Am. Chem. Soc.*, **131**, 1394 (2009); (c) P. O. Lagaditis, P. W. Sues, J. F. Sonnenberg, K. Y. Wan, A. J. Lough and R. H. Morris, *J. Am. Chem. Soc.*, **136**, 1367 (2014).
99) A. Naik, T. Maji and O. Reiser, *Chem. Commun.*, **46**, 4475 (2010).
100) R. Bigler, R. Huber and A. Mezzetti, *Angew. Chem. Int. Ed.*, **54**, 5171 (2015).
101) S. Zhou, S. Fleischer, K. Junge, S. Das, D. Addis and M. Beller, *Angew. Chem. Int. Ed.*, **49**, 8121 (2010).
102) W. Zuo, A. J. Lough, Y. F. Li and R. H. Morris, *Science*, **342**, 1080 (2013).
103) Y. Uozumi and T. Hayashi, *J. Am. Chem. Soc.*, **113**, 9887 (1991).
104) K. Kitagawa, Y. Kozumi and T. Hayashi, *J. Chem. Soc., Chem. Commun.*, 1533 (1995).
105) R. Shintani, K. Ueyama, I. Yamada and T. Hayashi, *Org. Lett.*, **6**, 3425 (2004).
106) G. Consiglio, S. C. A. Nefkens and A. Borer, *Organometallics*, **10**, 2046 (1991).
107) K. Nozaki, N. Sakai, T. Nanno, T. Higashijima, S. Mano, T. Horiuchi and H. Takaya, *J. Am. Chem. Soc.*, **119**, 4413 (1997).
108) T. Katsuki and K. B. Sharpless, *J. Am. Chem. Soc.*, **102**, 5974 (1980).
109) Y. Gao, R. M. Hanson, J. M. Klunder, S. Y. Ko, H. Masamune and K. B. Sharpless, **109**, 5765 (1987).
110) R. A. Johnson and K. B. Sharpless, in *Catalytic Asymmetric Synthesis*, 2nd ed. (I. Ojima Ed.), Chapter 6A, Wiley–VCH, New York (2000).
111) W. Zhang, J. L. Loebach, S. R. Wilson and E. N. Jacobsen, *J. Am. Chem. Soc.*, **112**, 2801 (1990).
112) R. Irie, K. Noda, Y. Ito, N. Matsumoto and T. Katsuki, *Tetrahedron Lett.*, **31**, 7345 (1990).
113) N. Hosoya, R. Irie and T. Katsuki, *Synlett*, 261 (1993).
114) E. N. Jacobsen, K. Deng, Y. Furukawa and L. E. Martínez, *Tetrahedron*, **50**, 4323 (1994).

115) (a) H. Tanaka, H. Nishikawa, T. Uchida and T. Katsuki, *J. Am. Chem. Soc.*, **132**, 12034 (2010);
(b) S. Koya, Y. Nishioka, H. Mizoguchi, T. Uchida and T. Katsuki, *Angew. Chem. Int. Ed.*, **51**, 8243 (2012).
116) H. Nishikori and T. Katsuki, *Tetrahedron Lett.*, **37**, 9245 (1996).
117) Y. Fukunaga, T. Uchida, Y. Ito, K. Matsumoto and T. Katsuki, *Org. Lett.*, **14**, 4658 (2012).

索　引

欧　文

AMLA（ambiphilic metal ligand activation）機構　102
ARCM（asymmetric ring-closing metathesis）　224
AROCM（asymmetric ring-closing cross metathesis）　225

bent-back angle　51, 53
bite angle　67, 116, 145
Brown の E_R 値　67
Buchwald 配位子　88, 164, 172
Buchwald–Hartwig 型クロスカップリング　172
buried volume　69

CBC（covalent bond classification）法　33
C–H 結合活性化　82, 99, 101, 151, 175
　不斉 C–H 結合活性化　241
Chauvin 機構　120
CM（cross metathesis）　188
CMD（concerted metalation–deprotonation）機構　102
CO 挿入反応　104, 153
CO 二重挿入　107
Crabtree 錯体　138, 246

Dewer–Chatt–Duncanson モデル　50
Dötz 反応　194

end-on 配位　6

facial 配位（fac 配位）　64
Fischer 型カルベン錯体　45, 194

Grubbs 触媒　48, 121, 189

Herrmann 触媒　102
Hoechst–Wacker 法　119, 205
Hoveyda–Grubbs 触媒　122

Kaminsky 触媒　114
Karstedt 触媒　142

L 型配位子　33

meridional 配位（mer 配位）　64

NHC（N-heterocyclic carbene）配位子　46, 68

oxidatively induced reductive elimination　94

Pauson–Khand 反応　202
　不斉 Pauson–Khand 反応　228

RCM（ring-closing metathesis）　188
Reppe 反応　146
ring slip　62
ROCM（ring-opening cross metathesis）　189, 225
ROMP（ring-opening metathesis polymerization）　188

Schrock 型カルベン錯体　45
Schrock 触媒　121, 189
Schrock–Hoveyda 触媒　223
Shvo 触媒　130, 140
side-on 配位　6, 34
Simmons–Smith 反応　191
Speier 触媒　142

T 字形　19
Tebbe 錯体　48, 121
TOF（turnover frequency）　141
Tolman の円錐角　66
Tolman の χ 値　65
Tolman の θ 値　65
TON（turnover number）　139

Ullmann 反応　154

Vaska 錯体　80

Wacker 法（Wacker 酸化）　205
Wilkinson 錯体　80, 137, 143

X 型配位子　33

Y 字形　21

あ

アイソタクチックポリマー　114
アイソローバル　25
アゴスティック相互作用　37
アシル錯体　37, 153
アート錯体　76
アニオン性配位子　5
アミノパラジウム化反応　118
アリール錯体　36, 148
アルキニル錯体　36
アルキリデン　45
アルキル錯体　36, 52
アルキン水和反応　126
アルキン配位子　52
アルケニル錯体　36, 148
アルケン錯体　50, 110
アルケン挿入反応　111, 148, 151
アレニリデン錯体　49
アンサメタロセン　61

イオン結合モデル　4, 31
1, 2-挿入　115
移動還元的脱離機構　91
移動挿入機構　104, 111
インデニリデン錯体　49
インデニル効果　62

エンインメタセシス　190

オキシパラジウム化反応　118
オキソ法　116, 145
オルトメタル化反応　101
オレフィンメタセシス　120, 188
　不斉オレフィンメタセシス　250

か

開環クロスメタセシス　189
　不斉開環クロスメタセシス　225
開環メタセシス重合　188
会合機構　72
解離機構　72
架橋配位子　8, 43, 56

価電子数　4
カルベン　45, 188
カルベン錯体　44, 120, 188
カルボニル化反応　153
カルボニル錯体　41, 103
カルボパラジウム化反応　118
環化三量化反応　196, 200, 232
環化反応　194
還元的脱離反応　80, 88
官能基許容性　30, 122

求核性カルベン錯体　45, 120, 191
求電子性カルベン錯体　45, 124, 188
共有結合　5, 31
共有結合モデル　4, 31
供与結合　5, 31
供与電子数　5
金属—配位子協同作用　41, 131

屈曲形　22
熊田—玉尾—Corriu 型クロスカップリング　77, 156, 239
クロスカップリング反応　154, 239
　Buchwald—Hartwig 型　172
　熊田—玉尾—Corriu 型　77, 156, 239
　鈴木—宮浦型　78, 163, 240
　薗頭型　170
　根岸型　161, 239
　檜山型　79, 153, 169
　右田—Stille 型　77, 168
クロスメタセシス　188

形式酸化数　4
原子価軌道　10, 29

後期遷移金属　1
高スピン錯体　12
合成ガス　146
後退角　51, 53
コバルトセニウムイオン　60
コバルトセン　60

さ

錯体フラグメント　23
酸化的環化反応　127, 197
酸化的付加反応　80
三脚ピアノ椅子型構造　62
三座配位子　63
三中心二電子結合　9

三中心四電子結合　8, 80
三方両錐形　17

ジエン構造　54
ジエン錯体　54
四角錐形　15, 17
σ-アリル錯体　59, 96
σ-アリル配位子　6, 59
σ 供与　34
σ 結合メタセシス　99
σ 錯体　35
シクロパラジウム化反応　101
シクロプロパン化反応　124, 191
　不斉シクロプロパン化反応　219
シクロペンタジエニル錯体　60
シクロメタル化反応　99, 101
支持配位子　4, 62
シス脱離　88, 98
シス付加　81
ジヒドリド錯体　40
ジホスフィン配位子　67
四面体形　18
18 電子則　10
触媒回転数　139
触媒回転頻度　141
シン-アンチ異性化　59
シンジオタクチックポリマー　114

水素移動型還元反応　141, 248
水素化触媒　137
　不斉水素化触媒　129, 244
鈴木–宮浦型クロスカップリング　78, 163, 240

前期遷移金属　1

早期遷移金属　1
相対論効果　30, 52
薗頭型クロスカップリング　170

た

脱カルボニル化反応　106
脱芳香族化ピリジン配位子　131
ダブルカルボニル化反応　108, 154
単座配位子　63

中期遷移金属　1
中性配位子　5
超原子価結合　80
直接的アリール化反応　102, 175

直線形　22

辻–Trost 反応　184

低スピン錯体　12

トランス影響　74
トランス効果　74
トランス付加　81, 84
トランスメタル化反応　76
トリス(ピラゾリル)ボレート　65

な

2,1-挿入　115
二座配位子　63
二水素錯体　40
ニトロシル錯体　44, 107

根岸型クロスカップリング　161, 239

ノンイノセント配位子　129

は

π-アリル錯体　57, 96, 184
π-アリル配位子　6, 57, 184
π-アレーン錯体　56, 208
配位挟角　67, 116, 145
配位子交換反応　72
配位子置換反応　72
配位子場分裂　12
配位子場理論　10
配位性配向基　101, 181
配位不飽和錯体　10
配位飽和錯体　10
π 逆供与　13, 35, 42, 50
π 供与　35
π 供与性配位子　13, 35
配向基　101, 181
π 錯体　34
π 受容性配位子　13, 35
π トランス効果　75
π 配位　34
八面体形　10, 15
ハプト数　5
ハーフメタロセン　62

ヒドリド錯体　39, 137
　――の酸性度　39
ヒドロエステル化反応　146

ヒドロカルボキシル化反応　146
ヒドロシリル化反応　142
　　不斉ヒドロシリル化反応　251
ヒドロビニル化反応　147
ヒドロホルミル化反応　116, 145
　　不斉ヒドロホルミル化反応　252
ビニリデン錯体　48, 126
非メタロセン系重合触媒　114
檜山型クロスカップリング　79, 153, 169
標準配位挟角　68, 116
ピンサー錯体　64, 131, 142

フェロセニウムイオン　60
フェロセン　60
付加環化反応　121, 127, 195, 196
藤原反応　151
不斉反応　219
フロンティア軌道　23
分光化学系列　12
分子状水素錯体　40

閉環メタセシス　188
　　不斉閉環メタセシス　224
平面四角形　15, 18
β-水素脱離反応　111
N-ヘテロ環状カルベン配位子　46, 48
変動範囲　68
ベントメタロセン　24, 61

ホウ素化反応　173
補助配位子　4, 62
ポリメチルヒドロシロキサン（PMHS）　144

ボリル化反応→ホウ素化反応

ま

末端配位子　43

右田-Stille 型クロスカップリング　77, 168
溝呂木-Heck 反応　114, 148
　　不斉溝呂木-Heck 反応　113, 236
村井反応　151

メタラサイクル　36, 112, 127, 196
メタラシクロブタン錯体　121, 124
メタラシクロペンタジエン錯体　129, 197
メタラシクロペンテン構造　55
メタロセン　60
メタロセン系重合触媒　114
メタロホスホラン　95

モノホスフィン配位子　65

や

有機金属錯体　1
有機遷移金属錯体　1
有機配位子　3
有効原子番号則　10

四脚ピアノ椅子型構造　62

ら

立体規則性　114

著者略歴

小澤 文幸（おざわ ふみゆき）
- 1954年　新潟県に生まれる
- 1980年　東京工業大学大学院総合理工学研究科博士課程中退
- 現　在　京都大学化学研究所教授
　　　　　工学博士

西山 久雄（にしやま ひさお）
- 1951年　三重県に生まれる
- 1975年　名古屋大学大学院工学研究科修士課程修了
- 現　在　名古屋大学名誉教授
　　　　　理学博士

朝倉化学大系 16
有機遷移金属化学

定価はカバーに表示

2016年11月5日　初版第1刷

著　者	小　澤　文　幸
	西　山　久　雄
発行者	朝　倉　誠　造
発行所	株式会社 朝倉書店

東京都新宿区新小川町6-29
郵便番号　162-8707
電　話　03(3260)0141
ＦＡＸ　03(3260)0180
http://www.asakura.co.jp

〈検印省略〉

Ⓒ 2016〈無断複写・転載を禁ず〉

印刷・製本　東国文化

ISBN 978-4-254-14646-2　C 3343

Printed in Korea

JCOPY　〈(社)出版者著作権管理機構 委託出版物〉

本書の無断複写は著作権法上での例外を除き禁じられています。複写される場合は、そのつど事前に、(社)出版者著作権管理機構（電話 03-3513-6969, FAX 03-3513-6979, e-mail: info@jcopy.or.jp）の許諾を得てください。

前日赤看護大 山崎　昶監訳
森　幸恵・宮本惠子訳

ペンギン化学辞典

14081-1　C3543　　　　　A5判　664頁　本体6700円

定評あるペンギンの辞典シリーズの一冊"Chemistry（第3版）"（2003年）の完訳版。サイエンス系のすべての学生だけでなく、日常業務で化学用語に出会う社会人（翻訳家、特許関連者など）に理想的な情報源を供する。近年の生化学や固体化学、物理学の進展も反映。包括的かつコンパクトに8600項目を収載。特色は①全分野（原子吸光分析から両性イオンまで）を網羅、②元素、化合物その他の物質の簡潔な記載、③重要なプロセスも収載、④巻末に農薬一覧など付録を収録。

光化学協会光化学の事典編集委員会編

光化学の事典

14096-5　C3543　　　　　A5判　436頁　本体12000円

光化学は、光を吸収して起こる反応などを取り扱い、対象とする物質が有機化合物と無機化合物の別を問わず多様で、広範囲で応用されている。正しい基礎知識と、人類社会に貢献する重要な役割・可能性を、約200のキーワード別に平易な記述で網羅的に解説。〔内容〕光とは／光化学の基礎Ⅰ─物理化学─／光化学の基礎Ⅱ─有機化学─／様々な化合物の光化学／光化学と生活・産業／光化学と健康・医療／光化学と環境・エネルギー／光と生物・生化学／光分析技術（測定）

日本放射化学会編

放射化学の事典

14098-9　C3543　　　　　A5判　376頁　本体9200円

放射性元素や核種は我々の身の周りに普遍的に存在するばかりか、近代の科学や技術の進歩と密接に関わる。最近の医療は放射性核種の存在なしには実現しないし、生命科学、地球科学、宇宙科学等の基礎科学にとって放射化学は最も基本的な概念である。本書はキーワード約180項目を1〜4頁で解説した読む事典。〔内容〕放射化学の基礎／放射線計測／人工放射性元素／原子核プローブ・ホットアトム化学／分析法／環境放射能／原子力／宇宙・地球化学／他

首都大 伊與田正彦・東工大 榎　敏明・東工大 玉浦　裕編

炭素の事典

14076-7　C3543　　　　　A5判　660頁　本体22000円

幅広く利用されている炭素について、いかに身近な存在かを明らかにすることに力点を置き、平易に解説。〔内容〕炭素の科学：基礎（原子の性質／同素体／グラファイト層間化合物／メタロフラーレン／他）無機化合物（一酸化炭素／二酸化炭素／炭酸塩／コークス）有機化合物（天然ガス／石油／コールタール／石炭）炭素の科学：応用（素材としての利用／ナノ材料としての利用／吸着特性／導電体, 半導体／燃料電池／複合材料／他）環境エネルギー関連の科学（新燃料／地球環境／処理技術）

水素エネルギー協会編

水素の事典

14099-6　C3543　　　　　A5判　728頁　本体20000円

水素は最も基本的な元素の一つであり、近年はクリーンエネルギーとしての需要が拡大し、ますますその利用が期待されている。本書は、水素の基礎的な理解と実社会での応用を結びつけられるよう、環境科学的な見地も踏まえて平易に解説。〔内容〕水素原子／水素分子／水素と生物／水素の分析／水素の燃焼と爆発／水素の製造／水素の精製／水素の貯蔵／水素の輸送／水素と安全／水素の利用／エネルギーキャリアとしての水素の利用／環境と水素／水素エネルギーシステム／他

首都大 伊與田正彦・首都大 佐藤総一・首都大 西長 亨・
首都大 三島正規著

基礎から学ぶ有機化学

14097-2 C3043　　A5判 192頁 本体2800円

理工系全体向け教科書〔内容〕有機化学とは／結合・構造／分子の形／電子の分布／炭化水素／ハロゲン化アルキル／アルコール・エーテル／芳香族／カルボニル化合物／カルボン酸／窒素を含む化合物／複素環化合物／生体構成物質／高分子

前早大 竜田邦明著

天 然 物 の 全 合 成
―華麗な戦略と方法―

14074-3 C3043　　A5判 272頁 本体5600円

本書は，著者らがこれまでに完成した約85種の天然物の全合成を中心に解説。そのうち80種については世界最初の全合成であるので，同一あるいは同様の天然物を他の研究者が追随して報告した全合成研究もあわせて紹介し，相違も明確にした。

神奈川大 松本正勝・神奈川大 横澤 勉・
お茶の水大 山田眞二著
21世紀の化学シリーズ2

有　機　化　学　反　応

14652-3 C3343　　B5判 208頁 本体3600円

有機化学を動的にわかりやすく解説した教科書。〔内容〕化学結合と有機化合物の構造／酸と塩基／反応速度と反応機構／脂肪族不・飽和化合物の反応／芳香族化合物の反応／カルボニル化合物の反応／ペリ環状反応とフロンティア電子理論他

水野一彦・吉田潤一編著　石井康敬・大島 巧・
太田哲男・垣内喜代三・勝村成雄・瀬恒潤一郎他著
役にたつ化学シリーズ5

有　　機　　化　　学

25595-9 C3358　　B5判 184頁 本体2700円

基礎から平易に解説し，理解を助けるよう例題，演習問題を豊富に掲載。〔内容〕有機化学と共有結合／炭化水素／有機化合物のかたち／ハロアルカンの反応／アルコールとエーテルの反応／カルボニル化合物の反応／カルボン酸／芳香族化合物

東大 鹿野田一司・物質・材料研 宇治進也編著

分　子　性　物　質　の　物　理
―物性物理の新潮流―

13119-2 C3042　　A5判 212頁 本体3500円

分子性物質をめぐる物性研究の基礎から注目テーマまで解説。〔内容〕分子性結晶とは／電子相関と金属絶縁体転移／スピン液体／磁場誘起超伝導／電界誘起相転移／質量のないディラック電子／電子型誘電体／光誘起相転移と超高速光応答

前岡山大 河本 修著

技術者のための　特許英語の基本表現

10248-2 C3040　　A5判 232頁 本体3600円

英文特許の明細書の構成すなわち記述の筋道と文章の特有の表現を知ってもらい，特許公報を読むときに役立ててもらうことを目標とした書。例文を多用し，主語・目的語・述語動詞を明示し，名詞を変えるだけで読者の望む文章が作成可能。

リードイン 太田真智子・千葉大 斎藤恭一著

理系英語で使える強力動詞60

10266-6 C3040　　A5判 176頁 本体2300円

受験英語から脱皮し，理系らしい英文を書くコツを，精選した重要動詞60を通じて解説。〔内容〕contain／apply／vary／increase／decrease／provide／acquire／create／cause／avoid／describeほか

千葉大 斎藤恭一・千葉大 ベンソン華子著

書ける！　理系英語　例文77

10268-0 C3040　　A5判 160頁 本体2300円

欧米の教科書を例に，ステップアップで英作文を身につける。演習・コラムも充実。〔内容〕ウルトラ基本セブン表現／短い文（強力動詞を使いこなす）／少し長い文（分詞・不定詞・関係詞）／長い文（接続詞）／徹底演習（穴埋め・作文）

前北大 松永義夫編著

化学英語［精選］文例辞典

14100-9 C3543　　A5判 776頁 本体14000円

化学系の英語論文の執筆・理解に役立つ良質な文例を，学会で英文校閲を務めてきた編集者が精選。化学諸領域の主要ジャーナルや定番教科書などを参考に「よい例文」を収集・作成した。文例は主要語ごと（ABC順）に掲載。各用語には論文執筆に際して注意すべき事項や英語の知識を加えた他，言葉の選択に便利な同義語・類義語情報も付した。巻末には和英対照索引を付し検索に配慮。本文データのPC上での検索も可能とした（弊社サイトから本文見本がダウンロード可）。

上記価格（税別）は 2016 年 10 月現在

朝倉化学大系

編集顧問
佐野博敏

編集幹事
富永　健

編集委員
祖徠道夫・山本　学・松本和子・中村栄一・山内　薫

［A5判］

1	物性量子化学	山口　兆	384頁
4	構造有機化学	戸部義人・豊田真司	296頁
5	化学反応動力学	中村宏樹	324頁
6	宇宙・地球化学	野津憲治	308頁
7	有機反応論	奥山　格・山高　博	312頁
8	大気反応化学	秋元　肇	432頁
9	磁性の化学	大川尚士	212頁
10	相転移の分子熱力学	祖徠道夫	264頁
12	生物無機化学	山内　脩・鈴木晋一郎・櫻井　武	424頁
13	天然物化学・生物有機化学I	北川　勲・磯部　稔	384頁
14	天然物化学・生物有機化学II	北川　勲・磯部　稔	292頁
15	伝導性金属錯体の化学	山下正廣・榎　敏明	208頁
16	有機遷移金属化学	小澤文幸・西山久雄	276頁
18	希土類元素の化学	松本和子	336頁